国家级实验教学示范中心系列规划教材
普通高等院校机械类"十四五"规划实验教材
广西普通本科高校优秀教材

U0641637

机械工程测控技术实验教程
（第二版）

主编　陆冠成　蒙艳玫　许恩永　韦　锦

华中科技大学出版社
中国·武汉

内 容 提 要

　　本书是在总结多年实验教学经验基础上,基于国家级实验教学示范中心——广西大学机械工程实验教学中心实验教学体系构架而编写的。本书主要内容包括测试信号分析实验、数据采集实验、基本自动控制实验、传感器实验、振动测试实验、远程测控实验、虚实结合实验等,涵盖了机械工程控制基础、机械工程测试技术与机械工程自动控制理论等课程的实验。本书既适用于实验课程与理论课程同步教学,也适用于实验课程单独教学。

　　本书既可作为高等院校机械类、近机类及其他专业控制工程基础、工程测试技术基础、自动控制理论与过程控制等课程的实验教材,也可作为相关人员进行教学、科研及实验工作的参考书。

图书在版编目(CIP)数据

机械工程测控技术实验教程/陆冠成等主编. -- 2版. -- 武汉：华中科技大学出版社,2024.11. -- ISBN 978-7-5772-1067-4

Ⅰ.TP273-33

中国国家版本馆 CIP 数据核字第 20243ZR832 号

机械工程测控技术实验教程(第二版)　　　　陆冠成　蒙艳玫　许恩永　韦　锦　主编
Jixie Gongcheng Cekong Jishu Shiyan Jiaocheng(Di-er Ban)

策划编辑:万亚军

责任编辑:吴　晗

封面设计:原色设计

责任监印:朱　玢

出版发行:华中科技大学出版社(中国·武汉)　　电话:(027)81321913
　　　　　武汉市东湖新技术开发区华工科技园　　邮编:430223

录　　排:武汉楚海文化传播有限公司

印　　刷:武汉洪林印务有限公司

开　　本:787mm×1092mm　1/16

印　　张:15

字　　数:393千字

版　　次:2024 年 11 月第 2 版第 1 次印刷

定　　价:49.80 元

国家级实验教学示范中心系列规划教材
普通高等院校机械类"十四五"规划实验教材
编 委 会

序

知识来源于实践,能力也扎根于实践,素质更需要在实践中锤炼,各种实践教学环节对于培养学生实践能力与创新能力尤其重要。在当前高校人才培养工作中,实践教学环节非常薄弱,严重制约教学质量的进一步提高。这引起了教育工作者、企业界人士乃至普通百姓的广泛关注。如何积极改革实践教学内容与方法,合理制订实践教学方案,完善实践教学体系,已成为高等工程教育乃至全社会的重要课题。

有鉴于此,"教育振兴行动计划"和"质量工程"都将国家级实验教学示范中心建设作为其重要内容之一。自2005年起,教育部启动国家级实验教学示范中心评选工作,拟通过示范中心提升实验教学质量,辐射我国2000多万名在校大学生,旨在提高学生动手实践能力。机械类国家级实验教学示范中心积极提升自身软硬件水平,积极带动所在省或区域各级机械实验教学中心建设,发挥辐射作用,并成立国家级实验教学示范中心联席会机械学科组。利用这一平台,各示范中心交流与合作更加频繁,力争在示范辐射作用方面形成合力。

尽管如此,作为实践教学的重要组成部分,实验教学依然很薄弱,在政策、环境、人员、设备等方方面面还面临着许多困难。要提高实验教学水平进而改变目前实践教学薄弱的现状,还有很多工作要做,国家级实验教学示范中心责无旁贷。近年来,高校实验教学硬件设备已有较大改善。然而,与之相对应的实验教学软件体系仍亟待健全。就机械类实验教学而言,改进实验教学体系、开发创新性实验教学项目、加大实验教材建设这三点就成为当务之急。实验教学体系与理论教学体系相辅相成,但与理论教学体系随着形势发展不断调整相比,现有机械实验教学体系还相对滞后,实验项目还缺少设计性、创新性和综合性实验,实验教材也比较匮乏。

华中科技大学出版社在国家级实验教学示范中心联席会机械学科组的指导下,邀请机械类国家级实验教学示范中心,交流各中心实验教学改革经验和教材建设计划,确定编写这套实验教材,是一件非常有意义的事情,顺应了机械类实验教学形势的发展,可谓正当其时。其意义不仅在于实验教材的编写及出版将满足高校实验教学的需要,更在于经过多年的积累,各机械类国家级实验教学示范中心已开发出不少创新性实验教学项目,将其写入教材,既能满足高校实验教学的需要,又能展示各中心创新性实验教学项目开发成果,更能为我国机械类实验教学开发提供借鉴和参考,体现示范中心的辐射作用。

目前,机械类实验教学体系尚未形成统一模式,普通高等院校机械类实验教材提出以下出版思路:各国家级实验教学示范中心依据自身的实验教学体系,编写本中心实验系列教材,构成子系列,最终将各子系列教材再汇聚成实验教材丛书,以体现百花齐放,全面、集中地反映各机械类国家级实验教学示范中心实验教学体系。此举将有利于推进机械类实验教学体系建设,对于探索实验教学方法非常有益。感谢参与和支持这批实验教材建设的专家们,也感谢出版这批实验教材的华中科技大学出版社有关同志。我深信,这批实验教材必将在我国机械类实验教学发展中发挥巨大作用,并占据重要地位。

国家级实验教学示范中心联席会机械学科组　吴昌林

前　言

实验教学是理论联系实际的重要环节,是培养学生动手能力、创新能力、综合分析问题能力、综合运用知识能力和解决实际问题能力的重要途径。在高等院校教学中,实验教学是一个必不可少的实践环节。使学生掌握科学实验基本方法是实验教学基本目标,对培养高级人才具有重要意义。

机械工程控制实验、测试技术实验以及相关的检测技术实验是高等院校测控实验的核心实验内容,对培养学生工程实践能力、科学实践能力、创新设计能力和动手能力起着重要作用。为了满足社会发展新趋势对人才培养提出的需求,我们在总结多年实验教学经验的基础上,依托广西大学机械工程实验教学中心的实验教学体系架构,编写了本书,旨在培养学生学习和应用知识的能力,即:从验证理论知识扩展到应用知识,从基础知识运用到面向实际工程知识运用,从模仿设计上升到独立思考和创新设计,从单一设计拓宽到综合设计。

2022年本书被评为广西普通本科高校优秀教材。本书力求在完成机械工程控制基础和测试技术等课程实验的前提下,更多地结合工程实际应用,设置多类综合设计实验和创新实验,以帮助读者领悟与学会应用控制工程技术、测试技术和检测技术来解决实际工程问题,为理论教学面向工程实际应用奠定必要基础。

本书内容涵盖了机械工程控制基础课程实验、测试技术课程实验、控制系统建模实验、机电检测技术实验、虚拟仪器技术实验、综合测控实验和面向实际工程应用实验等,与传统实验指导书相比,增加了综合性实验、设计性实验和面向实际工程应用实验等内容,不再是单一基础性验证实验内容,从本质上改进了以往实验指导思想,旨在培养学生的动手能力、创新能力、综合分析问题能力、综合运用知识能力和解决实际问题能力。

本书由陆冠成(广西大学)、蒙艳玫(广西大学)、许恩永(东风柳州汽车有限公司)、韦锦(广西大学)主编。

本书的出版,得到了广西大学优质本科教材倍增计划项目(项目编号:YZJC202306)资助,在此表示感谢。

在本书编写过程中,编者参阅了其他同类教材、资料及文献,并得到了同行多位专家的支持与帮助,在此衷心致谢。

由于编者水平有限,书中疏漏在所难免,敬请广大师生提出宝贵意见,以求改进。

编　者

2024 年 3 月

目　　录

第一章

基本理论

第一节　机械工程控制基础

■一、控制工程概述■

在科学技术迅猛发展的当代社会,控制论作为一门系统理论,已越来越为人们所重视。由控制论所阐明的各种控制作用和方法,不但对科学技术的发展产生了显著的影响,而且也为规划社会经济活动和其他领域的发展提供了一种先进的科学研究手段。可以预料,随着社会发展和科学文明的进步,控制论作为一门新兴的学科,必将发挥其日益重要的作用。

控制论与工程技术结合,便产生了"工程控制论";而控制论与机械工程结合,则产生了"机械控制工程"这门新的学科。由于当前机械制造技术正朝着高度自动化方向发展,各种先进的自动控制加工系统不断涌现,过去那种只侧重于局部和静态的机械研究方法已经不再适用于当下的发展情况。事实上,即使是对过去那种普通的机械加工过程,也不能孤立地只去研究速度和频率的选择。因为在整个加工过程中,实际上存在着一种动力的传递过程,也就是说,机械加工过程实际上是一个动力系统在工作。从这一点出发,我们可以把机械制造技术归纳到动态系统的范围内来加以研究。"机械控制工程"这门学科正是抓住了问题的本质,将机械加工过程各个环节的组合看作是一个系统,因而就可以从控制论的角度来研究和解决加工中所出现的各种技术问题。

控制理论发展初期,众多杰出的学者做出了重大贡献。1788 年,英国科学家詹姆斯·瓦特(James Watt)运用了离心调解器实现对蒸汽机的控制改造,这也被后人誉为自动控制领域的第一项伟大发明;为了克服当时调解器的振荡现象,麦克斯韦(James Clerk Maxwell)于1868 年开始对微分方程系统稳定性进行分析,后来又有劳斯(E. J. Routh)和霍尔维茨(A. Hurwitz)分别于 1874 年和 1895 年对稳定性的研究成果;1892 年,李雅普诺夫对调解鲁伦做出了重大贡献,提出了几个重要的稳定性判断;1922 年,麦纳斯基(Minorsky)开发了一个适用于船舶操纵的自动控制器;1932 年,奈奎斯特(Nyquist)提出了判断系统稳定性的简单方法。

为了设计出满足性能指标要求的线性闭环控制系统,20 世纪初,研究者在奈奎斯特等早期研究的基础上建立了一种系统频域分析方法。1942 年,哈里斯(Harris)提出了传递函数的概念,首次将频域分析方法应用于控制领域,成为控制系统频域方法的理论开端。频域分析法和根轨迹法是经典控制理论的核心。采用这两种方法能设计出稳定的并满足一定性能指标要求的系统。但是,通过这两种方法设计出的系统还不是最优秀的。自 20 世纪 50 年代以来,控制系统设计的重点已逐步转移到最优控制的设计上。1956年,苏联学者庞特里亚金(Pontry-agin)提出了极大值原理;1960年,贝尔曼(R. Richard Bellman)提出的动态规划和卡尔曼(Rudolf Emil Kalman)提出的状态空间分析技术在控制理论的研究中开辟了一个新篇章——"现代控制理论"。

自1960年起,人们对确定系统和随机系统的最优控制及复杂系统的自适应控制和学习控制进行了充分的研究。美国学者查莫斯(Chalmers)提出了一种基于哈代(Hardy)鲁棒最优控制理论的空间范数最小化方法。多伊尔(Doyle)等人发表了状态空间数值的最优控制方法,为该领域的发展做出了重要贡献。目前,自动控制理论正朝着基于控制论、信息论和人工智能的智能控制理论方向发展。随着大规模信息控制的需要,自动控制理论已向大系统控制理论方向迈进。

■ 二、控制系统基本原理 ■

1. 控制系统基本概念

控制论是在研究系统工作原理的基础上建立起来的。而系统工作原理的中心问题,则是系统中的控制问题。所谓"控制",又有主动干预、管理和操纵之意,具体来说,就是指人或能代替人的机械使被控对象按照给定的条件来动作。工程上一般把上述的"人或能代替人的机械"称为控制装置。

所谓被控对象,从广义上可指生物体、经济或社会的某些部门,在工程上则一般是指工作状态(或者生产过程)需要给予控制的生产机械或技术装置。描述被控对象工作状态的参数(物理或化学量)称为被控量。由控制装置和被控对象组成的总体称为控制系统。被控对象可以是很复杂、很庞大的生产机械或科技设施,如轧钢机、电冶炉、发电机组、化工反应塔、船闸、舰艇、飞机、火炮群、雷达、天文望远镜、机床;也可以是很小的机构,如记录笔、电位器、录像机磁头等。被控量可以是对被控对象的转速、角位移、进给量、温度、电压、频率、功率,也可以是流量、压强、pH值等。

控制装置也常称为控制器或自动调节器,它一般具有信号的测量、变换、运算、放大和执行等功能。但对于一个具体的系统来说,可能某一功能需要一个部件或较为复杂的装置来实现,也能是一个简单的元件或部件就能具备几种功能。

我们以简单的水箱液位控制系统为例,来阐述控制系统的一般概念。人们在生活中经常见到水箱这种装置。传统的水箱由进水阀、出水阀、浮子和杠杆组成,是一个恒定水位输出的自动控制装置。通过调整杠杆和浮子之间的位置关系,就可以调整水箱水位。

当打开出水阀放出水箱中的水并关闭出水阀后,浮子的位置将下降,通过杠杆的传递作用,进水阀开启,水箱注水;水上升带动浮子在浮力的作用下不断升高,当水位达到设定的水位高度时,浮子将达到设定的高度,通过杠杆的传递作用,进水阀关闭。这时,水箱中就注入了设定水位高度的水。

如图1-1-1所示的水箱液位控制系统由以下四个部分所组成:

被控对象——水箱液位;

测量元件——浮子;

比较机构——求水箱希望水位和实际水位之差;

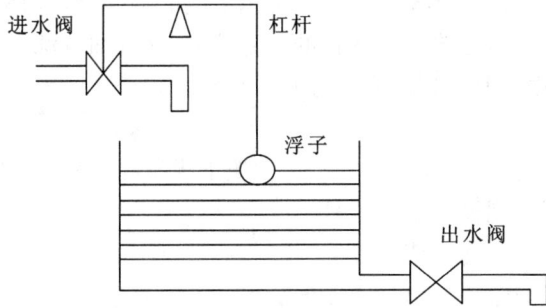

图 1-1-1　水箱液位控制系统

执行元件——直接驱动被控对象,以改变被控量。这个部分也是一般自动控制系统的基本单元。

此外,当检测信号与给定信号比较后得到的误差信号不足以使执行元件动作时,一般都需要加放大元件,以提高系统的控制精度。为了改善控制系统的动、静态性能,通常还在系统中加上了某种形式的校正装置。

为了使控制系统的表示既简单又明了,在控制工程中一般采用方框表示系统中的各个组成部件,在每个方框中填入它所表示的部件名称或其功能函数的表达式,不必画出它们的具体结构。根据信号在系统中的传递方向,用有向线段依次把它们连接起来,就得到整个系统的框图。控制系统的框图由以下三个基本单元所组成。

引出点:见图 1-1-2(a),表示信号的引出,箭头表示信号的传递方向。

比较点:见图 1-1-2(b),表示两个或两个以上的信号在该处进行减或加的运算。

部件的方框:如图 1-1-2(c)所示,输入信号置于方框的左端,方框的右端为其输出量,方框中填入部件的名称。

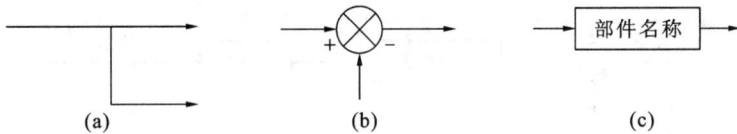

图 1-1-2　方框图符号

据上所述,控制系统的组成一般可用图 1-1-3 所示的框图来表示。

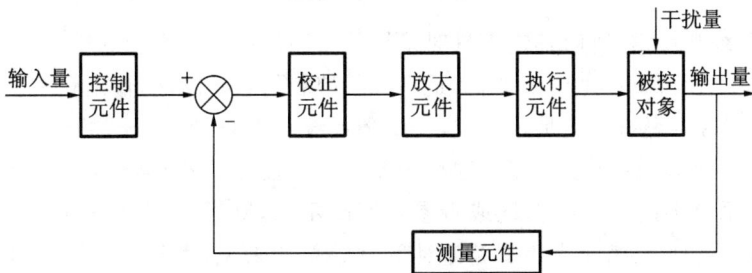

图 1-1-3　控制系统的组成

参照图 1-1-3,将控制系统中的常用术语介绍如下。

输出量(即被控量,又称被控参量):最终控制的目标值。

控制量(又称给定量):依设计要求与输出量相适应的预先给定信号。

干扰量(又称扰动量):引起输出量变化的各种外部条件(如电源电压的波动或负载的变化等)和内部条件(如系统中某些元件的变化等)。应当指出,干扰量属于一种偶然的无法人为控制的随机输入信号。

输入量:控制量与干扰量的统称,但在一般情况下多指控制量。

反馈量:由输出端引回到输入端的信号。

偏差量:控制量与反馈量之差值。

误差量:实际输出量与希望输出量之差值。

2.控制系统基本控制方式

自动控制系统有两种最基本的控制形式,即开环控制和闭环控制。复合控制是将开环控制与闭环控制结合的控制方式,可用来实现复杂且控制精度较高的控制任务。

所谓开环系统,就是输出端与输入端之间没有反馈通道的系统,其一般形式如图 1-1-4 所示。

图 1-1-4 开环系统

由图 1-1-4 可以看出,开环系统的输出量对系统的控制功能没有影响。因此,一旦输出量确定后,系统的工作状态(如速度、位移等)亦即随之确定。当然,假如系统受到干扰的影响,输出量就会偏离规定值而产生误差,使控制目标难以实现。所以,在一些生产工艺要求较高的控制系统中不宜采用开环控制。但是开环控制系统有着成本低、结构简单、容易掌握的优点,在一些控制简单的场合得到广泛应用,如家庭洗衣机和交通管理系统的控制。

闭环系统是一个输出端和输入端之间有反馈通道的系统,其一般形式可用图 1-1-5 所示框图表示。

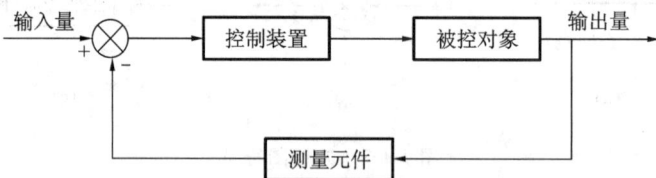

图 1-1-5 闭环系统

由于闭环系统有反馈,所以其输出量对系统的控制作用有着直接的影响。在这种系统中,输入量与反馈量比较后所产生的偏差,就是系统的控制信号。因此,输出量的变化将会直接影响到系统的工作状态。然而,正是这一点,使闭环系统具有自动"纠缠"的作用,即当系统受到干扰影响而产生误差时,闭环系统能使这种误差最大限度地减小;当然,也正是由于闭环系统有反馈,所以若系统中的元件有惯性或者参数匹配不当,则系统容易产生振荡或不稳定。因此,在设计闭环系统时,要着重考虑其稳定性问题。总的来说,由于闭环系统具有"抑制干扰,减少误差"的作用,故其工作精度较高。目前在工程上使用的控制系统,大都属于闭环系统。

3.控制系统基本要求

(1)稳定性。系统的稳定性即在扰动结束后的一段时间内,系统可以恢复到平衡状态的性能。稳定性是控制系统最基本的要求,若系统没有恢复平衡状态的性能,则一切设计都是白费。

（2）准确性。它是对系统稳态性能的要求。稳态性能用稳态误差表示，所谓稳态误差，是指系统达到稳态时被控量的实际值与希望值之间的误差。误差越小，表示系统控制精度越高。一个具有良好动态性能的系统既要过渡时间短，又要过渡过程平稳、振幅小。

（3）快速性。这是对稳态系统的动态性能要求。一个系统的动态响应速度是衡量这个系统效率的指标之一，系统由一个状态到达另一个状态需要的时间称为过渡时间。这个过渡时间可能很短或很长，这也就反映了系统的动态性能。

三、系统数学模型

控制系统数学模型的建立方法主要有理论建模和实验建模两种方法。线性系统数学模型的理论建模方法中，常用的有解析法和图解法。

1. 微分方程式

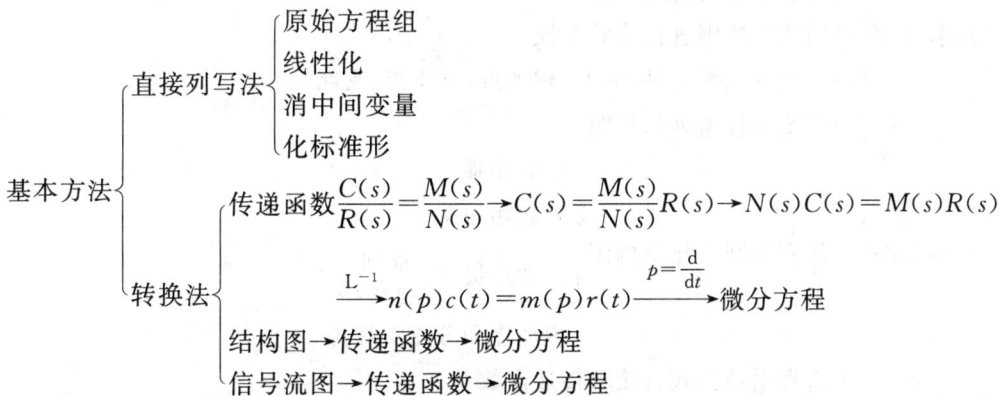

2. 传递函数

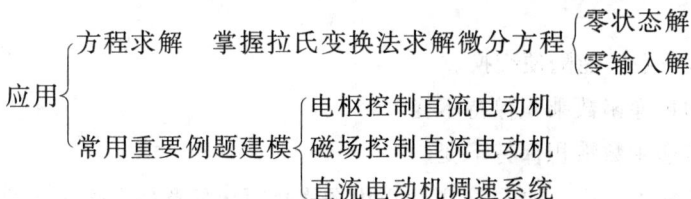

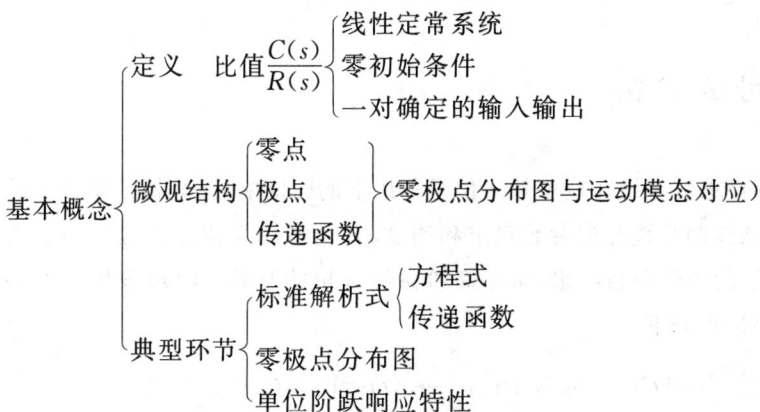

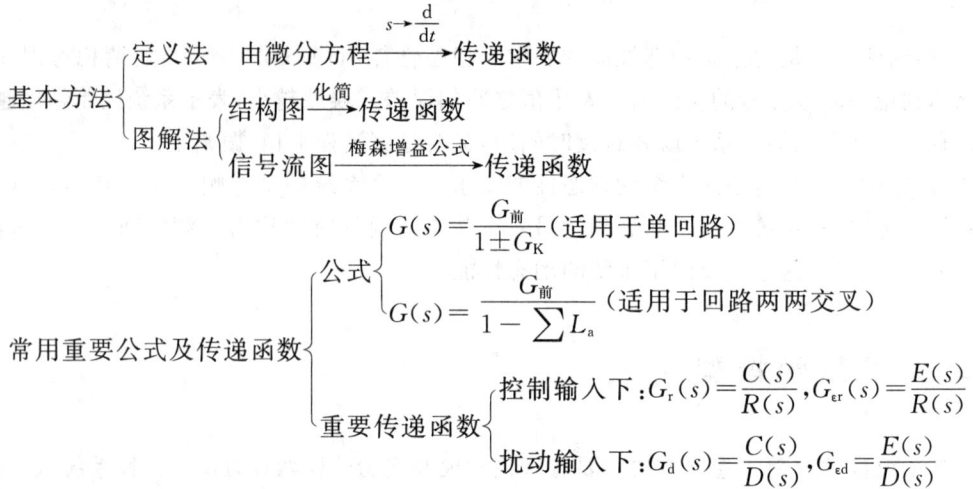

$$基本方法\begin{cases}定义法\quad 由微分方程\xrightarrow{s\to\frac{\mathrm{d}}{\mathrm{d}t}}传递函数\\图解法\begin{cases}结构图\xrightarrow{化简}传递函数\\信号流图\xrightarrow{梅森增益公式}传递函数\end{cases}\end{cases}$$

$$常用重要公式及传递函数\begin{cases}公式\begin{cases}G(s)=\dfrac{G_{前}}{1\pm G_{K}}\text{(适用于单回路)}\\G(s)=\dfrac{G_{前}}{1-\sum L_{a}}\text{(适用于回路两两交叉)}\end{cases}\\重要传递函数\begin{cases}控制输入下:G_{r}(s)=\dfrac{C(s)}{R(s)},G_{\varepsilon r}(s)=\dfrac{E(s)}{R(s)}\\扰动输入下:G_{d}(s)=\dfrac{C(s)}{D(s)},G_{\varepsilon d}(s)=\dfrac{E(s)}{D(s)}\end{cases}\end{cases}$$

3.结构图

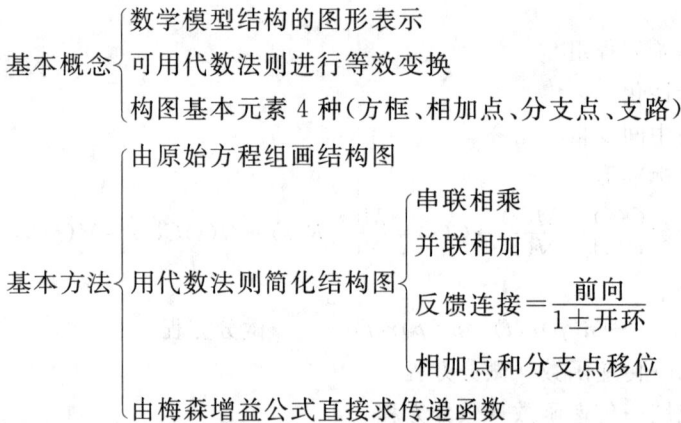

$$基本概念\begin{cases}数学模型结构的图形表示\\可用代数法则进行等效变换\\构图基本元素4种(方框、相加点、分支点、支路)\end{cases}$$

$$基本方法\begin{cases}由原始方程组画结构图\\用代数法则简化结构图\begin{cases}串联相乘\\并联相加\\反馈连接=\dfrac{前向}{1\pm开环}\\相加点和分支点移位\end{cases}\\由梅森增益公式直接求传递函数\end{cases}$$

注意:

(1)相加点与分支点相邻,一般不能随便交换。

$$(2)等效原则\begin{cases}前向通路的传递函数乘积保持不变\\各回路中传递函数乘积保持不变\end{cases}$$

(3)结构图可同时表示多个输入与输出的关系,并可以由图直接写出任意多个输入下的总响应。例如:运用叠加原理,当给定输入和扰动输入同时作用时,则有 $C(s)=G_{r}(s)R(s)+G_{d}(s)D(s)$。

四、控制系统时域分析

通过时域分析,可直接求解系统在典型输入信号作用下的时间响应,分析控制系统的稳定性和动态性能。许多自动控制系统经过参数整定和调试,其动态特征往往近似于一阶或二阶系统。因此,一、二阶系统的理论分析结果,常是高阶系统分析的基础。时域分析法的基本方法是拉氏变换法,其主要过程如下。

$$结构图\longrightarrow \Phi(s)=\frac{C(s)}{R(s)}\longrightarrow C(s)=\Phi(s)R(s)\longrightarrow c(t)=L^{-1}[C(s)]$$

一阶系统的动态特性用一阶微分方程描述。一阶系统只有一个结构参数,即其时间常数 T。时间常数 T 反映了一阶系统的惯性大小或阻尼程度。一阶系统的性能由其时间常数 T 唯一决定。而一阶系统的时间常数 T 可由实验求出。

二阶系统的性能分析在自动控制理论中有着重要的作用。二阶系统含有两个结构参数,即阻尼比 ξ 和无阻尼振荡频率 ω_n,阻尼比 ξ 决定着二阶系统的响应模态。当 $\xi = 0$ 时,系统的响应为无阻尼响应;当 $\xi = 1$ 时,系统的响应称为临界阻尼响应;当 $\xi > 1$ 时,系统的响应为过阻尼响应;当 $0 < \xi < 1$ 时,系统的响应为欠阻尼响应。欠阻尼工作状态下,合理选择阻尼比 ξ 的值,可使系统具有良好的动态性能。其动态性能指标有 M_p、t_r、t_p、t_s,这些指标一方面可以从响应曲线上读取;另一方面只要已知 ξ、ω_n,就可以根据 M_p、t_r、t_p、t_s 与 ξ、ω_n 相应的关系求出。

稳态误差是系统很重要的性能指标,它标志着系统最终可能达到的控制精度。稳态误差不仅取决于系统的结构和参数,也和输入及扰动的形式和大小有关。稳态误差常通过拉氏变换的终值定理计算,计算步骤如下:

(1)判断系统的稳定性,只有稳定的系统才有讨论稳态误差的意义。

(2)根据误差的定义求出系统误差的传递函数。

(3)分别求出系统对给定量和对扰动量的误差函数。

(4)通过拉氏变换的终值定理求出稳态误差。终值定理的使用条件为误差的相函数在右半 s 平面及虚轴上(原点除外)。系统稳定是满足终值定理使用条件的前提。如果误差函数在右半 s 平面及虚轴上不解析,只能应用定义计算稳态误差。

对三种典型函数(阶跃、斜波、抛物线)及其组合,也可利用静态误差系数和系统的型数计算稳态误差。

采用具有对给定量或对扰动量补偿的复合控制方案,理论上可以完全消除系统对给定量或扰动量的误差,实现输出对给定量的准确复现。但工程上常根据输入信号的形式实现给定无稳态误差的近似补偿。

五、控制系统频域分析

在正弦函数输入下,线性系统的稳态输出与输入之比对频率的关系称为系统频率特性。频率特性往往可以体现出系统的动态性能,可以看作一个动态的数学模型。频率特性是传递函数的一种特殊形式。将系统传递函数中的 s 换成纯虚数 $j\omega$ 就得到该系统的频率特性。频率特性可以通过实验方法确定,这在难以写出系统数学模型时更为有用。开环频率特性可以由典型环节因式构成。开环频率特性的几何表示方法:开环极坐标图和开环伯德(Bode)图。由开环零极点分布图,得出极坐标图形上的一些特殊点,即可绘制出开环极坐标草图。先把开环传递函数化为标准形式,求每一典型环节所对应的转折频率,并标在 ω 轴上;然后确定低频段的斜率和位置;最后由低频段向高频段延伸,每经过一个转折频率,斜率作相应的改变。这样很容易绘制出开环对数幅频特性渐近线曲线,若需要精确曲线,只需在此基础上加以修正即可。对于对数相频特性曲线,写出其关系表达式,确定出 $\omega = 0$、$\omega = \infty$ 时的相角,再在频率段内适当地求出一些频率所对应的相角,连成光滑曲线即可。

六、控制系统稳定性分析

1. 稳定性的概念

稳定性是指系统在干扰作用下偏离平衡态,在干扰消除后能够以足够的精度逐步恢复到原来的平衡态的性质。它是系统固有的属性。

2. 稳定的充分必要条件

系统稳定的充分必要条件是系统的闭环特征根都分布在 s 平面左半平面。

3. 代数稳定判据

判别系统的稳定性,最直接的方法是求出系统的全部闭环特征根。但是求解高阶特征方程的根是非常困难的。工程上,一般均采用间接方法判别系统的稳定性。劳斯判据是最常用的代数稳定判据。劳斯表首列数字符号改变的次数就是系统闭环不稳定根的个数。系统闭环特征多项式各项同号且不缺项,是系统稳定的必要条件。

4. Nyquist 判据

Nyquist 判据规则如下:若已知 s 右半平面的开环极点个数为 p,当 ω 从 $0 \to \infty$ 时,开环频率特性的轨迹在 $G(j\omega)H(j\omega)$ 平面包围点 $(-1, j0)$ 的圈数为 N,则闭环特征函数在 s 右半平面的零点数为 z,且有 $z = p - 2N$。若 $z = 0$,闭环特征函数在 s 右半平面的零点数 $z = 0$,闭环系统稳定;若 $z \neq 0$,说明在 s 右半平面有闭环特征根,闭环系统是不稳定的。

5. Nyquist 图和 Bode 图的对应关系

(1)Nyquist 图上以原点为圆心的单位圆对应对数幅频特性图上的 0 分贝线。单位圆以外的 Nyquist 曲线,对应 $L(\omega) > 0$ 的部分;单位圆内部的 Nyquist 曲线对应 $L(\omega) < 0$ 的部分。

(2)Nyquist 图上负实轴对应对数相频特性图上的 $-180°$ 线。

(3)Nyquist 图中的正穿越对应对数相频特性曲线,当 ω 增大时,从下向上穿越 $-180°$ 线(相角滞后减小);负穿越对应于对数相频特性曲线,当 ω 增大时,从上向下穿越 $-180°$ 线(相角滞后增大)。

6. Bode 稳定判据

在 Bode 图上,当 ω 从 0 变到 $+\infty$ 的过程中,在开环对数幅频特性大于零的频率范围内,开环对数相频特性对 $-180°$ 线正穿越与负穿越次数之差为 $p/2$ 时,闭环系统稳定;否则不稳定。

7. 系统频域性能指标

开环频域指标 γ、ω_c、h 或闭环频域指标 M_r、ω_b 反映了系统的动态性能,它们和时域指标之间有一定的对应关系,γ、M_r 反映了系统的平稳性,γ 越大,M_r 越小,系统的平稳性越好;ω_c、ω_b 反映了系统的快速性,ω_c、ω_b 越大,系统的响应速度越快。

8. 开环对数幅频的三频段

三频段的概念对分析系统参数的影响以及系统设计都是很有用的。通常,一个稳态精度高且有出色的动态响应,既有理想的跟踪能力,又有令人满意的抗干扰性的控制系统,其开环对数幅频特性曲线低、中、高三个频段的合理形状应是很明确的。

低频段的斜率一般为 -20 dB/dec,初始段曲线需要有足够的高度才可以满足系统的稳态精度。中频段为了满足系统的快速性和平稳性,通常截止频率不能太低,最好为占频程较宽的

－20 dB/dec 斜率段。高频段的幅频特性应尽量低，以便保证系统的抗干扰性。

七、控制系统校正

校正装置即为了改变系统性能而加装的环节或装置。加入校正装置后，未校正系统的缺陷得到补偿，这就是校正的作用。根据校正装置在控制系统中位置的不同，控制系统校正分为串联校正和并联校正（反馈校正）两个基本形式。其中，串联校正又可分为串联超前校正、串联滞后校正、串联滞后-超前校正三种。

串联超前校正通过相角超前补偿原系统的相角滞后，达到增大系统相角裕度的目的。但是，超前校正通常不能改进系统的稳态精度，并且使系统抗干扰能力下降。超前校正适用于稳态性能好而动态性能差的系统。

串联滞后校正利用校正装置的高频幅值衰减特性，降低系统零分贝频率，使得系统具有足够的相角裕度，从而改善整个系统的性能。滞后校正能够产生负方向相角移动和负的幅值斜率，从而表现出幅值压缩与相角滞后的特点。滞后校正适用于动态平稳性或稳定精度要求较高的系统。

串联滞后-超前校正通过超前部分提高系统的相角裕度，同时利用滞后部分改进系统的稳态性能。滞后-超前校正通常用于对稳态性能及动态性能都要求较高的系统。

期望频率特性法仅按对数幅频特性的形状确定系统性能，所以只适合最小相位系统。期望对数幅频特性的求法如下：

①根据对系统型数及稳态误差要求，绘制期望频率特性的低频段；

②根据对系统响应速度及阻尼程度要求，绘制期望频率特性的中频段；

③根据对系统幅值裕度及高频噪声的要求，绘制期望频率特性的高频段；

④绘制期望频率特性的低、中频段之间的衔接频段；

⑤绘制期望频率特性的中、高频段之间的衔接频段。

第二节　机械工程测试技术基础

一、测试工程概述

科学技术的发展离不开传感与测试技术的发展，任何科学理论的建立都必须经过大量的重复性试验和测量并对获取的数据进行分析来验证理论的正确性和可靠性。一般而言，测试指测量和试验的综合，一个完整的测试过程涉及被测对象、计量单位、测量方法和测量误差。

测量方法是指在实施测试中所涉及的理论运算和实际的操作方法。按是否直接测定被测量的原则分类，测量方法分为直接测量法和间接测量法。直接测量法是指将测量工具直接与被测物体进行对比测量，不需要对所获取数值进行运算的测量方法。例如用直尺测量长度，用电压表测量电压等。间接测量法通常指将被测量转化为可直接测量的量,按照一定计算转换测量工具与被测量之间的函数关系而间接获得测量结果的测量方法。例如,为了测量一台发动机的输出功率,必须首先测出发动机的转速 n 及输出转矩 M,通过公式 $P=Mn$ 可计算出其功率值。

按测量时是否与被测物体接触的原则,测量方法可分为接触式测量和非接触式测量。接触式测量方便快捷,比如测量振动参数时将带磁铁座的加速度计直接放在被测位置进行测量;而非接触式测量可以避免对被测对象的运行工况及其特性的影响,也可避免测试设备受到磨损,例如用多普勒超声测速仪测量汽车速度就属于非接触测量。

按被测量是否随时间改变的原则,测量方法又可分为静态测量与动态测量。这里的"静态"和"动态"专指被测量是否随时间变化,而不是指被测对象是否处于静止或运动状态。实际上,在进行静态测量和动态测量时,两者对测量系统特性的要求和测量数据处理是有很大差别的,工作中必须密切注意。

机械工程测试技术以传感器测量、信号处理与数据分析为基础,以测控系统计算机集成应用为目的,讨论信号的获取、传感、处理和反馈控制、计算机集成应用等问题,旨在形成一个较为完整、系统的知识和能力体系。在机械工程测试系统中,常用的传感器一般以直接测量的方式作用于被测量,并按一定规律将被测量转换成电信号(包括电阻、电容、电感等),然后通过信号调理(如放大、调制解调和阻抗匹配等)装置,把传感器信号转换成便于传输、处理,且功率足够的形式。这里的信号转换大部分情况下都是电信号之间的转换;信号处理环节对信号进行运算和分析;信号显示记录环节是系统的输出环节,一般以数据或图形的方式呈现结果,这样便于找出被测量的变化规律。

■ 二、信号描述及初步处理 ■

1. 信号分类

在测试系统中,将信号按照是否能用明确的数学关系表达式描述分为确定性信号和非确定性信号(随机信号)。其中,确定性信号是测试技术研究的主要对象。信号的具体分类如图 1-2-1所示。

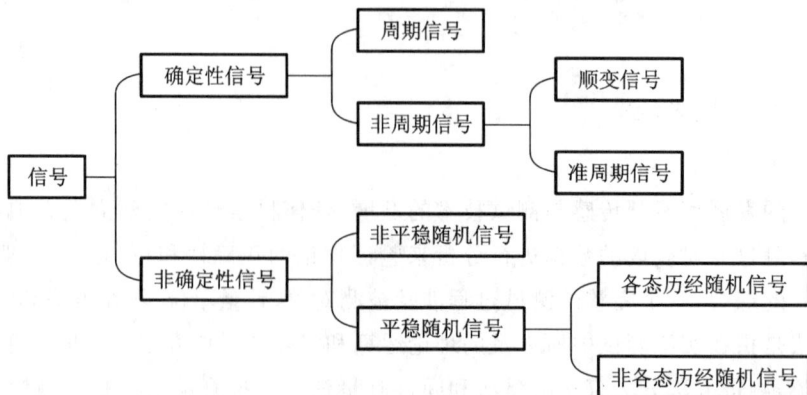

图 1-2-1　信号分类

2.信号描述方法及描述它们所用的数学工具

1）时域描述

时域描述反映信号随时间的变化情况。测量中以时间为独立变量，一般能反映信号的幅值随时间变化的状态，不能明确揭示信号的频率组成成分。

时域描述中，时间 t 为横坐标，信号的幅值 A_n 为纵坐标。

2）频域描述

频域描述反映信号的组成成分。测量中以频率为独立变量，可表述信号的频率结构、各频率成分的幅值和相位关系。

幅频谱的描述以频率 ω 为横坐标，幅值 A_n 为纵坐标；

相位谱的描述以频率 ω 为横坐标，相位 φ_n 为纵坐标。

3）周期信号的频域分析——傅里叶级数

傅里叶级数三角函数展开式：满足狄利克雷条件的周期信号，可在一个周期内用正弦函数和余弦函数表达成傅里叶级数的形式。

$$x(t) = a_0 + \sum_{n=1}^{\infty} A_n \cos(n\omega_0 t - \varphi_n) = a_0 + \sum_{n=1}^{\infty} A_n \sin(n\omega_0 t + \theta_n) \quad (n = 1,2,3,\cdots)$$

$$(1\text{-}2\text{-}1)$$

式中：$A_n = \sqrt{a_n^2 + b_n^2}$，$\varphi_n = \arctan\dfrac{b_n}{a_n}$，$\theta_n = \dfrac{\pi}{2} - \varphi_n$。

傅里叶级数复指数展开式：

$$x(t) = c_0 + \sum_{n=1}^{+\infty} c_n \cdot e^{jn\omega_0 t} + \sum_{n=-1}^{-\infty} c_n \cdot e^{jn\omega_0 t}$$

即
$$x(t) = \sum_{n=-\infty}^{+\infty} c_n \cdot e^{jn\omega_0 t}, \quad (n = 0, \pm 1, \pm 2, \pm 3, \cdots) \quad (1\text{-}2\text{-}2)$$

4）周期信号的频谱及频谱特点

周期信号的频谱具有以下特点。

①离散性：周期信号频谱图上的谱线不是连续的，是离散的。

②谐波性：周期信号频谱图上的谱线只发生在基频 ω_0 的整数倍频率上。

③收敛性：从总趋势上来看，周期信号高次谐波的幅值具有随 n 的增加而衰减的趋势。

5）非周期信号的频域分析——傅里叶变换

（1）傅里叶变换与傅里叶逆变换。

$$X(f) = \int_{-\infty}^{+\infty} x(t) e^{-j\omega t} dt \quad (1\text{-}2\text{-}3)$$

$$x(t) = \frac{1}{2\pi} \int_{-\infty}^{+\infty} X(\omega) e^{j\omega t} dt \quad (1\text{-}2\text{-}4)$$

$$X(f) = \int_{-\infty}^{+\infty} x(t) e^{-j2\pi ft} dt \quad (1\text{-}2\text{-}5)$$

$$x(t) = \int_{-\infty}^{+\infty} X(\omega) e^{j2\pi ft} dt \quad (1\text{-}2\text{-}6)$$

公式（1-2-3）和公式（1-2-5）为非周期信号的傅里叶变换公式，公式（1-2-4）和公式（1-2-6）为非周期信号的傅里叶逆变换公式，傅里叶变换及其相应逆变换组成一个傅里叶变换对。

（2）傅里叶变换的主要性质。

①线性叠加性。

若
$$x(t) \Leftrightarrow X(f), \quad y(t) \Leftrightarrow Y(f)$$
则
$$ax(t) + by(t) \Leftrightarrow aX(f) + bY(f) \qquad (1\text{-}2\text{-}7)$$

②对称性质。

若
$$x(t) \Leftrightarrow X(f)$$
则
$$X(t) \Leftrightarrow x(-f) \qquad (1\text{-}2\text{-}8)$$

③时移与频移性质。

若
$$x(t) \Leftrightarrow X(f)$$
则有时移性质
$$x(t \pm t_0) \Leftrightarrow X(f) \mathrm{e}^{\pm \mathrm{j}2\pi f t_0}$$
频移性质
$$x(t) \mathrm{e}^{\pm \mathrm{j}2\pi f_0 t} \Leftrightarrow X(F \mp f_0) \qquad (1\text{-}2\text{-}9)$$

④卷积定理。

若
$$x_1(t) \Leftrightarrow X_1(f), \quad x_2(t) \Leftrightarrow X_2(f)$$
则
$$x_1(t) * x_2(t) \Leftrightarrow X_1(f) \cdot X_2(f)$$
$$x_1(t) \cdot x_2(t) \Leftrightarrow X_1(f) * X_2(f) \qquad (1\text{-}2\text{-}10)$$

(3)非周期信号及其频谱特点。

①非周期信号是由无数正弦波叠加而成的,其频谱是连续的;

②非周期信号幅值谱的幅值量纲是单位频率宽度上的幅值。

3.测量装置的基本特性

1) 测量装置的基本要求

测量装置的基本特性主要讨论测量装置及其输入-输出的关系。理想的测量装置应该具有单值的、确定的输入-输出关系,即对应于某一输入量只有单一的输出量。

2) 线性系统及其主要性质

线性系统的输入 $x(t)$ 与输出 $y(t)$ 之间的关系可用下面的常系数线性微分方程来描述时,则称该系统为时不变线性系统,也称线性定常系统。

$$a_n \frac{\mathrm{d}^n y(t)}{\mathrm{d}t^n} + a_{n-1} \frac{\mathrm{d}^{n-1} y(t)}{\mathrm{d}t^{n-1}} + \cdots + a_1 \frac{\mathrm{d}y(t)}{\mathrm{d}t} + a_0 y(t)$$
$$= b_m \frac{\mathrm{d}^m x(t)}{\mathrm{d}t^m} + b_{m-1} \frac{\mathrm{d}^{m-1} x(t)}{\mathrm{d}t^{m-1}} + \cdots + b_1 \frac{\mathrm{d}x(t)}{\mathrm{d}t} + b_0 x(t) \qquad (1\text{-}2\text{-}11)$$

式中:t 为时间自变量;$a_n, a_{n-1}, \cdots, a_1, a_0$ 和 $b_m, b_{m-1}, \cdots, b_1, b_0$ 均为常数。

时不变线性系统的主要性质如下:

①叠加原理特性。

②比例特性。系统对输入导数的响应等于对原输入响应的导数。如系统的初始状态均为零,则系统对输入积分的响应等同于对原输入响应的积分。

③频率保持性。

3) 测量装置的静态特性

测量装置的静态特性就是在静态测量情况下描述实际测量装置与理想线性定常系统的接近程度。描述测量装置静态特性的主要指标有以下四个。

(1)线性度。线性度是指测量装置输出、输入之间保持常值比例关系的程度,即在系统的标称输出范围(全量程)A 以内,校准曲线与该拟合直线的最大偏差 B 与满量程的输出量 A 的比值的百分数。

$$线性度 = \frac{B}{A} \times 100\% \qquad (1\text{-}2\text{-}12)$$

（2）灵敏度 S。当装置的输入 x 有一个变化量 Δx，引起输出 y 发生相应的变化为 Δy，则定义灵敏度为

$$S = \frac{\Delta y}{\Delta x} = \frac{\mathrm{d}y}{\mathrm{d}x} \qquad (1\text{-}2\text{-}13)$$

灵敏度表示输出变化量与输入变化量之比，线性测量装置定标曲线的拟合直线的斜率就是其静态灵敏度。

（3）回程误差。当输入量由小增大和由大减小时，对于同一输入量所得到的两个输出量却往往存在着差值（见图 1-2-2），将全测量范围内最大的差值记为 $h_{\max}$，则回程误差为

$$H = \frac{h_{\max}}{A} \times 100\% \qquad (1\text{-}2\text{-}14)$$

（4）稳定度和漂移。稳定度是指测量装置在规定条件下保持其测量特性恒定不变的能力。测量装置的测量特性随时间的慢变化，称为漂移。

4）测量装置的动态特性

动态特性是指输入随时间变化时，测量装置输入与输出间的关系。这种关系在时域内可以用微分方程或权函数表示，在频域内可用传递函数或频率响应函数表示。

（1）传递函数 $H(s)$。传递函数是指零初始条件下线性系统响应（即输出）量的拉普拉斯变换（或 z 变换）与激励（即输入）量的拉普拉斯变换之比。传递函数是测量装置动态特性的复频域描述，它表达了系统的传递特性。

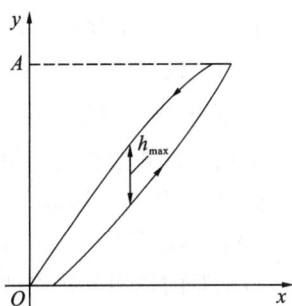

图 1-2-2　回程误差

（2）频率响应函数 $H(\mathrm{j}\omega) = A(\omega)\mathrm{e}^{\mathrm{j}\varphi(\omega)}$。当测试系统的输入量是正弦信号时，系统的传递函数就称为频率响应函数，记为 $H(\mathrm{j}\omega)$。将传递函数中复数自变量 s 用频率 $\mathrm{j}\omega$ 来代替（j 作为坐标符号来理解），有

$$H(\mathrm{j}\omega) = \frac{Y(\mathrm{j}\omega)}{X(\mathrm{j}\omega)} \qquad (1\text{-}2\text{-}15)$$

频率响应函数是测量装置动态特性的频域描述，它描述了系统的简谐输入和其稳态输出的关系。

5）测量装置对任意输入的响应

测量装置对任意输入信号 $x(t)$ 的响应 $y(t)$ 为输入信号 $x(t)$ 与此测量装置单位脉冲响应函数 $h(t)$ 的卷积，即

$$y(t) = x(t) * h(t) \qquad (1\text{-}2\text{-}16)$$

6）不失真测试的条件

要使信号通过测量装置后不产生波形失真，测量装置的幅频和相频特性应分别满足以下条件。

时域描述：

$$y(t) = A_0 x(t - t_0) \qquad (1\text{-}2\text{-}17)$$

式中：A_0，t_0——常数。

频域描述：

$$A(\omega)=A_0, \quad \varphi(\omega)=-t_0\omega \tag{1-2-18}$$

式中：A_0，t_0——常数。

7) 测量装置的典型环节传递函数

(1) 零阶系统：

$$H(s)=s \tag{1-2-19}$$

(2) 一阶系统：

$$H(s)=\frac{s}{1+\tau s} \tag{1-2-20}$$

(3) 二阶系统：

$$H(s)=\frac{s\omega_n^2}{s^2+2\xi\omega_n s+\omega_n^2} \tag{1-2-21}$$

8) 测量装置动态特性的测试方法

测量装置动态特性的测试方法主要有频率响应法和阶跃响应法。

4. 常用的传感器

1) 传感器的定义

工程上通常把直接作用于被测量，并能将被测量信息按一定规律转换成同种或别种量值输出的器件，称为传感器。

2) 传感器的作用

传感器的作用就是将被测量转换为与之相对应的，容易检测、传输或处理的信号。

3) 传感器的分类

传感器的分类方法很多，主要的分类方法有以下几种：

(1) 按被测量分类，传感器可分为位移传感器、力传感器、温度传感器等。

(2) 按工作原理分类，传感器可分为机械式传感器、电气式传感器、光学式传感器、流体式传感器等。

(3) 按信号变换特征分类，传感器可概括分为物性型传感器和结构型传感器。

(4) 根据敏感元件与被测对象之间的能量关系分类，传感器可分为能量转换型传感器与能量控制型传感器。

(5) 按输出信号分类，传感器可分为模拟型传感器和数字型传感器。

4) 电阻式传感器

(1) 电阻式传感器分为变阻式传感器和电阻应变式传感器。而电阻应变式传感器又可分为金属电阻应变片式传感器与半导体电阻应变片式传感器两类。

(2) 金属电阻应变片式传感器的工作原理：应变片发生机械变形时电阻值随之发生变化。金属电阻应变片的灵敏度 $S_g=1+2\mu$，其中 μ 是泊松比。

(3) 半导体电阻应变片式传感器的工作原理：半导体也称压电晶体应变片，这种材料在其几何性质发生变化的时候会在晶体的轴上产生电动势，这种应变片变形量小，产生的信号线性度差，要经过运算才能使用，但它是无源信号源，适合测量高密度小变形量的物体。半导体电阻应变片的灵敏度 $S_g=(\Delta R/R)/\varepsilon$，其中：$\Delta R$ 为应变片的电阻变化量，R 为应变片的初始电阻，ε 为变测物的应变量。

5) 电感式传感器

(1) 按照变换原理的不同，电感式传感器可分为自感型传感器与互感型传感器。其中自感型传感器主要包括可变磁阻式传感器和电涡流式传感器。

（2）电涡流式传感器的工作原理：金属体在交变磁场中的电涡流效应。

（3）电涡流效应的主要内容：根据法拉第电磁感应定律，金属导体置于变化的磁场中时，导体的表面就会有感应电流产生，电流的流线在金属体内自行闭合，这种由电磁感应原理产生的漩涡状感应电流称为电涡流，这种现象称为电涡流效应。

6）电容式传感器

（1）电容式传感器根据电容器变化的参数，可分为极距变化型传感器、面积变化型传感器、介质变化型传感器三类。

（2）极距变化型传感器的灵敏度为 $S=\dfrac{\mathrm{d}C}{\mathrm{d}\delta}=-\varepsilon\varepsilon_0 A\dfrac{1}{\delta^2}$，其中，$\varepsilon$ 为极板间介质的相对介电系数，ε_0 为真空中介电常数，A 为极板的介电面积，δ 为极距。可以看出，灵敏度 S 与极距 δ 的平方成反比，极距越小灵敏度越高。显然，由于灵敏度随极距而变化，这将引起线性误差。

（3）面积变化型传感器的灵敏度为常数，其输出与输入呈线性关系。但与极距变化型传感器相比，灵敏度较低，适用于较大直线位移及角速度的测量。

（4）电容式传感器的测量电路。

电容式传感器将被测量转换成电容量的变化之后，由后续电路转换为电压、电流或频率信号。常用的电路有电桥型电路、直流极化电路、谐振电路、调频电路、运算放大电路。

7）压电式传感器

（1）压电式传感器的工作原理是压电效应。

（2）某些物质，如石英、钛酸钡、锆钛酸铅等，当受到外力作用时，不仅几何尺寸发生变化，而且内部极化，表面上出现电荷，形成电场；当外力消失时，材料重新回复到原来状态，这种现象称为压电效应。

（3）压电式传感器前置放大器的主要作用：一是将传感器的高阻抗输出转换为低阻抗输出；二是放大传感器输出的微弱电信号。

（4）压电加速度传感器的两种形式：电压放大器和电荷放大器。

8）半导体传感器

半导体传感器主要包括磁敏传感器、光敏传感器、固态传感器、热敏电阻、气敏传感器、湿敏传感器、集成传感器等。

9）光纤传感器

（1）光纤传感器按光纤的作用可分为功能型和传光型两种。

（2）光纤导光的原理是光的全反射，光纤传感器将来自光源的光信号经过光纤送入调制器，使待测参数与进入调制区的光相互作用后，导致光的光学性质（如光的强度、波长、频率、相位、偏振态等）发生变化，成为被调制的信号源，再经过光纤送入光探测器，经解调后，获得被测参数。

（3）光纤的数值孔径 NA 表示光纤收集光的能力，$\mathrm{NA}=\sqrt{n_1^2-n_2^2}$，其中 n_1 为纤芯的折射率，n_2 为包层的折射率。

5.信号调理（中间变换）电路

1）电桥的定义和分类

电桥是将电容、电阻、电感等参数的变化转换为电压或电流而输出的一种测量电路。按照电桥的输出方式，可以将电桥分为平衡式电桥和不平衡式电桥；按照电桥激励电压的性质，又可以将电桥分为直流电桥和交流电桥。

2) 电桥平衡条件

电桥平衡的定义:电源接通时,电桥线路中各支路均有电流通过。如图 1-2-3 所示,当 c、d 两点之间的电位不相等时,桥路中的检流计的指针发生偏转;当 c、d 两点之间的电位相等时,桥路中的检流计指针指向零(检流计的零点在刻度盘的中间),这时我们称电桥处于平衡状态。

(1)直流电桥。直流电桥如图 1-2-3 所示。

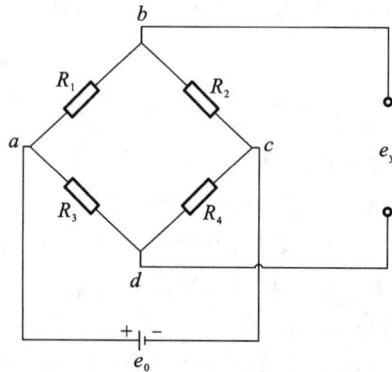

图 1-2-3 直流电桥

由电桥平衡的条件,欲使得电桥平衡,即 $e_y = 0$,应满足

$$R_1 R_3 = R_2 R_4 \qquad (1\text{-}2\text{-}22)$$

(2) 交流电桥。交流电桥的 4 个桥臂可为电容、电感或电阻。如果将阻抗、电流、电压都用复数表示,直流电桥的平衡关系式也可以用于交流电桥,即

$$z_1 z_3 = z_2 z_4 \qquad (1\text{-}2\text{-}23)$$

而各阻抗 z_i 可用模 Z_{0i} 和阻抗角 ϕ_i 表示为

$$z_i = Z_{0i} e^{j\phi_i} \qquad (1\text{-}2\text{-}24)$$

代入式(1-2-23),有

$$z_1 z_3 e^{j(\phi_1 + \phi_3)} = z_2 z_4 e^{j(\phi_2 + \phi_4)} \qquad (1\text{-}2\text{-}25)$$

若要式(1-2-25)成立,必须同时满足下列两式:

$$\begin{cases} Z_{01} Z_{03} = Z_{02} Z_{04} \\ \phi_1 + \phi_3 = \phi_2 + \phi_4 \end{cases} \qquad (1\text{-}2\text{-}26)$$

3) 应变电桥输出电压表达式

半桥单臂:
$$e_y \approx \frac{1}{4} \frac{\Delta R}{R_0} e_0$$

半桥双臂:
$$e_y = \frac{1}{2} \frac{\Delta R}{R_0} e_0$$

全桥:
$$e_y = \frac{\Delta R}{R_0} e_0$$

4) 调制

用低频信号来控制高频振荡信号(载波)的某个参数(幅值、频率或相位),使已调波的这个参数随调制信号作有规律的变化,以利于实现信号的放大或传输,这个过程称为调制。

5) 解调

从已调波中恢复调制信号的过程称为解调。

6）调幅

调幅是将一个高频简谐信号（载波）与测试信号（调制信号）相乘，使高频信号的幅值随测试信号的变化而变化。

7）调频

调频是利用信号电压的幅值控制一个振荡器，振荡器的输出是等幅波，但其振荡频率偏移量和信号电压成正比。

8）滤波器

（1）滤波器是一种选频装置，它可以允许信号中某些频率成分通过而对其他频率成分进行极大的衰减，起到"筛选频率"的作用。根据滤波器的选频作用可将滤波器分为低通滤波器、高通滤波器、带通滤波器和带阻滤波器。

（2）滤波器的截止频率 f_{c1}、f_{c2}：幅频特性曲线降为最大值的 $\dfrac{1}{\sqrt{2}}$ 时对应的频率为截止频率。

（3）滤波器的带宽 B：B 表征带通滤波器的频率分辨能力，B 越小分辨率越高。对带通滤波器有 $B = f_{c2} - f_{c1}$。其中 f_{c2} 为上截止频率，f_{c1} 为下截止频率。

（4）中心频率 f_n：带通滤波器的中心频率 f_n 定义为上下截止频率的几何平均值，即

$$f_n = \sqrt{f_{c1} f_{c2}}$$

（5）品质因数 Q：Q 表征带通滤波器的频率选择性。

$$Q = \frac{f_n}{B} \tag{1-2-27}$$

（6）倍频程带通滤波器的上、下截止频率之间有如下关系：

$$f_{c2} = 2^n f_{c1} \tag{1-2-28}$$

（7）倍频程邻接滤波器组两相邻带通滤波器的中心频率 f_m、f_{m+1} 之间有如下关系：

$$f_{m+1} = 2^n f_m$$

式中：n 为倍频程数。

三、测试系统基本原理

1.传感器技术概论

传感器可以看做一个完整的检测装置，其功能包括非电信号到电信号的转换，信号的传输、记录和控制等功能。传感器由敏感元件、传感元件及其他辅助元件组成。其中，敏感元件是直接作用于被测量并生成与被测量有一定确定关系的其他量的元件。根据检测目标的不同，传感器可以做得很简单或很复杂，不同的传感器在具体的组成上会略有差别。

传感器常用的技术性能指标通常包括以下几项：

（1）输入量的性能指标：量程和过载能力等；

（2）静态特性指标：线性度、迟滞、重复性和稳定性等；

（3）动态特性指标：固有频率、阻尼比、上升时间、超调量及稳态误差等；

（4）可靠性指标：工作寿命、故障率和疲劳性能等；

（5）对环境要求的指标：工作温度范围、温度漂移和抗冲振要求等；

（6）使用及配接要求：供电方式、电压幅度与稳定度及安装方式等。

2. 工程信号及其分析概论

工程测试的基本任务是从被测物中得到一定的以信号为载体的信息,然后从这些信息中通过一定的方法获取到可以反映被测对象状态或性质的有关信息。因此,信号分析在工程测试中的地位异常重要,信号分析的内容包括:研究信号的特征及其随时间变化的规律、信号的构成以及信号随频率变化的特征。

信号作为一定的物理过程的表示,包含着丰富的信息。为了从中提取有用信息,首先有必要对信号进行一定的分析和处理。所谓信号分析,即通过各种物理方法或数学算法筛选有用信息的过程。而信号的描述方法提供了在不同数学域描述信号特征的可能,表征了信号的数据特征,它也是信号分析的基础。通常以四个变量域来描述信号,即时域、频域、幅值域和时延域。

时域描述,即以时间作为自变量的信号表达。时域描述就是以时间作为变量,描述幅值随时间变量改变而改变的过程,是关于信号的最直接的数学描述方法。时域图可以清晰表达出信号的周期、峰值、增减趋势等时域特征,这些参数反映了信号变化的快慢和波动情况,因此时域描述比较直观形象,便于观察和记录。

频域描述,即以信号的频率作为自变量的信号描述方法。与时域描述相比,信号的频域描述能够明显示出信号的频率组成,清晰显示与频率对应的各频率分量幅值及相位关系,因此广泛运用于系统的动态测试中。例如对振动、噪声等信号进行频域描述,可以从频域描述图形——频谱图中观察到该振动或噪声由哪些不同的频率分量组成、各频率分量所占的比例以及哪些频率分量是主要的,从而找出振动或噪声源,以便排除或减小有害振动或噪声。

幅值域描述,即描述信号中不同强度幅值以信号幅值为自变量的分布表述方式。通常,幅值域描述以概率密度函数来表示,概率密度函数反映在某一区域内,信号幅值的分布概率。

时延域描述,即通过时间和频率的联合函数,同时描述信号在不同时间及频率条件下的能量密度或强度。它是分析非平稳随机信号的有效工具,可以同时反映信号的时间和频率信息,揭示非平稳信号所代表的被测物理量的本质,常用于图像处理、语音处理、医学、故障诊断等信号分析中。

信号的各种描述方法是从不同的角度观察和描述同一信号,并不改变信号的实质,不同的描述之间可通过一定的数学关系进行转换。

3. 测量数据处理及表述方法

测量数据总是存在误差的,而误差又包含各种因素产生的分量,如系统误差、随机误差、粗大误差等。显然一次测量无法判断误差的统计特性,只有通过足够多次的重复测量才能从数据的统计分析中获得误差的统计特性。然而,实际的测量往往是有限次的。因此,测量数据只能用样本统计量作为测量数据总体特征量的估计值。测量数据处理的任务就是求得测量数据的样本统计量,以得到一个既接近真值又可信的估计值。误差分析的理论大多给出测量数据的正态分布,然而由于受到各种实际因素的影响,实际测量数据的分布情况往往很复杂。因此,需要先消除系统误差和粗大误差并进行正态性检验,才能做进一步处理,以得到可信的结果。大量的实验数据最终要以清晰可读的方式表述出来,常用的表述方法包括表格法、图示法和经验公式法三种。

1) 表格法

表格法是根据测量的目的和要求,把一系列测量数据列成表格,然后再进行其他处理的表述方法。表格法具有简单、方便、数据易于参考比较的优点,同一表格内可以同时表示多个变量之间的变化关系。然而表格法不易看出数据变化的趋势,因而不适合用于进行深入的数据分析。

2）图示法

图示法即用图形或曲线表示数据之间的关系的方法,它能形象直观地反映数据变化的趋势,如递增递减性、极值点、周期性等。在工程测试中,多采用直角坐标系绘制测量数据的图形,在直角坐标系中将测量数据描绘成图形或曲线时,应使该曲线通过尽可能多的数据点,曲线以外的数据点尽可能靠近曲线,曲线两侧数据点数目大致相等。

值得注意的是,曲线是否能真实反映测试数据的函数关系,在很大程度上还取决于图形比例尺的选取,即取决于坐标的分度是否适当。坐标比例尺的选取没有严格的规定,要具体问题具体分析,应当以能够表示出关键点的确切位置和曲线急剧变化的确切趋势为准。

3）经验公式法

对于测量数据,不仅可以用图示法表示各变量之间的关系,还可以用与图形对应的数学公式来描述变量之间的关系,从而进一步分析和处理数据。该数学公式称为经验公式,也称为回归方程。

要建立一个能正确表达测量数据函数关系的公式,很大程度上取决于测量人员的经验和判断能力。得到与测量数据接近的经验公式往往需要多次反复的实验,同时又由于各个变量之间的关系具有某种程度的不确定性,因此通常采用数理统计的方法确定经验公式。

4. 测试系统基本要求和传输特性

由于测试的目的和要求不同,测量对象又千变万化,因此测试系统的组成和复杂程度都有很大差别。最简单的温度测试系统只由一个液柱式温度计构成,而较完整的机床动态特性测试系统则非常复杂。本书中所称的"测试系统"既指由众多环节组成的复杂的测试系统,又指测试系统中各个独立的环节,例如传感器、调理电路、记录仪等。因此,测试系统的概念是广义的,在测试信号的流通中,任意连接输入和输出并有特定功能的部分,均可视为测试系统。

对测试系统的基本要求就是使测试系统的输出信号能真实地反映被测物理量的变化过程,不使信号发生畸变,即实现不失真测试。任何测试系统都有自己的传输特性,若输入信号用 $x(t)$ 表示,测试系统的传输特性用 $h(t)$ 表示,输出信号用 $y(t)$ 表示,则通常的工程测试问题可转换为对 $x(t)$、$h(t)$ 和 $y(t)$ 三者之间关系的处理问题。

（1）若输入 $x(t)$ 和输出 $y(t)$ 是已知量,则通过输入、输出就可以判断系统的传输特性;

（2）若测试系统的传输特性 $h(t)$ 已知,输出 $y(t)$ 可测,则通过 $h(t)$ 和 $y(t)$ 可推断出对应于该输出的输入信号 $x(t)$;

（3）若输入信号 $x(t)$ 和测试系统的传输特性 $h(t)$ 已知,则可判断和估计出测试系统的输出信号 $y(t)$。

测试系统的传输特性表示系统的输入与输出之间的对应关系。了解测试系统的传输特性对于提高测试系统的精确性以及正确选用系统和校准测试系统的特性都是十分重要的。

根据输入信号 $x(t)$ 是否随时间变化,测试系统的传输特性分为静态特性和动态特性。对于那些用于静态测量的测试系统,只需要考虑静态特性;而对于用于动态测试的系统,既要考虑静态特性,又要考虑动态特性,因为两方面的特性都将影响测量结果。静态特性动态特性的分析和测试方法有明显的差异,因此,为了方便,仍然把它们分开处理。

第三节　测控技术应用

一、测控技术在航天领域的应用

　　测控技术在航天领域用于跟踪与测量航天器,获取其运动参数和内部的各种物理信息、宇航员生理信息等一些重要数据,并且监视航天器的飞行和内部工作状态。指挥中心根据这些信息对航天飞行目标进行指挥、控制。另外,实测数据经过处理、分析,可作为评价航天器的技术性能和改进设计的依据。

　　随着科学技术的发展,人类逐步具备了通过航天活动探索地球以及地球以外天体的能力。根据探测目标和任务的不同,人类航天活动主要集中在地球卫星、载人航天和深空探测三大领域。而各空间活动在具体实施中由不同系统遵照既定的规则,分工合作,协同完成。航天测控系统是空间活动中不可缺少的一个重要组成部分,负责对直接承载空间活动且处于飞行状态的运载器及航天器进行跟踪、测量、监视、控制。不论是无人航天系统,还是载人航天系统,它们在执行航天任务时都必须借助航天测控系统进行任务规划,实施空间操作,使地面人员随时掌握飞行情况,达到完成航天任务的目的。

　　最初的航天测控系统是在20世纪60年代中期卫星观测网的基础上发展起来的,当时的卫星观测网是我国航天测控系统实现从无到有的跨越。1965年4月,该网圆满完成了我国第一颗人造地球卫星——“东方红一号”的跟踪测轨任务。到70年代初,在航天测控领域首次提出了测控网的概念,并按测控网进行了规划设计,根据当时我国的国情提出了测控设备布局适应多场区、多射向、多弹道飞行试验特点和不同发射倾角、不同运行轨道卫星测控要求的发展思路,确定在已有的测控、通信能力的基础上,远近结合,全面规划,箭星兼顾,综合利用,逐步建成一个布局合理、工作协调、适应性强的航天测控网。遵从上述原则,于70年代末80年代初,我国的近地轨道卫星测控网和地球同步通信卫星测控系统初步形成。1988年,近地轨道卫星测控网完成了我国第一颗太阳同步轨道卫星——“风云一号”的测控任务;1984年1月地球同步卫星测控系统完成了我国首次地球同步试验通信卫星——“东方红二号甲”的发射测控任务。90年代初,为适应载人航天任务的特殊需求,我国开始建设新一代航天测控网,逐步建立了陆、海基统一S频段(USB)测控网及S频段测控网网管中心;新建了东风发射指控中心和北京航天指挥控制中心,改造了西安卫星测控中心;进行了测量船、各测控站测控通信设施的适应性改造;建立了以数字程控交换为核心,以卫星通信、光纤通信为主干信道的集话音、数据、图像传输于一体的大型科研试验通信专用网。新航天测控网可靠性更高,适应性更强,对中、低轨航天器的覆盖率达15%以上,天地数据传输速率达2 Mb/s,满足了载人航天的测控通信要求。同时其技术性能也使我国航天测控网跻身国际先进行列。1999年11月,S频段测控网成功完成了我国第一艘无人飞船——“神舟一号”的测控通信任务,至此我国航天测控系统实现了由弱到强的转变。

　　在过去几十年的时间,我国航天测控系统经历了从无到有、从弱到强的发展历程,逐步形成了符合我国国情的航天测控系统,具备了对载人飞船和各类不同轨道的应用卫星的发射及在轨运行以及返回式卫星提供测控支持的能力。我国航天测控系统立足国内,坚持独立自主、自力更生、自主创新之路,一代代航天测控人发扬艰苦奋斗、无私奉献的航天精神,走出了具有中国特色的发展之路,搭起了我国航天测控的平台和通向太空的天梯,在世界航天测控领域拥有了发言权。

二、测控技术在农业领域的应用

农业机械装备是提高农业生产效率、实现资源有效利用、推动农业可持续发展的不可或缺工具,对保障国家粮食安全、促进农业增产增效、改变农民增收方式和推动农村发展起着非常重要的作用。随着农业机械化、现代化发展需求持续提升,我国农机产业与农机装备发展也取得了长足进步。

作为一个农业大国,我国在农业生产中使用机械的现象已十分普遍。农机装备的持续发展是我国农业现代化建设的关键点之一,直接关系到我国农业现代化、数字化、智能化发展进程,关系到"智慧农业"能否加速实现。近年来,我国农机装备发展已经取得了一定的成果,实现了农机大国的目标,但是要由"大"转"强",我国农机产业仍急需加快转型升级。随着各项前沿科技在农业领域加速拓展应用,数字化、智能化逐渐成为新的风潮,我国农业的持续突破还需要从智能农机装备的发展入手。

智能农机装备的发展对加快释放农业生产力、进一步提高生产效率、加快转变发展方式、增强我国农业综合竞争力至关重要。加强智能理念、智能装备、新材料等与农机装备的深度融合,不断推进关键零部件及农业机器人、植保无人机等智能化、高端化农机装备的产品创新,将成为关键所在。

测控技术在农业中的应用主要体现在以下几个方面。

智能农机装备测控:智能农机装备是集成了智能感知、智能决策和智能控制等技术的现代农业装备,能够自主、高效、安全、可靠地完成农业作业任务(见图1-3-1)。

图 1-3-1 智能收获机

智慧农业大数据平台:通过安装环境监测终端,实现环境信息的智能获取和直观展示。这些平台利用物联网、云计算、AI 和大数据等现代信息技术,对农业生产进行全方位管理和把控,提高生产效率和产品质量。

测控技术在设施农业中的应用:在设施农业中,测控技术被广泛应用于智能大棚(见图1-3-2)的温度、湿度、光照等环境条件的监测和控制。

图 1-3-2　智能大棚

智能感知技术:在智能农机装备中,智能感知技术用于获取田间信息,包括土壤温度、湿度、光照强度等,为智能决策提供数据支持。

自动化控制系统:利用自动化控制系统,可以实现远程手动/自动控制农业生产中的设备,如风机、遮阳、喷/滴灌等,提高作业效率和精准度。

三、测控技术在工业物联网中的应用

工业物联网是智能工厂理念的驱动力,它通过自动化和自优化让机器和设备更加高效。工业物联网传感器能够实时获取机器性能、环境状况和产品质量的数据。这些数据被用来优化操作、预防故障、自动化质量检测,从而提升生产力和减少停机时间。在能源领域,工业物联网可以显著提升效率、安全性和可靠性。支持工业物联网的智能电网运用传感器、网络互联和数据分析来监控和调节电力分配,实现能源的优化利用并减少浪费。同样,工业物联网在石油和天然气领域的应用能够实现对钻井作业的实时监控、对设备的预测性维护,以及对海上平台的远程控制。

传感器设备是工业物联网的基石。它们是从物理环境中捕捉数据并将其转换为数字格式的工具。它们能够监测多种参数,如温度、压力、湿度等。这些数据被发送到中央系统进行分析和处理。例如,在制造厂,传感器能够监测机器的运行状况,及时发现异常或故障征兆。在能源行业,传感器能够测量电力消耗,有助于优化能源利用并减少浪费。运用先进的非接触或间接检测技术、智能控制算法,以微电子技术、嵌入式技术、智能信息处理技术和互联网技术为基础组成计算机自动检测与远程控制系统,将网络技术与测控技术进行融合,研究基于网络环境的智能家居远程监测与控制技术,能够推动移动互联网、云计算、大数据、物联网等与现代制造业的发展。研究人员在实现多级监控网络的数据实时共享和实现方法、无线传感器网络系统、嵌入式技术与系统、物联网技术应用等方面开展了广泛而深入的研究,在基于物联网的智能家居应用领域取得了具有特色的成果。

四、测控技术发展与未来

现代科学技术的融入不但使现代测控技术在各方面得到广泛应用,而且加快了现代测控技术的发展,形成了现代测控技术朝微型化、集成化、远程化、网络化、虚拟化等方向发展的趋势。同时,现代测控技术是一门实践性非常强的技术,既包括硬件、软件的设计,又包括系统的集成,随着其在国防、工业、农业等领域应用的深度和广度的扩大,它将为提高生产效率、改进技术水平做出巨大的贡献。新型传感器技术、现代测控总线技术、虚拟仪器技术、远程测控技术、测控系统集成技术等,都是现代测控技术的发展趋势和方向(见图 1-3-3、图 1-3-4)。

图 1-3-3 测控技术在智能产线的应用

图 1-3-4 测控技术在无人战车上的应用

  虚拟仪器技术包括开发环境和虚拟仪器设计。虚拟仪器系统是测控技术与计算机技术结合的产物,它从根本上更新了仪器的概念,并在实际应用中表现出传统仪器无法比拟的优势,可以说虚拟仪器技术是现代测控技术的关键组成部分。虚拟仪器由计算机和数据采集卡等相应硬件和专用软件构成,既有传统仪器的特征,又有一般仪器所不具备的特殊功能,在现代测控应用中有着广泛的应用前景。远程测控技术是现代通信网络、远程测控系统的基础。随着测控任务变得日趋复杂以及大范围测控要求的日益增多,进行远程测控、组建网络化的测控系统就显得非常必要。采用远程测控技术,不仅可以降低测控系统的成本、实现远距离测控和资源共享,而且还能实现测控设备的远距离诊断与维护,大大提高测控的效率。电子设备测控系统集成技术包括现代测控系统的硬件设计,以及现代测控系统软件设计。采用系统集成技术解决测控系统的合理构成问题正成为测控界普遍关注的话题。测控一体化要求实现测控系统的集成,其目标不仅包括测控系统的体系结构集成,还包括功能集成、信息集成和环境集成,同时还要符合相应的系统集成标准。自动测试设备(automatic test equipment,ATE)及软件设计现代电子装备自动化程度高,技术密集,为了缩短研制周期、降低研制及使用成本,使得装备测控系统的软、硬件结构易于重新组合,装备的测控及维修通常采用ATE来完成。ATE的测控软件就是系统的生命,ATE的软件平台是整个ATE系统的核心和关键,它是联系测试资源和被测对象的软桥梁,其体系结构的好坏直接关系到整个自动测试系统的性能。

第二章

基础实验

初级实验系列

实验一 相关软件基础实验

一、实验目的

(1)掌握 MATLAB 与 LabVIEW 的基本使用方法;

(2)掌握利用 MATLAB 建立矩阵的方法;

(3)掌握利用 MATLAB 求解线性方程组的方法;

(4)掌握利用 MATLAB 绘制曲线的基本方法;

(5)掌握利用 LabVIEW 建立基本程序的方法。

二、实验设备

(1)计算机 1 台;

(2)MATLAB 软件 1 套。

三、实验原理

(一)MATLAB 软件基础

1.启动 MATLAB 的三种方法

(1)使用 Windows"开始"菜单。

(2)运行 MATLAB 系统启动程序 MATLAB.exe。

(3)利用快捷方式。

2.退出 MATLAB 的三种方法

(1)在 MATLAB 主窗口"File"菜单中选择"Exit MATLAB"命令。

(2)在 MATLAB 命令窗口输入"Exit"或"Quit"命令。

(3)单击 MATLAB 主窗口的"关闭"按钮。

3.打开 MATLAB 帮助窗口的三种方法

(1)单击 MATLAB 主窗口工具栏中的"help"按钮。

(2)在命令窗口中输入 helpwin、helpdesk 或 doc。

(3)选择"help"菜单中的"MATLAB help"选项。

4.常用 MATLAB 帮助命令

1)help 命令

在 MATLAB 命令窗口直接输入"help"命令,软件界面上将会显示当前帮助系统中所包含的所有项目,即搜索路径中所有的目录名称。同样,可以通过 help 加函数名来查阅该函数的帮助说明。

2)lookfor 命令

help 命令只搜索出那些关键字完全匹配的结果,lookfor 命令对搜索范围内的 m 文件进行关键字搜索,条件比较宽松。

3)模糊查询

用户只要输入命令的前几个字母,然后按 Tab 键,系统就会列出所有以这几个字母开头的命令。

5.变量与赋值

函数名、M 文件名和变量名必须以字母开头,之后可以是任意字母、数字或下划线,命名严格区分字母大小写。变量使用方法:变量名＝表达式。

6.向量生成方法

1)直接输入法

向量一般使用方括号括起来,向量元素之间必须以逗号","或空格分离。例如:

```
a= [1  3  5  7  9];
```

2)线性等间距生成法

```
a= start:step:end;
```

其中 start 为起始值,step 为步长,end 为终止值。当步长为 1 时可省略 step 参数。step 取正数,起始值 start 小于终止值 end;step 取负数,起始值 start 大于终止值 end。此法亦被称为冒号法。例如:

```
a= 1:2:10;
a= [1  3  5  7  9];
```

3)定数线性采样法

```
a= linspace(n1,n2,n);
```

在线性空间上,行矢量的值从 n1 到 n2,数据个数为 n,缺省 n 为 100。例如:

```
a= linspace(1,10,10);
a= [1  2  3  4  5  6  7  8  9  10];
```

4)定数对数采样法

```
a= logspace(n1,n2,n);
```

在对数空间上,行矢量的值从 10^{n1} 到 10^{n2},数据个数为 n,缺省 n 为 50。这个指令为建立对数频域轴坐标提供了方便。例如：

```
a= logspace(1,3,3);
a= [10,100,1000];
```

7.矩阵生成方法

1)直接输入法

整个矩阵必须用方括号"[]"括起来;矩阵行与行之间必须用分号";"或在 M 文件中输入完一行之后直接用回车键"Enter"隔离,在命令行窗口中不能直接输入回车键"Enter"隔离;矩阵元素之间与向量元素之间一样,必须以逗号","或空格分离。将矩阵的元素用方括号括起来,按矩阵行的顺序输入各元素。

2)特殊矩阵生成法

zeros:生成全 0 矩阵。

ones:生成全 1 矩阵。

eye:生成单位矩阵。

rand:生成 0、1 间均匀分布的随机矩阵。

randn:生成均值为 0、方差为 1 的标准正态分布的随机矩阵。

3)矩阵运算法

(1)假定有两个矩阵 A 和 B,则可以由 $A+B$ 和 $A-B$ 实现矩阵的加减运算。

(2)假定有两个矩阵 A 和 B,若 A 为 $m \times n$ 矩阵,B 为 $n \times p$ 矩阵,则 $C=A*B$ 为 $m \times p$ 矩阵。

(3)如果 A 矩阵是非奇异方阵,$A \backslash B$ 等效于 A 的逆左乘 B 矩阵 $inv(A)*B$,而 B/A 等效于 A 矩阵的逆右乘 B 矩阵,也就是 $B*inv(A)$。inv 是矩阵求逆运算。

(4)矩阵的乘方。一个矩阵的乘方运算可以表示成 $A\hat{\ }x$,要求 A 为方阵,x 为标量。

(5)在 MATLAB 中,有一种特殊的运算,因为其运算符是在有关算术运算符前面加点,因此称为点运算,点运算符有 .* 、./ 、.\ 和 .^。两个矩阵进行点运算是指它们的对应元素进行相关运算,要求两矩阵的维参数相同。

8.向量和矩阵元素的访问

1)向量元素的访问

格式:向量变量名(元素索引)

例如:

```
a= [7,8,9],y= a(2),a(3)= 10
```

2)矩阵元素的访问

格式:矩阵变量名(行索引,列索引)

例如:

```
T= [[7,2,3];[9,5,6]],y= T(2,1),T(2,2)= 100
```

3)求向量元素个数

向量元素个数＝length(向量变量名)

注意:在 MATLAB 里面向量(数组)、矩阵的索引从 1 开始,而不是从 0 开始。

9.运算符

1)算术运算符

任何一个数(包括向量、矩阵)都可进行加、减、乘、除、乘方 5 个基本运算。

矩阵除法分左除与右除,因为矩阵的左乘与右乘结果不同,除法实际上是矩阵与逆矩阵的运算。矩阵左除运算符号是/,右除运算符号是\。向量也称数组,数组相乘与乘方的运算符号如下:. *,表示数组相乘,例如数组 a 乘以数组 b 得到 c 可记为 c=a. * b;.^表示数组乘方,例如数组 a 乘方 5 得到 c 可记为 c=a.^5

2)关系运算符

关系运算符用于比较数、矩阵、字符串之间的大小或不等关系,其返回值为 0 或 1。

<:小于。

>:大于。

<=:小于或等于。

>=:大于或等于。

==:等于。

~=:不等于。

3)逻辑运算符

逻辑与:& 或者 &&。

逻辑或:|或者||。

10. 基本语句

1)if…else…end 语句

语法:

```
if    条件式 1
      语句段 1
elseif    条件式 2
      语句段 2
      …
else
      语句段 n+1
end
```

2)for…end 循环结构

语法:

```
for    循环变量=array
      循环体
end
```

说明:循环体被循环执行,执行的次数就是 array 的列数,array 可以是向量也可以是矩阵,循环变量依次取 array 的各列,每取一次循环体执行一次。

3)while…end 循环结构

语法:

```
while    条件表达式
      循环体
end
```

说明:只要条件表达式为逻辑真,就执行循环体;一旦条件表达式为假,就结束循环。条件表达式可以是向量也可以是矩阵。如果条件表达式为矩阵,则当所有的元素都为真才执行循环体;如果条件表达式为 NaN,则 MATLAB 认为是假,不执行循环体。

4）switch…case…end 开关结构

语法：

  switch 开关表达式

   case 表达式 1

     语句段 1

   case 表达式 2

     语句段 2

    …

   otherwise

     语句段 n

  end

说明：

（1）将开关表达式依次与 case 后面的表达式进行比较，如果表达式 1 不满足，则与下一个表达式 2 比较，如果都不满足则执行 otherwise 后面的语句段 n；一旦开关表达式与某个表达式相等，则执行其后面的语句段。

（2）开关表达式只能是标量或字符串。

（3）case 后面的表达式可以是标量、字符串或元胞数组，如果是元胞数组则将开关表达式与元胞数组的所有元素进行比较，只要某个元素与开关表达式相等，就执行其后的语句段。

5）流程转向控制语句

（1）break 语句。

break 命令可以使包含 break 的最内层的 for 或 while 语句强制终止，立即跳出该结构，执行 end 后面的命令，break 命令一般和 if 结构结合使用。

（2）continue 语句。

continue 命令用于结束本次 for 或 while 循环，只结束本次循环而继续进行下次循环。

11. 绘制曲线

1）绘制单条曲线

（1）plot(x,y)：以 x 为横坐标、y 为纵坐标绘制二维图形。

（2）plot(y)：相当于 x＝[1,2,…,length(y)]时情形。

2）绘制多条曲线

（1）plot(x,[y1;y2;…])：x 是横坐标向量，[y1;y2;…]是由若干函数的纵坐标拼成的矩阵。使用 hold on 与 hold off 绘制。

（2）hold on 表示不立即刷新窗口，hold off 表示立即刷新窗口。

（3）使用 plot(x1,y1,x2,y2,…)绘制多条曲线。

（二）LabVIEW 软件基础

1. 基本使用方法

以数值控件为例，在前面板上点击鼠标右键，弹出控件工具箱，点击"数值"，选择水平填充滑动杆，点击前面板的任意空白处放置，然后用同样的方式将液罐也放上去，结果如图 2-1-1 所示。按 Ctrl＋E 转到程序框图面板，将鼠标光标悬浮在接线端附近，鼠标会变成接线功能的形状，然后点击鼠标左键即可将两个接线端连起来，如图 2-1-2 所示。到此为止，一个十分简单的小程序就完成了。回到前面板,就可以运行程序。运行的菜单栏如图 2-1-3 黑框所示,其中,第一个图标为单步运行,第二个为循环实时运行,第三个为终止,第四个为暂停。

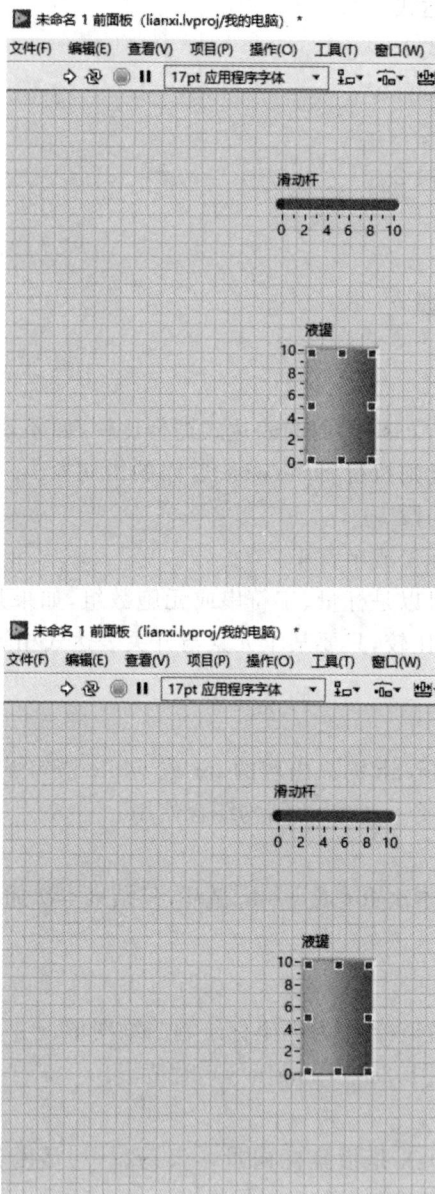

图 2-1-1　拖放液罐控件

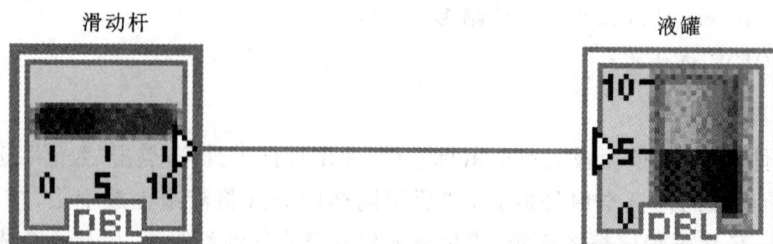

图 2-1-2　连线编程

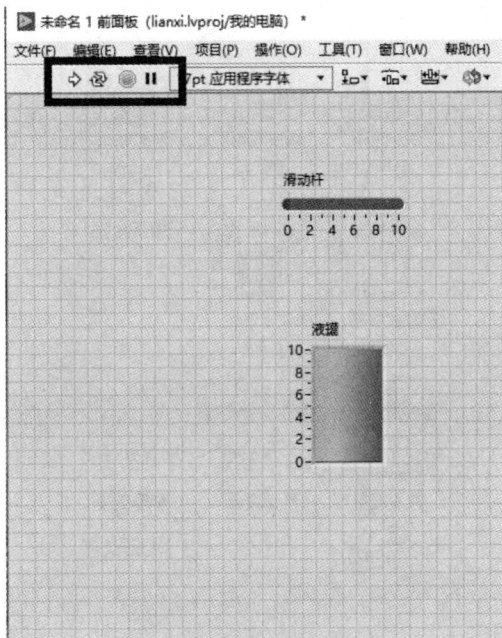

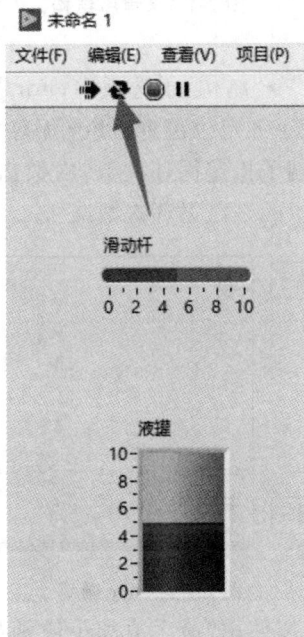

图 2-1-3 运行 LabVIEW 程序的方法

　　在图 2-1-3 所示黑框中，我们选择第二个按钮后，用鼠标点击滑动杆的不同位置，液罐的容量会随之改变。点击第三个按钮，退出调试运行状态。LabVIEW 程序一般以循环体形式套在所有框图程序的外部，动态控制程序。常用 while 程序结构作为程序动态控制结构。

　　2. 程序结构

　　1）总述

　　LabVIEW 程序结构位于程序框图"函数"→"编程"子选板下，如图 2-1-4 所示，也可以通过在函数选板搜索框输入结构相关名词搜索。

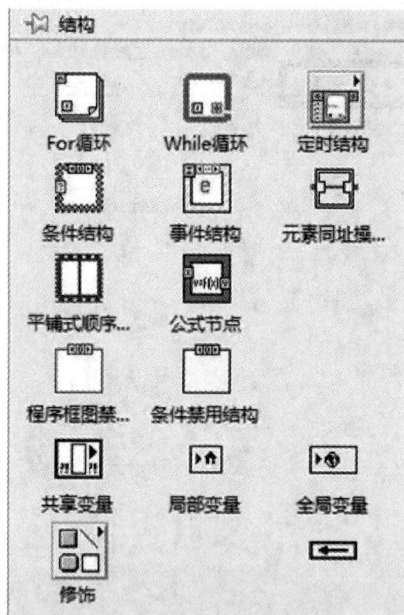

图 2-1-4 程序结构

2)For 循环及应用

For 循环位于"函数"→"编程"→"结构"子选板中;For 循环以小图标出现,用户在将其放入程序框图上时,根据需要调整大小和定位位置。For 循环如图 2-1-5 所示,它有两个端口,分别为总线端子与计数端子。总线端子指定循环次数,次数需为 32 位有符号整数,如果输入其他类型,则四舍五入;计数端子显示的是已循环次数减 1。

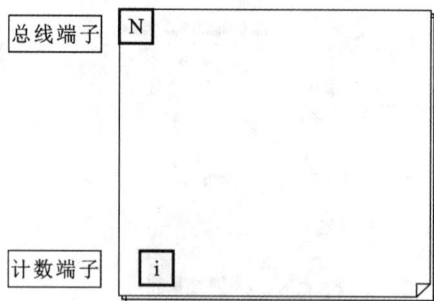

图 2-1-5 For 循环

解析:判断最大值和最小值可以使用"最大值和小值函数"。该函数的位置:"函数"→"比较"→"最大值和小值函数"。为了方便看清数值的更新过程,可添加时间延迟函数,该函数的位置为"函数"→"编程"→"定时"→"时间延迟",使每次运行间隔 1 s。

右键点击"For 循环"可以添加"条件端子",当"条件端子"连接布尔常量"假"时,"循环总数"接线端接入任意数值,运行程序,"循环计数"端的输出结果比循环总数少 1 时,循环停止。如果"条件端子"连接布尔常量"真",则程序一次不运行。

3)While 循环及应用

同 For 循环类似,While 循环也需要自行拖动来调整大小和定位位置。While 循环如图 2-1-6 所示,它的循环次数由循环条件决定,只有满足条件才退出循环。所以当用户不知道循环次数的时候,就会选择使用此循环。

While 循环重复执行代码段,直到条件接线端接收到某一特定的布尔值为止。While 循环包含"循环计数"端子和"循环条件"端子,如图 2-1-6 所示。"循环条件"端子的右键菜单有很多功能,可以创建与其相连接的输入控件以及设置条件为真(T)时停止或条件为真(T)时继续。

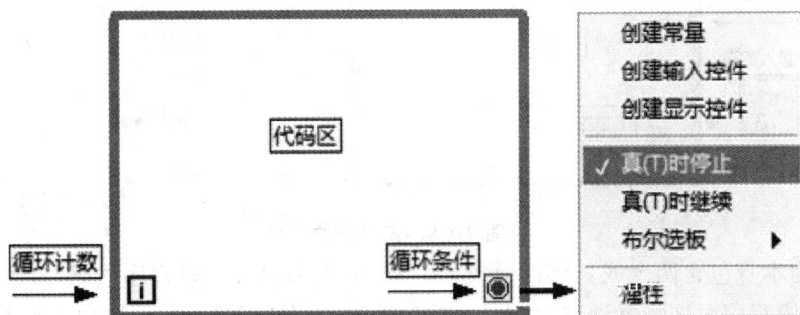

图 2-1-6 While 循环

While 循环是执行程序后再检查条件端子的,而 For 循环是执行程序前就检查条件端子是否符合条件的,所以 While 循环至少执行一次。While 循环的这种循环方式容易出现死循环,当将一个真或者假常量连接到条件接线端口,或出现一个恒为真的条件,那么循环将永远执行下去。为了避免这种情况,在编写程序时最好添加一个布尔变量,与控制条件相"与"后再连接到条件端口。这样,即使程序出现逻辑错误或者死循环,也可以通过这个布尔控件来强行结束程序的运行,等完成了所有程序开发,经检验无误后,再将布尔控件去除。

While 循环范例:利用 While 循环计算 N!,如图 2-1-7 所示。

范例实现步骤如下:

(1)在前面板上放置一个"数值输入控件",修改标签为"N";再放置"数值显示控件",修改标签为"N!"。

(2)程序框图面板的"计数端子"连接"加 1",在 While 循环中添加"移位寄存器",初始化寄存器值为"1",利用移位寄存器实现阶乘运算。

(3)完成连线,并运行程序。

(4)分别设置不同 N 值,获得相应结果。

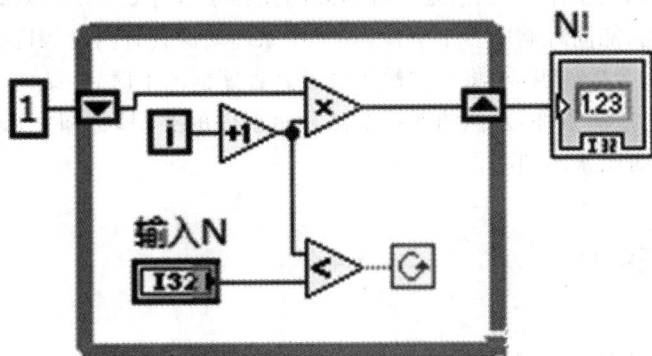

图 2-1-7 While 循环范例

4)条件结构

条件结构如图 2-1-8 所示,它等同于"if…then…else"语句。

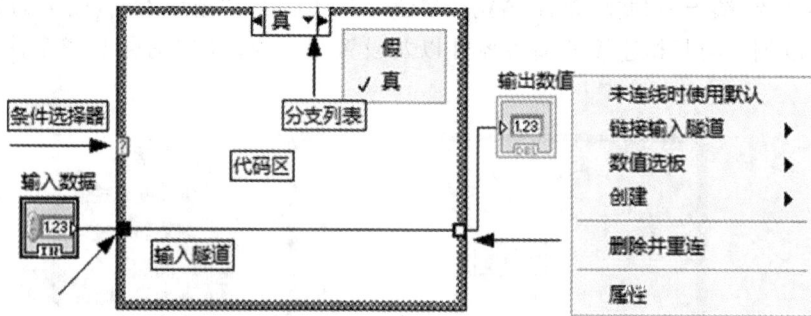

图 2-1-8　条件结构

条件结构本身包含两个或更多的分支,每一个分支都包含一段程序代码,多个分支叠在一起,执行哪一段程序由选择器端口决定。分支列表处默认为布尔类型,可以是整数类型、字符串类型或者枚举类型。将这些类型接到条件选择器端口,分支列表处的类型会相应地变化。条件结构右键菜单具有添加和删除分支等选项,条件结构执行前一定要有一个默认分支选项,且不能有没有代码的多余分支。

当数据输入条件结构时,在条件结构的左端会产生数据的输入通道;当数据从条件结构内传递出去,在条件结构的右端会产生数据的输出通道。当条件结构的一个分支产生输出通道后,其他所有分支都会出现白色小方框输出通道,此时必须对每个输出通道赋值,或者右击白色小方框,选择"未连线时使用默认",将白色小方框变为实心的小方框,程序才不会报错。

5)顺序结构

当 LabVIEW 程序框图中有两个节点同时满足节点执行的条件,那么两节点会同时执行,若要求两个节点按照先后顺序执行,则需要用到顺序结构明确其前后执行顺序。平铺式顺序结构放置到程序框图中为一个子图,每个子图称为一帧,在帧边框上点击右键可以建立下一帧。顺序结构的每个帧都平铺显示,所以编程时不需要添加局部变量,不需要借助局部变量在帧间传递数据。

6)事件结构

事件结构常用于响应前面板控件操作,通常与 While 循环一起使用,每次循环响应一个事件,没有事件发生时则处于休眠状态,是一种提高测控程序运行效率的高效编程结构。事件结构是一种多选择结构,能同时响应多个事件,其工作原理就像具有内置等待通知函数的条件结构。事件结构由若干个事件组成,将事件端子放置到程序框图上时,该结构上方的事件选择标签显示当前分支所对应的事件,左侧的数据节点显示事件的类型以及时间等。超时接线端子如果不连接,则表示时间永不超时。

四、实验内容

1.运行 MATLAB 并完成下列操作命令。

(1)建立 3 阶单位矩阵 A;

(2)建立 5×6 随机矩阵 A,其元素为 $[100,200]$ 范围内的随机整数;

(3)产生均值为 1、方差为 0.2 的 500 个正态分布的随机数;

(4)产生和矩阵 A 同样大小的么矩阵;

(5)将矩阵 A 的对角线元素加 30;

(6)从矩阵 A 提取对角线元素,并以这些元素构成对角阵 B。

2.绘制曲线

自选五个基本函数,随机设定 x 坐标的数值序列,利用 MATLAB 计算出各个函数的 y 坐标的数值序列,并利用 plot()函数绘制各个函数的曲线图。

3.方程组求解

(1)用左除运算符求解方程组:

$$\begin{cases} 2u-3v=8 \\ 4u-5v+w=15 \\ 2u+4w=1 \end{cases}$$

并以向量的方式表达结果。

(2)用左除运算符求解方程组:

$$\begin{bmatrix} 1 & 1 & 0 \\ 0 & 1 & 1 \\ 0 & 0 & 1 \end{bmatrix} X = \begin{bmatrix} 1 & 0 & 0 \\ 0 & 1 & 0 \\ 0 & 0 & 1 \end{bmatrix}$$

4.LabVIEW 基本编程

(1)计算 For 循环执行循环 2000 次产生随机波形图标的程序需要多长时间。

(2)编写密码登录程序,即简单依靠事件结构限制用户登录的权限。

五、实验报告要求

实验报告的内容要求包括实验目的、实验内容、流程图、程序清单、运行结果以及实验的收获与体会。

实验二 信号时域分析实验

一、实验目的

(1)掌握基于 MATLAB 信号时域运算的方法;

(2)理解信号尺度变换及卷积运算的原理。

二、实验设备

(1)计算机 1 台;

(2)MATLAB 软件 1 套。

▓ 三、实验原理 ▓

1.信号时域的加、减、乘运算

要进行加、减、乘运算的信号,时间坐标 t 的数据序列长度必须相同,否则无法进行运算。
例如:

```
t＝0:0.01:2;
f1＝exp(－3*t);
f2＝0.2*sin(4*pi*t);
f3＝f1＋f2;
f4＝f1.*f2;
subplot(2,2,1);plot(t,f1);title('f1(t)');
subplot(2,2,2);plot(t,f2);title('f2(t)');
subplot(2,2,3);plot(t,f3);title('f1+ f2');
subplot(2,2,4);plot(t,f4);title('f1*f2');
```

运算结果如图 2-2-1 所示。

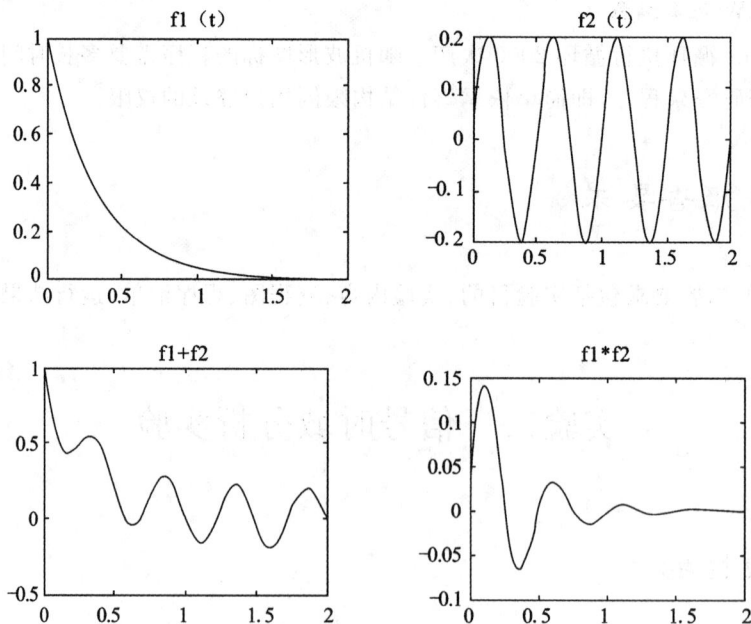

图 2-2-1   信号基本运算结果

2.信号时域的反褶、移位及尺度变换

由 $f(t)$ 到 $f(-at+b)(a>0)$ 的一般步骤为

$$f(t)\xrightarrow{\text{移位}}f(t+b)\xrightarrow{\text{尺度}}f(at+b)\xrightarrow{\text{反褶}}f(-at+b)$$

例如:将 $f(t)=\sin(t)/t$ 通过反褶、移位和尺度变换到 $f(-2t+3)$,其程序实现范例如下:

```
syms t;
f=sym('sin(t)/t');% 定义符号函数 f(t)=sin(t)/t
f1=subs(f,t,t+3);% 对 f 进行移位
f2=subs(f1,t,2*t);% 对 f1 进行尺度变换
f3=subs(f2,t,-t);% 对 f2 进行反褶
subplot(2,2,1);
ezplot(f,[-8,8]);% ezplot 是符号函数绘图命令
grid on;
subplot(2,2,2);
ezplot(f1,[-8,8]);
grid on;
subplot(2,2,3);
ezplot(f2,[-8,8]);
grid on;
subplot(2,2,4);
ezplot(f3,[-8,8]);
grid on;
```

3. 信号时域的卷积运算

卷积(convolution)方法的原理就是将信号分解为冲激信号之和,借助系统的冲激响应,从而求解系统对任意激励信号的零状态响应。

将激励信号以单位冲激信号为基本组成元分解。

$$e(t) = \int e(\tau)\delta(t-\tau)\mathrm{d}\tau \qquad (2-2-1)$$

对线性时不变系统,已知系统的冲激响应 $h(t)$ 和激励信号 $e(t)$,欲求系统的零状态响应 $r(t)$,因为线性时不变系统满足叠加定理,将式(2-2-1)中的 $\delta(t-\tau)$ 更换为 $h(t-\tau)$ 即可。

MATLAB 中,conv(x,h)函数用于 x、h 两个序列的卷积运算的实现。若 x、h 两个序列都是从 $n=0$ 开始的,那么 Y 序列的长度为 x、h 序列的长度之和再减 1。

两个方波信号卷积范例 1:

```
y1=[ones(1,20),zeros(1,20)];
y2=[ones(1,10),zeros(1,20)];
y=conv(y1,y2);
n1=1:length(y1);
n2=1:length(y2);
L=length(y);
subplot(3,1,1);
plot(n1,y1);
axis([1,L,0,2]);
subplot(3,1,2);
plot(n2,y2);axis([1,L,0,2]);
n=1:L;
```

```
subplot(3,1,3);plot(n,y);axis([1,L,0,20]);
```

两个方波信号卷积范例2：

```
t＝0:0.01:1;
y1＝exp(－6*t);
y2＝exp(－3*t);
y＝conv(y1,y2);
l1＝length(y1);
l2＝length(y2);
l＝length(y);
subplot(3,1,1);
plot(t,y1);
subplot(3,1,2);
plot(t,y2);
t1＝0:0.01:2;
subplot(3,1,3);
plot(t1,y);
```

▉四、实验内容▉

(1)自选两个基本函数,随机设定时间坐标 t 的数值序列,利用 MATLAB 根据这两个函数生成两个信号,然后对这两个信号进行时域的加、乘、卷积运算,并利用 plot 函数绘制这两个信号的曲线图和运算所得信号的曲线图。

(2)自选一个基本函数,随机设定时间坐标 t 的数值序列,利用 MATLAB 根据这个函数生成一个信号,然后对这个信号进行时域的反褶、平移、尺度变换运算,并利用 plot 函数绘制这个信号的曲线图和运算所得信号的曲线图。

(3)计算出各个函数的 y 坐标的数值序列,并利用 plot 函数绘制各个函数的曲线图。

▉五、实验报告要求▉

实验报告的内容要求包括实验目的、实验内容、流程图、程序清单、运行结果以及实验的收获与体会。

实验三　信号频域分析实验

▉一、实验目的▉

(1)通过实验,加深对采样定理的理解;

(2)理解傅里叶变换的性质。

二、实验设备

(1)计算机 1 台；
(2)MATLAB 软件 1 套。

三、实验原理

1. 快速傅里叶变换

MATLAB 提供 fft 函数来计算信号 $x(n)$ 的快速傅里叶变换（FFT）。用 $y=\mathrm{fft}(x)$ 格式计算信号 x 的快速傅里叶变换 y 时，若 x 的数据长度为 2 的整数次幂，用计算速度较快的基－2 算法，否则采用较慢的分裂算法。用 $y=\mathrm{fft}(x,N)$ 格式计算信号 x 的 N 点快速傅里叶变换时，如果 x 的数据长度大于 N，则截断 x；否则，x 自动补 1 个 0，使之长度等于 N。运用 MAT-LAB 做快速傅里叶变换时，选择点数 N 与幅值大小有关系，但不影响分析结果；若 N 点序列 $x(n)(n=0,1,\cdots,N-1)$ 是在采样频率 f_s(Hz) 下获得，则对应的快速离散傅里叶变换也是 N 点序列，即 $X(k)(k=0,1,\cdots,N-1)$，则第 k 点所对应的实际频率 $f=k\times f_s/N$。

2. 频谱分析

当信号被噪声污染后，很难看出它所包含的频率分量，此时可通过快速傅里叶变换来分析信号频率成分，实现信号频谱分析，FFT 程序如下，变换结果如图 2-3-1 所示。

```
fs＝500; % 采样频率 fs＝500Hz
t＝0:1/fs:1; % 采样周期为 1/fs
% 产生信号 f(t)
f＝sin(2*pi*50*t)＋sin(2*pi*150*t);
subplot(3,1,1);
plot(t,f);
title('原始信号');
y＝f＋0.5*randn(1,length(t)); % 加噪
subplot(3,1,2);
plot(t,y);
title('受噪声污染的信号');
N＝256;
Y＝fft(y,N); % 对加噪信号进行 FFT
k＝0:N－1;
f＝fs*k/N;
subplot(3,1,3);
plot(f,abs(Y));
title('FFT(幅度谱)');
```

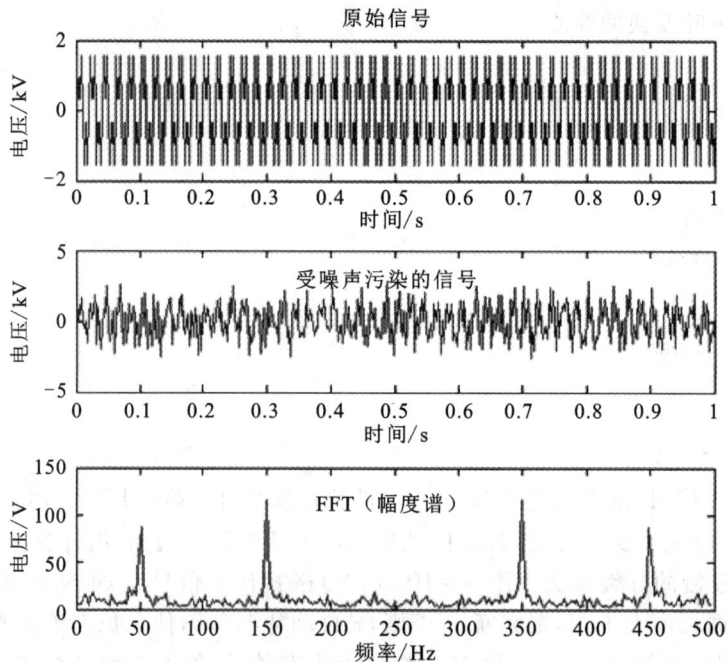

图 2-3-1　FFT 变换结果

由频谱图可见,在 50 Hz 和 150 Hz 处各出现很长的谱线,表明含噪信号 y 中含有这 2 个频率的信号。在 350 Hz 和 450 Hz 处也出现很长的谱线,这并不是说 y 中也含 350 Hz 和 450 Hz 的信号,这是由于采样信号的频谱是以采样频率 f_s 为间隔周期出现而造成的。在这一过程中需要注意的是当采样频率 $f_s > 2f_m = 2 \times 150$ Hz $= 300$ Hz 时,满足奈奎斯特采样定理条件,不会产生频谱混叠现象;当 $f_s < 300$ Hz 时,则会产生频谱混叠现象,如图 2-3-2 所示。

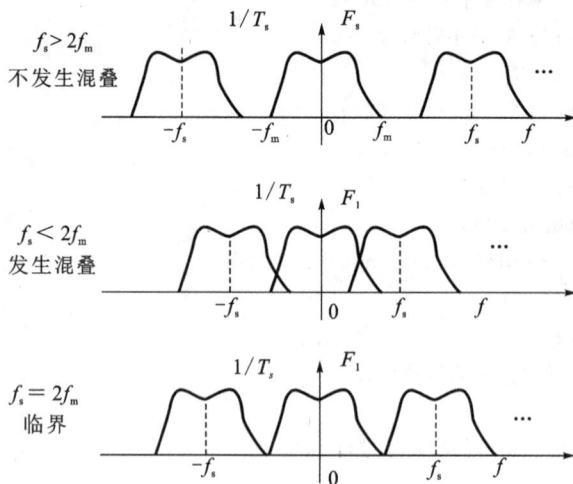

图 2-3-2　频谱混叠现象

3. 傅里叶变换频移特性

若 $F[f(t)] = F(\omega)$,则 $G(s) = \dfrac{b_1 s^m + b_2 s^{m-1} + \cdots + b_m s + b_{m+1}}{s^n + a_1 s^{n-1} + \cdots + a_{n-1} s + a_n}$,且 $n \geqslant m$。例如 $f(t) = \sin(400\pi t)$,$\omega_0 = 200\pi$,通过 MATLAB 绘制相关曲线,如图 2-3-3 所示,就会发现 FFT 之后出现频移现象。

```
fs＝1000 ％ 采样频率 fs＝1000Hz
t＝0:1/fs:1;y1＝sin(400* pi* t);
y2＝sin(400* pi* t).* exp(j* 200* pi* t);
N＝512;
Y1＝fft(y1,N);
Y2＝fft(y2,N);
subplot(3,1,1);
plot(t,y1);
k＝0:N－1;f＝fs* k/N;
subplot(3,1,2);
plot(f,abs(Y1));
subplot(3,1,3);
plot(f,abs(Y2));
```

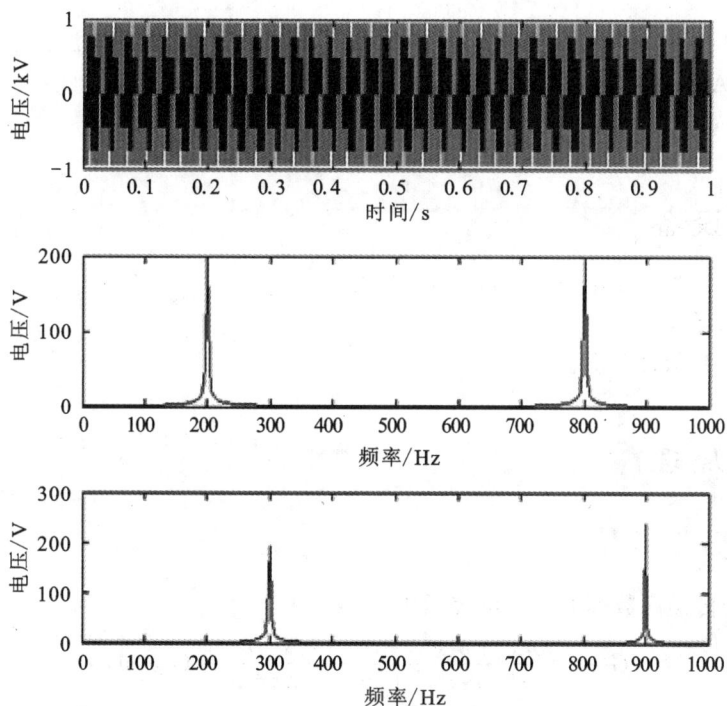

图 2-3-3 傅里叶变换频移结果

▨ 四、实验内容 ▨

已知 $f(t)＝10\sin(2\pi\times30t)＋5\sin(2\pi\times60t)＋2\sin(2\pi\times80t)$，进行以下实验:

(1)对 $f(t)$ 分别以 $f_{s1}＝300$ Hz 和 $f_{s2}＝150$ Hz 进行采样,然后将 2 个采样信号进行快速离散傅里叶变换(FFT),观察频谱图,指出是否产生频谱混叠现象。

(2)将 $f(t)$ 的频谱右移 100 Hz。

■ 五、实验报告要求 ■

(1)提交 MATLAB 程序及其结果图；
(2)写出实验心得体会或者对本实验的改进意见。

实验四　控制系统建模实验

■ 一、实验目的 ■

(1)通过实验理解基本控制系统模型在 MATLAB 环境中的表述方法；
(2)掌握 MATLAB 环境下,建立系统模型的方法；
(3)熟悉 MATLAB 控制系统工具箱的使用方法。

■ 二、实验设备 ■

(1)计算机 1 台；
(2)MATLAB 软件 1 套。

■ 三、实验原理 ■

1.有理函数模型
线性系统的传递函数模型一般可表示为

$$G(s)=\frac{b_1 s^m+b_2 s^{m-1}+\cdots+b_m s+b_{m+1}}{s^n+a_1 s^{n-1}+\cdots+a_{n-1}s+a_n}\ (n\geqslant m)$$

num 和 den 分别为系统的分子和分母多项式按降幂方式排序的系数,命令格式为

```
num=[b₁,b₂,…,bₘ,bₘ₊₁];
den=[1,a₁,a₂,…,aₙ₋₁,aₙ];
```

在 MATLAB 中,tf()函数可以把 num 和 den 构造出单个传递函数对象,该函数格式为

```
G=tf(num,den);
```

2.零极点模型
线性系统的传递函数还可以写成极点的形式：

$$G(s)=K\frac{(s+z_1)(s+z_2)\cdots(s+z_m)}{(s+p_1)(s+p_2)\cdots(s+p_n)}$$

KGain、Z 和 P 分别为系统的增益、零点和极点,命令格式为

```
KGain=K;
Z=[-z₁;-z₂;…;-zₘ];
```

$$P=[-p_1;-p_2;\cdots;-p_n];$$

在 MATLAB 中 zpk() 函数可对以上三个变量构造出零极点对象,用于表述零极点模型。该函数的调用格式为

```
G=zpk(Z,P,KGain);
```

对于给定零极点模型,可直接由 MATLAB 语句立即得出等效传递函数模型。调用格式为

```
G1=tf(G);
```

其中:G 是零极点模型;G1 是等效传递函数模型。

3.反馈系统模型

图 2-4-1 为反馈系统结构图。MATLAB 提供了用来求取有反馈连接下总的系统模型的 feedback() 函数,函数调用格式为

```
G=feedback(G1,G2,sign);
```

其中,变量 sign 表示系统为正反馈或负反馈结构,sign=−1 或省略表示系统为负反馈模型。

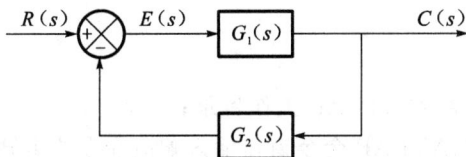

图 2-4-1 反馈系统结构图

4.有理分式模型与零极点模型的转换

在控制系统工具箱中,zpk() 函数可以将给定的 LTI(线性时不变)对象 G 转换成等效的零极点对象 G1。该函数的调用格式为

```
G1=zpk(G);
```

其中:G1 是零极点模型;G 是有理分式模型。

四、实验内容

(1)已知传递函数 $G(s)=\dfrac{s+5}{s^4+2s^3+3s^2+4s+5}$,根据实验原理求该传递函数在 MATLAB 环境中的控制系统模型。

(2)已知传递函数 $G(s)=\dfrac{6(s+5)}{(s^2+3s+1)^2(s+6)}$,根据实验原理结合 MATLAB 命令 conv(),求该传递函数在 MATLAB 环境中的控制系统模型。

(3)已知零极点增益模型 $G(s)=6\dfrac{(s+1.9294)(s+0.0353\pm0.9287\mathrm{j})}{(s+0.9567\pm1.2272\mathrm{j})(s-0.0433\pm0.6412\mathrm{j})}$,根据实验原理求该零极点增益模型在 MATLAB 环境中的控制系统模型。

(4)在如图 2-4-2 所示的反馈结构中,$H(s)=\dfrac{1}{0.01s+1}$,$G_1(s)=\dfrac{s^3+7s^2+24s+24}{s^4+10s^3+35s^2+50s+24}$,$G_2(s)=\dfrac{10s+5}{s}$,请求该反馈结构系统模型。

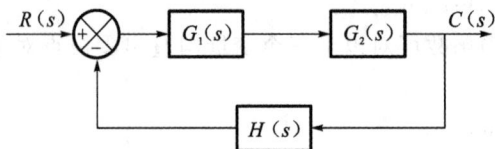

图 2-4-2　反馈结构

(5)已知传递函数 $G(s) = \dfrac{6.8s^2 + 61.2s + 95.2}{s^4 + 7.5s^3 + 22s^2 + 19.5s}$，根据实验原理，在 MATLAB 环境中求该传递函数对应的零极点增益模型。

(6)已知零极点增益模型 $G(s) = 6.8\,\dfrac{(s+2)(s+7)}{s(s+3\pm \mathrm{j}2)(s+1.5)}$，根据实验原理，在 MATLAB 环境中求该零极点增益模型对应的传递函数模型。

■五、实验步骤■

(1)打开 MATLAB，设置 MATLAB 工作目录；
(2)根据实验内容，在 MATLAB 命令窗口输入响应命令或者建立 M 文件；
(3)保存相应的 MATLAB 命令内容或者 M 文件以及实验结果。

■六、实验报告要求■

(1)按照实验报告要求填写相关内容。
(2)提交实验的 MATLAB 命令及结果。

实验五　控制系统模型变换实验

■一、实验目的■

(1)掌握二维绘图基本方法及其基本函数的使用；
(2)熟悉 MATLAB 程序设计结构及 M 文件的编写方法；
(3)掌握线性系统模型的计算机表示、变换以及模型间的相互转换方法。

■二、实验设备■

(1)计算机 1 台；
(2)MATLAB 软件 1 套。

三、实验原理

在线性系统理论中,常用的数学模型之间可以互相转换,在 MATLAB 环境中,只需要提供按降幂的方式排序的分子向量形式 num 和分母向量形式 den,就可以轻易在 MATLAB 环境中得到传递函数模型。命令格式为

num＝[b_1,b_2,$\cdots$,b_m,b_{m+1}];
den＝[1,a_1,a_2,$\cdots$,a_{n-1},a_n];

1. 传递函数模型

若已知系统的传递函数为

$$G(s)=\frac{Y(s)}{X(s)}=\frac{c_m s^m+c_{m-1}s^{m-1}+\cdots+c_1 s+c_0}{a_n s^n+a_{n-1}s^{n-1}+\cdots+a_1 s+a_0}$$

在 MATLAB 中,建立传递函数模型的命令为

```
num＝[cm,cm-1,…,c1,c0];
den＝[an,an-1,…,a1,a0];
sys＝tf(num,den);
```

示例 1:已知传递函数

$$G(s)=\frac{12s^3+24s^2+20}{2s^4+4s^3+6s^2+2s+2}$$

相应系统的 MATLAB 程序为

```
num＝[12,24,0,20];
den＝[2 4 6 2 2];
sys＝tf(num,den);
```

示例 2:已知传递函数

$$G(s)=\frac{4(s+2)(s^2+6s+6)^2}{s(s+1)^3(s^3+3s^2+2s+5)}$$

相应的系统的 MATLAB 程序借助多项式乘法函数 conv 来处理:

```
num＝4*conv([1,2],conv([1,6,6],[1,6,6]));
den＝conv([1,0],conv([1,1],conv([1,1],conv([1,1],[1,3,2,5])))); 
sys＝tf(num,den);
```

2. 零极点增益模型

对于零极点增益模型,$G(s)=K\dfrac{(s-z_1)(s-z_2)\cdots(s-z_m)}{(s-p_1)(s-p_2)\cdots(s-p_n)}$,其中 K 为系统增益,z_i 为零点,p_i 为极点。这时系统在 MATLAB 中零极点增益模型为

```
z＝[z1,z2,…,zm];
p＝[p1,p2,…,pn];
K＝[k];
sys＝zpk(z,p,k);
```

3. 状态空间模型

状态空间模型即状态空间表达式,由状态方程和输出方程组成。若系统的状态空间表达

式为

$$\begin{cases} \dot{x} = Ax + Bu \\ y = Cx + Du \end{cases}$$

则状态空间模型在 MATLAB 环境下的命令函数为

```
sys＝ss(A,B,C,D);
```

4. 模型的转换

在一些场合下需要用到某种模型,而在另外一些场合下可能需要用到另外的模型。

(1)ss2tf:状态空间模型转换为传递函数模型,格式为

```
[num,den]＝ss2tf(a,b,c,d);
```

(2)ss2zp:状态空间模型转换为零极点增益模型,格式为

```
[z,p,k]＝ss2zp(a,b,c,d);
```

(3)tf2zp:传递函数模型转换为零极点增益模型,格式为

```
[z,p,k]＝tf2zp(num,den);
```

(4)tf2ss:传递函数模型转换为状态空间模型,格式为

```
[a,b,c,d]＝tf2ss(num,den);
```

(5)zp2ss:零极点增益模型转换为状态空间模型,格式为

```
[a,b,c,d]＝zp2ss(z,p,k);
```

(6)zp2tf:零极点增益模型转换为传递函数模型,格式为

```
[num,den]＝zp2tf(z,p,k);
```

5. 模型的连接

(1)parallel:并联连接两个状态空间系统,将并联连接的传递函数相加。

格式 1:`[a,b,c,d]＝parallel(a1,b1,c1,d1,a2,b2,c2,d2);`

格式 2:`[num,den]＝parallel(num1,den1,num2,den2);`

(2)series:串联连接两个状态空间系统,将串联连接的传递函数相乘。当 sign＝1 时采用正反馈;当 sign＝-1 时采用负反馈;sign 缺省时,默认为负反馈。

格式 1:`[a,b,c,d]＝series(a1,b1,c1,d1,a2,b2,c2,d2);`

格式 2:`[num,den]＝series(num1,den1,num2,den2);`

(3)feedback:将两个系统按反馈方式连接,一般而言,系统 1 为对象,系统 2 为反馈控制器。

格式 1:`[a,b,c,d]＝feedback(a1,b1,c1,d1,a2,b2,c2,d2);`

格式 2:`[num,den]＝feedback(num1,den1,num2,den2,sign);`

(4)cloop:通过将所有的输出信息反馈到输入端,从而产生闭环系统的状态空间模型。当 sign＝1 时采用正反馈;当 sign＝-1 时采用负反馈;sign 缺省时,默认为负反馈。

格式 1:`[ac,bc,cc,dc]＝cloop(a,b,c,d,sign);`

格式 2:`[numc,denc]＝cloop(num,den,sign);`

▮▮四、实验内容▮▮

已知四个系统的传递函数分别为

(1)$G_1(s)=\dfrac{s^2+2s+1}{s^3+3s^2+4s+2}$;

(2)$G_2(s)=\dfrac{2s+3}{4s^2+5s+1}$;

(3)$G_3(s)=\dfrac{6(s+2)(s+1)}{s(s+3)(s+4)(s-1)}$;

(4)$H(s)=s+2$。

在 MATLAB 环境下建立它们的系统模型,直接用传递函数模型来表达,并将其转换成零极点模型和状态空间模型。

■ 五、实验步骤 ■

(1)打开 MATLAB,设置 MATLAB 工作目录;

(2)根据实验内容,在 MATLAB 命令窗口输入响应命令或者建立 M 文件;

(3)保存相应的 MATLAB 命令内容或者 M 文件以及实验结果。

■ 六、实验报告要求 ■

(1)按照实验报告要求来填写相关内容;

(2)提交实验的 MATLAB 命令及结果。

实验六 线性系统响应实验

■ 一、实验目的 ■

(1)了解控制系统工具箱的组成、特点及应用;

(2)掌握线性定常系统状态转移矩阵的计算;

(3)掌握线性系统状态空间描述的规范型的求法;

(4)掌握求线性定常连续和离散系统状态响应和输出响应的方法。

■ 二、实验设备 ■

(1)计算机 1 台;

(2)MATLAB 软件 1 套。

■三、实验原理■

(1)求取线性连续系统的阶跃响应(step)。

格式1：`step(sys);`

格式2：`step(num,den);`

格式3：`step(A,B,C,D);`

(2)求取线性连续系统的单位脉冲响应(impulse)。

格式1：`impulse(sys);`

格式2：`impulse(num,den);`

格式3：`impulse(A,B,C,D);`

(3)求取线性连续系统的零初始响应(initial)。

格式1：`initial(sys);`

格式2：`initial(num,den);`

格式3：`initial(A,B,C,D);`

(4)求取线性连续系统对任意输入的响应(lsim)。

格式1：`lsim(sys);`

格式2：`lsim(num,den);`

格式3：`lsim(A,B,C,D);`

(5)求取线性连续系统的阶跃响应(dstep)。

格式1：`dstep(sys);`

格式2：`dstep(num,den);`

格式3：`dstep(A,B,C,D);`

(6)求取线性连续系统的单位脉冲响应(dimpulse)。

格式1：`dimpulse(sys);`

格式2：`dimpulse(num,den);`

格式3：`dimpulse(A,B,C,D);`

(7)求取线性连续系统的零初始响应(dinitial)。

格式1：`dinitial(sys);`

格式2：`dinitial(num,den);`

格式3：`dinitial(A,B,C,D);`

(8)求取线性连续系统对任意输入的响应(dlsim)。

格式1：`dlsim(sys);`

格式2：`dlsim(num,den);`

格式3：`dlsim(A,B,C,D);`

(9)具有离散系统状态空间方程的系统动态响应设计,离散系统的状态空间方程为

$$G(s)=\frac{2(s+2)(s+1)}{s(s+3)(s+4)^2}$$

则其动态响应步骤为

①   `[num,den]=ss2tf(G,H,C,D);`

②   `y=filter(num,den,u);`

③   `[num1,den1]=ss2tf(G,H,F,D);`

               `x1=filter(num1,den1,u);`

                 `F=[1 0];`

④   `[num2,den2]=ss2tf(G,H,J,D);`

               `x2=filter(num2,den2,u);`

                 `J=[0 1];`

(10)离散系统输入函数的输入形式。

①脉冲函数:$u(0)=1,u(k)=0(k=1,2,3,\cdots)$;若 $k=1,2,3,\cdots,60$,则在 MATLAB 程序中可以写成

        `u=[1 zeros(1,60)];`

若脉冲幅值是 8,则可以写成:

        `u=[8 zeros(1,60)];`

②阶跃输入:$u(k)=1(k=0,1,2,\cdots)$,若 $k=0,1,2,3,\cdots,100$,则在 MATLAB 程序中可以写成

        `u=[1 ones(1,100)];`或 `u=ones(1,101);`

若幅值为 5,则

        `u=5* ones(1,101);`

③单位斜坡输入:$u=t(t>=0)$,在离散系统中 $t=kT(k=0,2,3,\cdots)$,则在 MATLAB 程序中可以写成

        `k=0:50;u=(k*T);`

如 $t=0.2s,k=50$,则有

        `k=0:50;u=(k*0.2);`

④加速度输入:$u(k)=\dfrac{1}{2}(kT)^2(k=0,1,2,3,\cdots)$,如 $k=10,T=0.2s$ 时,MATLAB 程序为

        `k=0:10;u=[0.5* (0.2* k).^2];`

■四、实验内容■

(1)已知系统矩阵 $\boldsymbol{A}=\begin{bmatrix}0 & 1\\-2 & -3\end{bmatrix}$,输入矩阵 $\boldsymbol{B}=\begin{bmatrix}0\\1\end{bmatrix}$,且 $\boldsymbol{x}(0)=\begin{bmatrix}0\\0.5\end{bmatrix}$,$\boldsymbol{C}=\begin{bmatrix}1 & 0\end{bmatrix}$,单输入 $u(t)$ 为单位阶跃函数,试求系统的状态响应和输出响应。

(2)给定线性定常系统,且采样周期 $T=0.1\ s$,要求建立其时间离散化模型。

$$\begin{bmatrix}\dot{x}_1\\\dot{x}_2\end{bmatrix}=\begin{bmatrix}0 & 1\\-2 & -3\end{bmatrix}\begin{bmatrix}x_1\\x_2\end{bmatrix}+\begin{bmatrix}0\\1\end{bmatrix}u\ (t\geqslant0)$$

(3)给定线性定常离散时间系统:

$$\begin{bmatrix}x_1(k+1)\\x_2(k+1)\end{bmatrix}=\begin{bmatrix}0 & 1\\-0.16 & -1\end{bmatrix}\begin{bmatrix}x_1(k)\\x_2(k)\end{bmatrix}+\begin{bmatrix}1\\1\end{bmatrix}u(k)$$

且已知 $\boldsymbol{x}(0)=\begin{bmatrix} 0 \\ 0.5 \end{bmatrix}$，$\boldsymbol{C}=\begin{bmatrix} 1 & 0 \end{bmatrix}$，$u(k)=\begin{cases} 1 & k\geqslant 0 \\ 0 & k<0 \end{cases}$，试求 $x(k)$ 和 $y(k)$。

（4）对于如下状态空间方程：

$$\begin{bmatrix} x_1(k=1) \\ x_2(k+1) \\ x_3(k=1) \end{bmatrix}=\begin{bmatrix} 1 & 0 & 0 \\ 0 & 2 & -2 \\ -1 & 1 & 0 \end{bmatrix}\begin{bmatrix} x_1(k) \\ x_2(k) \\ x_3(k) \end{bmatrix}+\begin{bmatrix} 1 \\ 0 \\ -1 \end{bmatrix}u(k)$$

$$y(k)=\begin{pmatrix} 1 & 0 & 2 \end{pmatrix}\begin{bmatrix} x_1(k) \\ x_2(k) \\ x_3(k) \end{bmatrix}$$

求系统的阶跃响应 $y(k)$、$x_1(k)$ 和 $x_2(k)$。

████ 五、实验步骤 ████

（1）打开 MATLAB，设置 MATLAB 工作目录；

（2）根据实验内容，在 MATLAB 命令窗口输入响应命令或者建立 M 文件；

（3）保存相应的 MATLAB 命令内容或者 M 文件以及实验结果。

████ 六、实验报告要求 ████

（1）按照实验报告要求填写相关内容；

（2）提交实验的 MATLAB 命令及结果。

实验七　典型控制系统时域特性分析

████ 一、实验目的 ████

（1）掌握一阶、二阶系统在各种典型输入信号作用下的动态特性，熟悉系统在各种典型输入信号作用下的响应曲线；

（2）了解二阶系统的瞬态响应，掌握二阶系统的阻尼比 ξ 和无阻尼自然振荡频率 ω_n 对系统动态特性的影响，定量分析时间常数与超调量及过渡时间的关系，观察系统开环增益变化对稳态误差的影响；

（3）正确理解时域响应的性能指标，掌握利用 MATLAB 进行时域特性分析的方法。

████ 二、实验设备 ████

（1）计算机 1 台；

（2）MATLAB 软件 1 套。

三、实验原理

控制系统可以表示为传递函数模型、状态方程模型和零极点增益模型三种模型。这些模型之间都有着内在的联系，可以进行相互转换。

1. 连续系统的传递函数模型

$$G(s) = \frac{C(s)}{R(s)} = \frac{b_1 s^m + b_2 s^{m-1} + \cdots + b_n s + b_{m+1}}{a_1 s^n + a_2 s^{n-1} + \cdots + a_n s + a_{n+1}}$$

num 和 den 分别为系统的分子和分母多项式按降幂方式排序的系数，命令格式为

$$num = [b_1, b_2, \cdots, b_m, b_{m+1}];$$
$$den = [a_1, a_2, \cdots, a_n, a_{n+1}];$$

2. 零极点增益模型

$$G(s) = K \frac{(s-z_1)(s-z_2)\cdots(s-z_n)}{(s-p_1)(s-p_2)\cdots(s-p_n)}$$

零极点增益模型需要先对传递函数的分子和分母进行因式分解，以获得系统的零点和极点的表示形式。在 MATLAB 中零极点增益模型用[z,p,K]矢量组表示，K 为系统增益，z 为零点，p 为极点，$z = [z_1, z_2, \cdots, z_m]$，$p = [p_1, p_2, \ldots, p_n]$，$K = [k]$。

3. 状态方程

在 MATLAB 中，系统状态方程用 **A**、**B**、**C**、**D** 矩阵组表示：

$$\dot{x} = Ax + Bu$$
$$y = Cx + Du$$

4. 模型的转换

ss2tf：状态空间模型转换为传递函数模型；

ss2zp：状态空间模型转换为零极点增益模型；

tf2ss：传递函数模型转换为状态空间模型；

tf2zp：传递函数模型转换为零极点增益模型；

zp2ss：零极点增益模型转换为状态空间模型；

zp2tf：零极点增益模型转换为传递函数模型。

5. 模型的建立

在 MATLAB 中，用 ord2 可以产生二阶系统。例如：

```
[a,b,c,d] = ord2(Wn,E);
[num,den] = ord2(Wn,E);
```

其中：E 表示 ξ，Wn 表示 ω_n。

6. 系统单位阶跃响应

求取系统单位阶跃响应的调用方法：

```
y = step(num,den,t);
```

```
[y,x,t]=step(num,den);
[y,x,t]=step(A,B,C,D,iu);
```

如果不需要得出具体的响应值,而只想绘制系统的阶跃响应曲线,那么可调用以下的格式:

```
step(num,den);
step(num,den,t);
step(A,B,C,D,iu,t);
step(A,B,C,D,iu);
```

线性系统的稳态值可以通过函数 dcgain()来求取,其调用格式为

```
dc=dcgain(num,den);或 dc=dcgain(a,b,c,d);
```

7.系统脉冲响应

求取系统脉冲激励响应的调用方法:

```
y=impulse(num,den,t);
[y,x,t]=impulse(num,den);
[y,x,t]=impulse(A,B,C,D,iu,t);
impulse(num,den);impulse(num,den,t);
impulse(A,B,C,D,iu);impulse(A,B,C,D,iu,t);
```

8.常用时域分析函数

covar:连续系统对白噪声的方差响应;

initial:连续系统的零输入响应;

lsim:连续系统对任意输入的响应。

对于离散系统只需在连续系统函数前加 d 就可以,如 dstep、dimpulse 等,它们的调用格式与 step、impulse 类似,可以通过 MATLAB 的帮助系统来学习。

▓▓ 四、实验内容 ▓▓

(1)已知系统的开环传递函数为 $G(s)=\dfrac{20}{s^4+8s^3+36s^2+40s}$,求系统在单位负反馈下的单位阶跃响应。

(2)已知系统的开环传递函数为 $G(s)=\dfrac{20}{s^4+8s^3+36s^2+40s}$,求系统在单位负反馈下的单位脉冲响应。

(3)已知非闭环系统的开环传递函数为 $G_K(s)=\dfrac{K_1}{T_1s+1}$,求其在 $K_1=20$、$T_1=0.2$ 时单位反馈系统的阶跃响应、脉冲响应和斜坡响应。

(4)已知二阶系统的闭环传递函数为 $G(s)=\dfrac{9}{s^2+s+9}$,求取标准典型二阶系统中 ω_n 和 ξ,绘制其阶跃响应图,并求出相应的系统性能指标。

(5)已知二阶系统的传递函数为 $G(s)=\dfrac{\omega_n^2}{s^2+2\xi\omega_ns+\omega_n^2}$,试绘制出 $\omega_n=4$,$\xi=0.2$、0.4、0.6、

0.8、1.0、2.0 时,系统的单位阶跃响应曲线。

(6)已知典型二阶系统的传递函数为 $G(s) = \dfrac{\omega_n^2}{s^2 + 2\xi\omega_n s + \omega_n^2}$,试绘制出 $\xi = 0.9, \omega_n = 2、4、6、$ 8、10、12 时,系统的单位阶跃响应曲线。

五、实验报告要求

(1)对于相同环节,比较不同响应下输出曲线的变化情况;

(2)分析各个环节参数对输出曲线的影响;

(3)提交相应的 MATLAB 程序;

(4)根据实验结果,分析二阶系统调节时间、最大超调量与频率、阻尼系数之间的关系;

(5)分析时间常数 T 对惯性环节的影响反映了该环节哪些动态特性。

六、思考题

(1)惯性环节的瞬态响应过程在几倍时间常数 T 后结束?

(2)影响二阶系统动态性能的两个主要参数是什么? 反映了系统的什么性能? 在什么条件下,二阶系统的瞬态响应处于要振不振的临界状态? 积分时间常数 T 改变后,超调量 $\delta\%$ 与过渡时间 t_s 如何变化?

(3)对于同一系统,为什么在不同的输入信号作用下,响应曲线有如此大的差异? 单位反馈系统的开环增益值的变化对系统的性能有什么影响?

(4)系统平稳性的性能指标是什么? 平稳性与快速性、准确性之间的要求有什么矛盾?

实验八　典型控制系统频域特性分析

一、实验目的

(1)加深理解频率特性的概念,了解频率特性是如何反映系统动态特性的,对比实验结果与理论计算结果,用频率分析法验证系统的正确性;

(2)掌握系统频率特性的测试原理及方法;

(3)熟悉 MATLAB,能够根据给出的传递函数运用 MATLAB 求出幅相频特性和对数频率特性;

(4)观察系统(环节)参数变化对频率特性的影响;

(5)掌握频率特性的 Nyquist 图和 Bode 图的组成原理,熟悉典型环节的 Nyquist 图和 Bode 图的特点及其绘制方法,掌握一般系统的 Nyquist 图和 Bode 图的特点和绘制方法。

■二、实验设备■

(1)计算机 1 台；

(2)MATLAB 软件 1 套

(3)打印机 1 台。

■三、实验原理■

1. 控制系统 Bode 图

绘制控制系统 Bode 图要用到的函数如下。

bode(a,b,c,d)：自动绘制针对连续状态空间系统[a,b,c,d]的一组 Bode 图，频率范围自动选取，而且在响应快速变化的位置会自动采用更多取样点。

bode(a,b,c,d,iu)：可得到从系统第 iu 个输入到所有输出的 Bode 图。

bode(num,den)：可绘制出以连续时间多项式传递函数表示的系统 Bode 图。

bode(a,b,c,d,iu,w)或 bode(num,den,w)：按照指定的角频率矢量绘制出系统的 Bode 图。

当带输出变量[mag,pha,w]或[mag,pha]引用函数时，可得到系统 Bode 图相应的幅值 mag、相角 pha 及角频率点 w 矢量，或只是返回幅值与相角。相角以度为单位，幅值可转换为分贝单位：magdb＝20×log10(mag)。

2. 控制系统 Nyquist 图

绘制控制系统 Nyquist 图要用到的函数如下。

nyquist(a,b,c,d)：绘制出系统的一组 Nyquist 曲线，每条曲线相应于连续状态空间系统[a,b,c,d]的输入/输出组合对。其中频率范围由函数自动选取，而且在响应快速变化的位置会自动采用更多取样点。

nyquist(a,b,c,d,iu)：可得到从系统第 iu 个输入到所有输出的 Nyquist 图。

nyquist(num,den)：可绘制出以连续时间多项式传递函数表示的系统 Nyquist 图。

nyquist(a,b,c,d,iu,w)或 nyquist(num,den,w)：可利用指定的角频率矢量绘制出系统的 Nyquist 图。

当不带返回参数时，直接在屏幕上绘制出系统的 Nyquist 图(图上用箭头表示 w 的变化方向，从负无穷变化到正无穷)。当带输出变量[re,im,w]引用函数时，可得到系统频率特性函数的实部 re 和虚部 im 及角频率点 w 矢量(为正的部分)。可以用 plot(re,im)绘制出对应 w 从负无穷变化到零的部分。

3. 常用频域分析函数

margin：从频率响应数据中计算出幅值裕度、相角裕度以及对应的频率。幅值裕度和相角裕度是针对开环单输入单输出(single-input single-output,SISO)系统而言的，它只表示系统闭环时的相对稳定性。

margin(mag,phase,w)：由 bode 指令得到的幅值 mag、相角 phase 及角频率 w 矢量绘制出带有裕量及相应频率显示的 Bode 图。

margin(num,den)：可计算出连续系统传递函数表示的幅值裕度和相角裕度并绘制相应 Bode 图。类似地，margin(a,b,c,d)可以计算出连续状态空间系统表示的幅值裕度和相角裕度并绘制相应 Bode 图。

[gm,pm,wcg,wcp]＝margin(mag,phase,w)：由相角 phase、幅值 mag 及角频率 w 矢量计算出系统幅值裕度和相角裕度，以及相应的相角转折频率、截止频率，而不直接绘出 Bode 图。

margin 函数通常用在 bode 函数之后，先由 bode 函数得到幅值、相角和频率矢量，然后由 margin 绘制出幅值裕度和相角裕度的 Bode 图。

四、实验内容

（1）分析典型环节的频率特性。

利用 MATLAB 绘制典型环节的 Bode 图与 Nyquist 图，观察典型环节的频率特性。实验中需要注意 grid on 的功能是在当前窗口中加入栅格；hold on 的功能是保持当前屏幕不变，且允许在这个坐标区内绘制另外一个图形；hold on 与 hold off 需要成对出现。

①比例环节 $G(s)=K=10$；

②积分环节 $G(s)=\dfrac{1}{Ts}$，$T=1$；

③微分环节 $G(s)=s$；

④惯性环节 $G(s)=\dfrac{1}{1+10s}$；

⑤一阶微分环节 $G(s)=10s+1$；

⑥二阶振荡环节 $G(s)=\dfrac{\omega_n^2}{s^2+2\xi\omega_n s+\omega_n^2}$，$\omega_n=6$ rad/s，$\xi=[0.2:0.2:1]$。

（2）分析开环系统 $G_K=\dfrac{500(0.0167s+1)}{s(0.05s+1)(0.0025s+1)(0.001s+1)}$ 的幅频特性和相频特性，通过理论计算和 MATLAB 两种方式，绘制系统的 Bode 图及 Nyquist 图，并计算相位裕度 γ、幅值裕度、幅值穿越频率和相位转折频率等性能指标。

五、实验报告要求

（1）按照实验报告要求填写相关内容；

（2）画出理论曲线并将其与实验曲线相比较，分析产生差异的原因；

（3）结合实验遇到的问题谈谈对实验的看法；

（4）打印实验数据、图形曲线和性能指标。

■六、思考题■

(1)单位开环增益变化时对频率特性有何影响?

(2)分别标注不同 K 值 Nyquist 图上在 $\omega=0$ 时渐近线坐标值,以及曲线与负实轴的转折频率及坐标值。

(3)Bode 图的幅频和相频有何变化?

(4)什么是穿越频率 ω_c、相位裕量 γ、相位交界频率 ω_g 及幅值裕度 k_g?将数据标注在相应的频率特性图上。

(5)什么是谐振频率 ω_r、谐振峰值 M_r?将数据标注在相应的频率特性图上。

(6)Nyquist 图的单位圆相当于 Bode 图上的什么线?

(7)对于 $G_K=\dfrac{8}{s(s+1)(s+2)}$ 的单位反馈系统,系统是否会出现谐振?你是如何用实验确定谐振频率 ω_r 和谐振峰值 M_r 的?

实验九　控制系统稳定性分析实验

■一、实验目的■

(1)熟练运用各种稳定性判据判断系统的稳定性;

(2)研究开环增益 K、时间常数 T 对系统的动态性能及稳定性的影响;

(3)熟悉 MATLAB 的仿真及应用环境。

■二、实验设备■

(1)计算机 1 台;

(2)MATLAB 软件 1 套。

■三、实验原理■

1.系统稳定及最小相位系统判据

(1)对于连续系统,闭环极点都落在 s 平面左半平面,系统稳定。

(2)对于离散时间系统,如果系统全部极点都位于 z 平面的单位圆内,则系统是稳定的。

(3)若连续系统的所有零点和极点都位于 s 左半平面,或离散系统的全部零点和极点都位于 z 平面单位圆内,这样的系统称为最小相位系统。

2.最小相位系统和系统稳定的判别方法

(1)间接判别(工程方法)。

劳斯代数判据：劳斯表中第一列各值严格为正则系统稳定，否则不稳定。

胡尔维茨判据：当且仅当胡尔维茨矩阵为正定矩阵时，系统稳定。

（2）直接判别。

MATLAB 提供了可以获得系统所有零极点的函数，可以根据获得的零极点分布判断系统是否稳定以及是否属于最小相位系统。

（3）对数稳定性判据。

控制系统开环频率特性函数的极坐标图和对数频率特性图之间有如下的对应关系：极坐标图上以原点为圆心的单位圆对应于对数频率特性图的 0 分贝线；极坐标图的负实轴对应于相频特性的 $-180°$。

对数判据之一：对于开环稳定的系统，如果在相频特性相角大于 $-180°$ 时，系统开环对数幅频特性穿过 0 分贝线，则闭环系统稳定；否则不稳定。

对数判据之二：在系统开环稳定的前提下，正负穿越次数之差为 0，则系统稳定。若系统有 P 个开环极点在 s 平面右半平面，则开环稳定的系统需要满足在 $L(\omega)>0$ 的所有频段内，$\varphi(\omega)$ 对 $-180°$ 线的正负穿越次数之差为 $P/2$。

（4）Nyquist 稳定性判据。

对于开环稳定的系统，系统开环频率特性函数的 Nyquist 图不包围复平面的 $(-1,j0)$ 点，则闭环系统稳定；若开环不稳定的系统在 s 平面右半平面有 p 个开环极点，则闭环系统稳定的充要条件是当 ω 由 $-\infty$ 变为 $+\infty$ 时，开环频率特性函数的 Nyquist 图逆时针 P 次包围 $(-1,j0)$ 点。

■ 四、实验内容 ■

已知如图 2-9-1 所示系统框图，通过实验分析开环增益 K、时间常数 T 对系统的动态性能及稳定性的影响，根据稳定性条件确定 K 的范围，其中 $T_0=1$，$T_1=0.1$，$T_2=0.51$，K_1 和 K_2 的范围可根据稳定性确定。

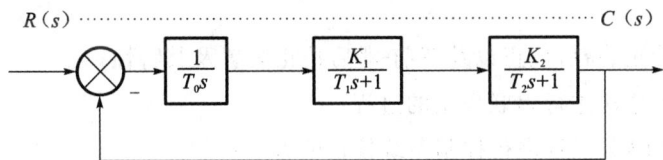

图 2-9-1　系统框图

（1）由劳斯判据分析系统稳定条件。

（2）用 Nyquist 图和 Bode 图分析系统稳定条件，并记录相应的 Nyquist 图和 Bode 图。

（3）绘制开环系统的 Nyquist 图和 Bode 图，分别用 Nyquist 判据和 Bode 判据判断系统的稳定性，并记录相应的 Nyquist 图和 Bode 图。

（4）由 Nyquist 稳定性判据分析系统稳定条件，并记录相应的 Nyquist 图。

■五、实验报告要求■

(1)提交代数稳定判据推导过程;

(2)提交实验记录与响应曲线;

(3)叙述振荡环节中阻尼系数对环节的影响;

(4)根据实验获得的单位阶跃响应曲线,分析 K 和 T 对系统动态特性以及系统稳定性的影响;

(5)结合实验遇到的问题谈谈对实验的看法,对实验现象进行分析讨论,写出本实验的心得与体会。

■六、思考题■

(1)随动系统和恒值系统有何不同? 其稳定性取决于什么?

(2)影响二阶系统动态性能的两个主要参数是什么? 在什么条件下,二阶系统的动态响应处于要振不振的临界状态?

(3)分析三阶系统增益变化对系统稳定性的影响。

(4)系统中的小惯性环节和大惯性环节中,哪个对系统稳定性的影响大? 为什么?

(5)三阶系统中,为使系统能稳定工作,开环增益 K 应适量取大还是取小?

实验十　控制系统校正实验

■一、实验目的■

(1)掌握超前校正、滞后校正以及超前-滞后校正装置及其特性;

(2)掌握运用频率法进行串联校正的过程;

(3)掌握运用 MATLAB 进行控制系统校正的方法;

(4)了解运用根轨迹法进行串联校正的过程;

(5)了解反馈校正方法及应用。

■二、实验设备■

(1)计算机 1 台;

(2)MATLAB 软件 1 套。

三、实验原理

串联校正系统方框图如图 2-10-1 所示。串联校正是一种将校正元件串接在前向通道的校正方式。

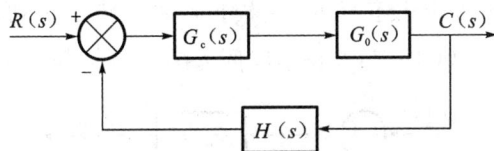

图 2-10-1 串联校正系统方框图

若在前向通道构成反馈回路,如图 2-10-2,则这种校正形式为反馈校正。

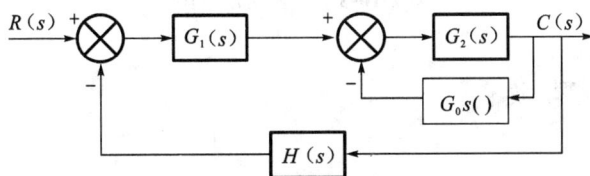

图 2-10-2 反馈校正系统方框图

应用串联校正或(和)反馈校正,合理选择校正元件的传递函数 $G_c(s)$,可以改变控制系统的开环传递函数以及性能指标。一般来说,系统的校正与设计问题,通常简化为合理选择串联或(和)反馈校正元件的问题。究竟是选择串联校正还是反馈校正,主要取决于信号性质、系统各点功率的大小,可供采用的元件、设计者的经验以及经济条件等。在控制工程实践中,解决系统的校正与设计问题时,采用的设计方法一般依据性能指标而定。在利用试探法综合与校正控制系统时,对一个设计者来说,灵活的设计技巧和丰富的设计经验都将起着很重要的作用。

复合控制校正是前馈控制和反馈控制的结合。在反馈控制回路中加入前馈通路,组成一个前馈控制和反馈控制相组合的系统,即为复合控制系统。将复合控制的方法用在系统设计上,就是复合校正。

四、实验内容

(1)设有一单位反馈控制系统,其开环传递函数为 $G_K(s) = \dfrac{4K}{s(s+2)}$,要求满足:稳态速度误差系数 $K_V = 25 \ \text{s}^{-1}$,相位裕量不小于 $50°$,增益裕量不小于 $20 \ \text{dB}$,试用频率法设计超前校正装置,使校正后系统满足要求的性能指标。

(2)设单位反馈系统的开环传递函数为 $G_K(s) = \dfrac{K}{s(0.2s+1)(0.5s+1)}$,要求的性能指标为:$K_V = 20 \ \text{s}^{-1}$,相角裕量不低于 $35°$,增益裕量不低于 $10 \ \text{dB}$,求校正装置的传递函数,并用频率法设计串联滞后校正装置,使系统满足性能要求。

(3)设某单位反馈系统,其开环传递函数 $G_K(s) = \dfrac{K}{s(s+1)(0.125s+1)}$,要求 $K_V = 20 \ \mathrm{s}^{-1}$,相角裕量 $\gamma = 50°$,剪切频率 $\omega_c \geqslant 2$,为了以上满足系统性能指标,请用频率法设计校正环节。

(4)位置随动系统如图 2-10-3 所示,其中 $G_K(s) = \dfrac{K}{s(0.9s+1)(0.007s+1)}$,要求串入校正装置 $G_c(s)$,按期望频率特性进行校正系统,使校正后系统满足下列性能指标:①系统仍为 I 型,稳态速度误差系数 $K_V \geqslant 1000 \ \mathrm{s}^{-1}$,②调节时间 $t_s \leqslant 0.25 \ \mathrm{s}$,超调量 $\sigma_p\% \leqslant 30\%$。

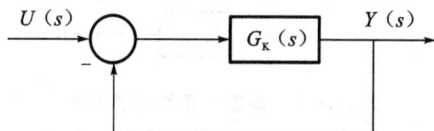

$U(s)$　　$G_K(s)$　　$Y(s)$

图 2-10-3　位置随动系统

■ 五、实验报告要求 ■

(1)按照实验报告要求填写相关内容;
(2)提交实验的 MATLAB 程序。

进阶实验系列

实验十一　采样控制实验

■ 一、实验目的 ■

(1)深入理解采样控制系统的组成;
(2)掌握香农采样定理与零阶保持器原理及其实现方法;
(3)理解开环增益与采样周期对系统动态性能的影响。

■ 二、实验设备 ■

(1)计算机 1 台;
(2)MATLAB 软件 1 套。

三、实验原理

1.采样定理

信号采样与恢复原理如图 2-11-1 所示,图中 $x(t)$ 是关于变量 t 的连续信号,经采样开关采样后,变为离散信号 $x^*(t)$。

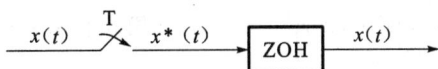

图 2-11-1 信号采样与恢复的原理框图

香农采样定理证明了,要使被采样后的离散信号 $x^*(t)$ 能不失真地恢复原有的连续信号 $x(t)$,其充分条件如下:

$$\omega_s \geqslant 2\omega_{max}$$

式中:ω_s 为采样的角频率;ω_{max} 为连续信号的最高角频率。

2.采样控制系统性能的研究

图 2-11-2 为二阶采样控制系统框图。采样控制系统稳定的充要条件是其特征方程的根均位于 z 平面上以坐标原点为圆心的单位圆内,且这种系统的动、静态性能均只与采样周期 T 有关。

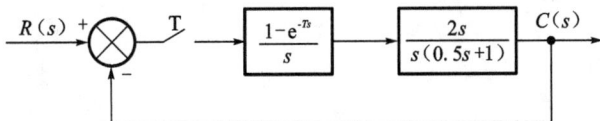

图 2-11-2 二阶采样控制系统框图

3.闭环采样控制系统原理

图 2-11-2 所示闭环采样控制系统的开环脉冲传递函数为

$$Z\left[\frac{25(1-e^{-Ts})}{s^2(0.5s+1)}\right] = 25(1-z^{-1})Z\left[\frac{1}{s^2(0.5s+1)}\right]$$

$$= \frac{12.5[(2T-1+e^{-2T})z+(1-e^{-2T}-2Te^{-2T})]}{(z-1)(z-e^{-2T})} \tag{2-11-1}$$

闭环脉冲传递函数为

$$\frac{C(z)}{R(z)} = \frac{12.5[(2T-1+e^{-2T})z+(1-e^{-2T}-2Te^{-2T})]}{z^2+(25T-13.5+11.5e^{-2T})z+(12.5-11.5e^{-2T}-25e^{-2T})}$$

闭环采样系统的特征方程式为

$$z^2+(25T-13.5+11.5e^{-2T})z+(12.5-11.5e^{-2T}-25Te^{-2T})=0$$

由上式可知,特征方程式的根与采样周期 T 有关,若特征根的模均小于 1,则系统稳定,若有一个特征根的模大于 1,则系统不稳定,因此系统的稳定性与采样周期 T 的大小有关。

四、实验内容

(1)打开 MATLAB,进入 MATLAB 命令窗口;

(2)在命令行窗口中输入 simulink,进入仿真界面,并新建 M 文件;

(3)在 M 文件界面中构造连续时间系统的结构图;

(4)作时域仿真并确定系统时域性能指标;

(5)在 M 文件界面中构造带零阶保持器采样控制系统的结构图;

(6)作时域仿真,调整采样间隔时间 T_s,观察对系统稳定性的影响。

实验所用 simulink 模块来源说明:

step 模块在 sources 库中,sum 模块在 math operations 库中,scope 模块在 sinks 库中,transfer fcn 模块在 continuous 库中,zero-order hold 模块在 discrete 库中。

▮ 五、实验报告要求 ▮

(1)叙述零阶保持器的作用;

(2)分析采样时间间隔 T_s 对系统的影响;

(3)提交实验相关内容的 MATLAB 程序。

实验十二　离散控制实验

▮ 一、实验目的 ▮

(1)深入理解离散系统相关理论知识;

(2)掌握连续系统离散化的方法;

(3)掌握离散系统的基本建模方法。

▮ 二、实验设备与资源 ▮

(1)计算机 1 台;

(2)MATLAB 软件 1 套;

(3)控制系统工具箱常用函数集说明文件 1 份。

▮ 三、实验原理 ▮

离散系统是系统的全部或关键组成部分的变量具有离散信号形式,系统的状态在时间的离散点作突变的系统。在时间的离散时刻上取值的变量称为离散信号,时间的离散时刻通常是时间间隔相等的数字序列,例如按一定的采样时刻进行的数据收集。对离散系统需用差分方程描述。离散系统理论广泛应用于社会、经济及工程系统领域,如自动机、脉冲控制、采样调节、数字控制等。离散事件动态系统是由触发事件驱动状态演化的动态系统。这种系统的状态通常只取有限个离散值,对应于系统部件的好坏、忙闲等可能状况。系统的行为可用它产生的状态或事件序列来描述。系统状态的改变是由某些环境条件的出现或消失、某些运算/操作的启动或结束等随机事件驱动而引起的。由于其状态空间缺乏可运算的结构,难以用传统的基于微分或差分方程的方法来研究,因此利用计算机仿真进行实验研究常常是主要的方法。

1. 离散控制系统原理

离散系统指系统的输入和输出仅在离散的时间上取值,而且离散的时间具有相同的时间间隔,与连续的概念相反。设系统输入变量为 $u(nT_s)$,其中 T_s 为采样时间,n 为采样时刻。由于 T_s 为一固定值,因此系统输入 $u(nT_s)$,常简记为 $u(n)$。设输出系统为 $y(nT_s)$,简记为 $y(n)$。于是,离散系统的数学表达为

$$y(n) = f(u(n), u(n-1), \cdots; y(n-1), y(n-2), \cdots)$$

2. Z 变换

(1)求 $G(s) = \dfrac{1}{s(s+1)}$ 的 Z 变换。

MATLAB 语句为

```
syms s;
a=1/(s*(s+1));
t=ilaplace(a);
fz=ztrans(t);
```

结果为

```
fz=z/(z-1)-z/exp(-1)/(z/exp(-1)-1);
```

(2)求函数 $E(z) = \dfrac{z^3 + 2z^2 + 1}{z(z-1)(z-0.5)}$ 的 Z 反变换。

MATLAB 语句为

```
syms z;
a1=z^3+2*z^2+1;
b1=z*(z-1)*(z-0.5);
f=a1/b1;
t=iztrans(f);
```

结果为

```
2*charfcn[1](n)+6*charfcn[0](n)+8-13*(1/2)^n
```

3. 变换方法典型范例

已知一个模拟控制器传递函数如下所示,假设采样周期 $T=1$ s,用双线性变换法求出与之等价的离散表达式 $D(s)$。

$$D(s) = \frac{U(s)}{E(s)} = \frac{11s+1}{3s+1}$$

MATLAB 语句为

```
num=[11 1];
den=[3 1];
sys=tf(num,den);
% bode(sys);
dsys=c2d(sys,1,'tustin');% 用双线性变换法进行离散,第二个参数为采样周期
% dsys=c2d(sys,1,'zoh');% 用零阶保持法进行离散,第二个参数为采样周期
```

```
figure;bode(sys,'b',dsys,'r');
```

4. 离散化方法范例

已知一个模拟控制器传递函数如下：

$$G(s) = \frac{s^2 + 0.5s + 100}{s^2 + s + 100}$$

（1）绘制该系统的阶跃响应、脉冲响应和频率响应。

```
num=[1 0.5 100];
den=[1 5 100];
figure;
subplot(2,2,1);
step(num,den);
title('阶跃响应');
subplot(2,2,2);
impulse(num,den);
title('脉冲响应');
subplot(2,2,3);
bode(num,den);
title('频率响应');
```

（2）若采样周期 $T=0.1$ s，分别采用 ZOH 法和 FOH 法将 $H(s)$ 离散化，并将连续系统、离散系统（ZOH 法）和离散系统（FOH 法）的阶跃响应绘制于同一幅图中。

```
num=[1 0.5 100];
den=[1 5 100];
sys=tf(num,den);
dsys_zoh=c2d(sys,0.1,'zoh');
dsys_foh=c2d(sys,0.1,'foh');
figure;
step(sys,'r',dsys_zoh,'b',dsys_foh,'g');
legend('连续曲线','zoh曲线','foh曲线');
```

（3）若采样周期 $T=0.1$ s，采用脉冲响应不变法将 $H(s)$ 离散化，并将连续系统、离散系统（脉冲响应不变法）的脉冲响应绘制于同一幅图中。

```
num=[1 0.5 100];
den=[1 5 100];
sys=tf(num,den);
dsys=c2d(sys,0.1,'imp');
impulse(sys,'r',dsys,'b');
legend('连续曲线','脉冲响应不变曲线');
```

（4）若采样周期 $T=0.05$ s，分别采用双线性变化法、零极点匹配法和 ZOH 法将 $H(s)$ 离散化，并将连续系统、离散系统（双线性变化法）、离散系统（零极点匹配法）和离散系统（ZOH 法）的频率响应绘制于同一幅图中。

```
num=[1 0.5 100];
den=[1 5 100];
sys=tf(num,den);
dsys_tustin=c2d(sys,0.05,'tustin');
```

```
dsys_matched=c2d(sys,0.05,'matched');
dsys_zoh=c2d(sys,0.05,'zoh');
bode(sys,'r',dsys_tustin,'b',dsys_matched,'y',dsys_zoh,'g');
legend('连续曲线','双线性变化法','零极点匹配法','ZOH法');
```

(5)采用零极点匹配法,分别设采样周期 T 为 0.1 s、0.15 s 和 0.3 s,将连续系统、离散系统($T=0.1$ s)、离散系统($T=0.15$ s)和离散系统($T=0.3$ s)的频率响应绘制于同一幅图中。

```
num=[1 0.5 100];
den=[1 5 100];
sys=tf(num,den);
dsys_1=c2d(sys,0.1,'matched');
dsys_15=c2d(sys,0.15,'matched');
dsys_3=c2d(sys,0.3,'matched');
bode(sys,'r',dsys_1,'b',dsys_15,'y',dsys_3,'g');
legend('连续曲线','T=0.1','T=0.15','T=0.3');
```

(6)构建闭环单位负反馈系统。

```
num0=[0.81 0.162];
den0=[1 2 0];
[num,den]=cloop(num0,den0);% 单位闭环负反馈
sys=tf(num,den);
dsys=c2d(sys,0.1,'tustin');
step(sys,'r',dsys,'b');
legend('连续系统','离散系统');
```

■ 四、实验内容 ■

已知一个系统的传递函数为 $G(s)=\dfrac{10(s+0.7183)}{(s-1)(2.7183s-1)}$,请完成以下实验内容。

(1)绘制该系统的阶跃响应、脉冲响应和频率响应。

(2)若采样周期 $T=0.1$ s,分别采用 ZOH 法和 FOH 法将 $H(s)$ 离散化,并将连续系统、离散系统(ZOH 法)和离散系统(FOH 法)的阶跃响应绘制于同一幅图中。

(3)若采样周期 $T=0.1$ s,采用脉冲响应不变法将 $H(s)$ 离散化,并将连续系统、离散系统(脉冲响应不变法)的脉冲响应绘制于同一幅图中。

(4)若采样周期 $T=0.05$ s,分别采用双线性变化法、零极点匹配法和 ZOH 法将 $H(s)$ 离散化,并将连续系统、离散系统(双线性变化法)、离散系统(零极点匹配法)和离散系统(ZOH 法)的频率响应绘制于同一幅图中。

(5)采用零极点匹配法,分别设采样周期 T 为 0.1 s、0.15 s 和 0.3 s,将连续系统、离散系统($T=0.1$ s)、离散系统($T=0.15$ s)和离散系统($T=0.3$ s)的频率响应绘制于同一幅图中。

(6)构建闭环单位负反馈系统。

■ 五、实验报告要求 ■

(1)完成相应实验内容,将相关实验结果与实验过程图表整理并写入实验报告文档;

(2)总结实验内容相关的理论知识点;

(3)提交实验内容相关的 MATLAB 程序。

▮ 六、思考题 ▮

(1)简要分析离散系统与连续系统的差异。

(2)连续系统转为离散系统还有哪些方法?

(3)请根据尖端科技研究进展的相关报道,简要分析离散控制系统与现代工业过程控制有何联系。

实验十三　PID 控制实验

▮ 一、实验目的 ▮

(1)掌握 PID 参数确定方法;

(2)理解参数对 PID 控制系统性能的影响;

(3)学会构建 PID 控制系统的基本方法。

▮ 二、实验设备 ▮

(1)计算机 1 台;

(2)MATLAB 软件 1 套。

▮ 三、实验原理 ▮

PID(proportion integration differentiation)是指将偏差的比例(P)、积分(I)、微分(D)通过线性组合构成控制量,对被控对象进行控制。使用 PID 的控制器称为 PID 控制器。PID 控制器是一种线性控制器,它根据给定值与实际输出值构成控制偏差。PID 控制分为增量式PID 控制与位置式 PID 控制,它们各有特点。位置式 PID 控制的输出与整个过去的状态有关,用到了误差的累加值,而增量式 PID 控制的输出只与当前拍和前两拍的误差有关,因此位置式 PID 控制的累积误差相对更大。增量式 PID 控制输出的是控制量增量,并无积分作用,因此该方法适用于执行机构带积分部件的对象,如步进电机等,而位置式 PID 控制适用于执行机构不带积分部件的对象,如电液伺服阀。增量式 PID 控制输出是控制量增量,如果计算机出现故障,误动作影响较小,而执行机构本身有记忆功能,可仍保持原位,不会严重影响系统工作,而位置式 PID 控制输出直接对应对象输出,因此对系统影响较大。

1.比例(P)控制

比例控制的输出与输入误差信号成比例关系,是最简单的控制方式之一。这种控制器只对系统的增益有影响,无法改变系统的相位,增大比例系数通常可以达到减小系统误差、提高控制精度等目的,但是通常也会使得系统的稳定性下降,容易造成闭环不稳定,一般不单独使用。比例(P)控制系统框图如图 2-13-1 所示。

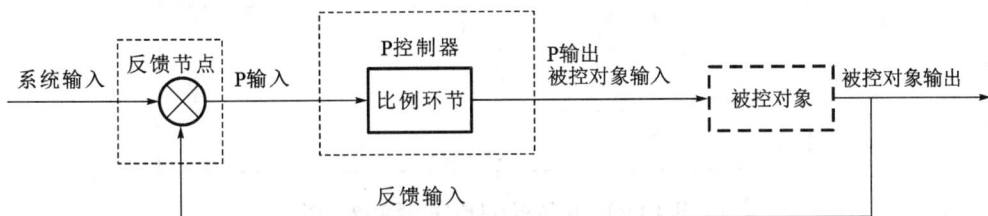

图 2-13-1 比例(P)控制系统框图

2.积分(I)控制

具有积分控制规律的控制称为积分(I)控制,积分控制环节的传递函数为 $G_C(s) = \dfrac{K_i}{s}$,K_i 是积分系数。积分控制器的输出信号为 $u(t) = K_i \displaystyle\int_0^t e(t)\mathrm{d}t$,积分控制器输出信号 $u(t)$ 的变化速率与输入信号 $e(t)$ 成正比 $\dfrac{\mathrm{d}u(t)}{\mathrm{d}t} = K_i e(t)$。积分(I)控制系统框图如图 2-13-2 所示。

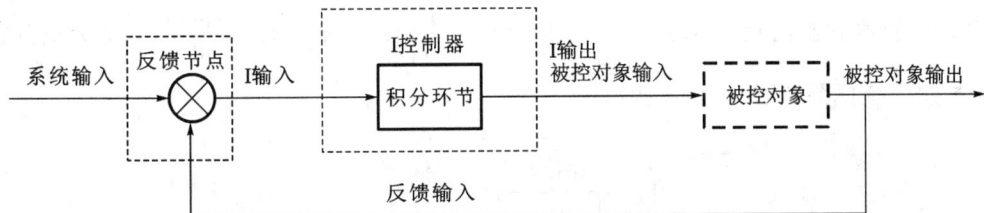

图 2-13-2 积分(I)控制系统框图

3.比例微分(PD)控制环节

具有比例加微分控制规律的控制称为比例微分(PD)控制,比例微分(PD)控制的传递函数为 $G_C(s) = K_p + K_p T s$,其中 K_p 为比例系数,T 为微分常数,K_p 与 T 两者都是可调的参数。PD 控制器的输出信号为 $u(t) = K_p e(t) + K_p \tau \dfrac{\mathrm{d}e(t)}{\mathrm{d}t}$。

4.比例积分(PI)控制

PI 控制是比例控制与积分控制的有机结合,PI 控制的传递函数为 $G_C(s) = K_p + \dfrac{K_p}{T}\dfrac{1}{s} = \dfrac{K_p\left(s + \dfrac{1}{T}\right)}{s}$,$K_p$ 为比例系数,T 是积分时间常数,两者均可调节。PI 控制器的输出信号为 $u(t) = K_p e(t) + \dfrac{K_p}{T}\displaystyle\int_0^t e(t)\mathrm{d}t$。比例积分(PI)控制系统框图如图 2-13-3 所示。

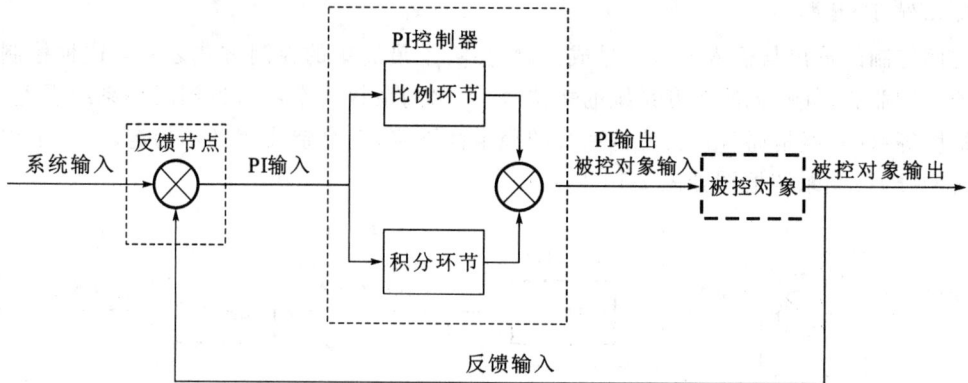

图 2-13-3 比例积分(PI)控制系统框图

5. 比例积分微分(PID)控制

同时具有比例、积分、微分控制规律的控制称为比例积分微分控制,亦即 PID 控制,PID 控制的传递函数为

$$G_C(s) = K_p + \frac{K_p}{T_i}\frac{1}{s} + K_p \tau_s \quad \text{或} \quad \frac{U(s)}{E(s)} = \frac{K_p}{T_i}\frac{T_i \tau_s{}^2 + T_i s + 1}{s}$$

式中:K_p——比例系数;

T_i——积分时间常数;

τ——微分时间常数。

PID 控制器的输出信号为:$u(t) = K_p e(t) + \frac{K_p}{T_i}\int_0^t e(t)\mathrm{d}t + K_p \tau \frac{\mathrm{d}e(t)}{\mathrm{d}t}$。比例积分微分(PID)控制系统框图如图 2-13-4 所示。

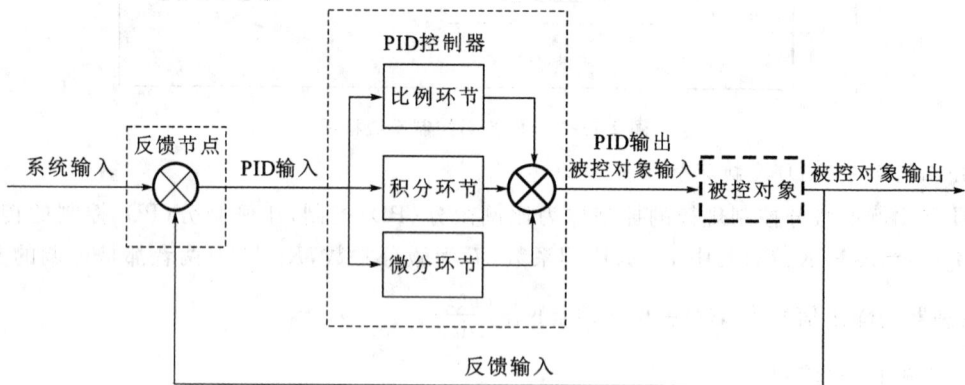

图 2-13-4 比例积分微分(PID)控制系统框图

6. 系统参数辨识

线性定常系统的控制中,PID 是非常常见的控制方式,如果可以通过 MATLAB 仿真出 PID 的控制效果图,那么对系统设计时的实时调试将会容易得多。在这里我们将会以一个利用系统辨识参数的 PID 设计为例展示 MATLAB 仿真 PID 的过程。

首先需要对一个未知的系统的参数进行辨识,以延迟环节可以忽略不计的电机调速系统为例(惯性环节)说明。将时间戳导入 xdata 向量,对应的时刻转速导入 ydata 向量,进行系统辨识。系统响应数据是对一个惯性系统给定一个阶跃输入后系统输出的数据。(xdata,ydata)

是一个一阶系统阶跃响应的采集数据,ydata 是输出值,xdata 是时间戳。由于系统是阶跃响应的,假定系统的传递函数如下:

$$\frac{K}{T_p s+1}$$

显然需要辨别的两个参数是 K 和 T_p。该系统在阶跃响应输入下的表达式为

$$c(t)=K(1-et/T_p)$$

因此需要建立的函数 fun 如下:

```
fun=@(xdata,ydata)(x(1)*(1-exp(-xdata/x(2))));
```

它是一个指定参数的函数,我们需要求解的参数就是 $x(1)$ 和 $x(2)$,其中 x 返回值是一个二元参数向量,可直接调用 fun 函数求得 y 根据时间戳生成的辨识系统的计算值,并与实验值 ydata 画在一张图进行比较。MATLAB 代码如下。

```
clc;
close all;
plot(xdata,ydata)xlim([0,1])hold on; % 实际曲线绘图
fun=@(x,xdata)(x(1)*(1-exp(-xdata/x(2)))); % 估计函数
x0=[1500,0.025]; % 初始估计值[x(1),x(2)]
x=lsqcurvefit(fun,x0,xdata,ydata); % 非线性函数拟合
y=fun(x,xdata); % 代入估计的值,并获得函数点
plot(xdata,y)xlim([0,1]); % 绘制估计曲线
title(['[K,Tp]=',num2str(x)]); % 标注估计的参数
```

7.数字控制系统差分方程获取

在 PID 仿真的过程中我们需要求解出时域表达式,因此需要借助差分方程解决。以电机调速系统为例,假定该系统经过系统辨识之后的传递函数是

$$G(s)=\frac{0.998}{0.021s+1}$$

因此通过 tf 函数建立系统的连续传递函数模型如下:

```
sys=tf(0.998,[0.021,1]);     % 建立被控对象传递函数
```

获取离散系统的传递函数:由于是数字 PID 仿真,我们需要选取一个采样时间,本案例选用的是 0.005 s(注意,采样周期应该小于系统纯滞后时间的 0.1)。在对其进行数字 PID 控制前,我们需要将这个系统离散化。

```
ts=0.005;  % 采样时间=0.005 s
dsys=c2d(sys,ts,'z');        % 离散化 continus to descrete
```

dsys 即我们根据采样周期离散化的 Z 变换系统。首先我们需要提取这个 Z 变换系统的参数,方便后面的计算。方法如下:

```
[num,den]=tfdata(dsys,'v'); % 'v'代表强制以向量的格式(默认为元胞数组)输出 num
```
和 den

转换为差分方程(差分方程主要用于迭代计算目标对象的输出,仿真中常用于模拟计算被控对象的实际输出)。

求解出的 Z 变换表达式为

$$dsys=\frac{num(1)\cdot z+num(2)}{den(1)\cdot z+den(2)}=\frac{0.2114}{z-0.7881}$$

对于以下的 Z 变换:

$$Y(z) = \text{dsys} \cdot U(z) = \frac{\text{num}(2)}{\text{den}(1) \cdot z + \text{den}(2)} \cdot U(z)$$

$$zY(z) + \text{den}(2)Y(z) = \text{num}(1)zU(z) + \text{num}(2)U(z)$$

对上式进行 Z 反变换,可以得到以下的差分方程(系统是输入输出的离散表达式):

$$y(k+1) + \text{den}(2)y(k) = \text{num}(1)u(k+1) + \text{num}(2)u(k)$$

$$y(k+1) = -\text{den}(2)y(k) + \text{num}(1)u(k+1) + \text{num}(2)u(k)$$

差分方程就这样建立完毕。注意,此差分方程仅仅用来描述系统模型的运算规律,和控制无关。因此此方程是 $y(k)$ 和 $u(k)$ 的映射关系。下面的控制则是利用负反馈信号 $e(k)$ 导出 $u(k)$ 的输出,求解的是控制器 $u(k)$ 的序列值。

8. 数字 PID 控制

连续系统 PID 控制器的输出信号的计算表达式为

$$u(t) = K_p e(t) + \frac{K_p}{T_i} \int_0^t e(t)\,\mathrm{d}t + K_p \tau \frac{\mathrm{d}e(t)}{\mathrm{d}t}$$

其中:K_p 为比例系数;T_i 为积分时间常数;τ 为微分时间常数。三者都是可调的参数。

将连续的 PID 控制转换为数字式时,微分环节被差分代替,积分环节被累加和代替,比例环节与连续 PID 相同,保持不变。

差分的实现非常简单,就是用当前时刻的偏差减去前一个时刻的偏差,即 $e(k) - e\_1$(e_1 表示一时刻的偏差)等效即可。

积分的实现是在每一次运算的后面都累加原来的偏差,即 $Ee = Ee + e\_1$(e_1 表示前一时刻的偏差)即可。

数字式 PID 控制器的输出计算表达式(也就是被控对象的过程控制量的计算表达式):

$$u(k) = K_p e(k) + K_d (e(k) - e_1) + K_i Ee$$

9. 数字式 PID 主要实现流程

```
ts=0.005; % 选择采样时间为 0.005 s,也就是采集控制周期
sys=tf(0.998,[0.021,1]); % 建立被控对象的连续系统的传递函数模型
dsys=c2d(sys,ts,'z'); % 将连续系统的传递函数模型离散化,得到离散系统的传递函
数模型
[num,den]=tfdata(dsys,'v'); % 求取离散系统传递函数的分子和分母系数向量
% 初始化偏差、过程控制量、被控对象实际输出
e_1=0;       % 前一时刻的偏差
Ee=0;        % 累积偏差
u_1=0.0;     % 前一时刻的控制量
y_1=0;       % 前一时刻的输出
% 设置 PID 控制器参数
kp=0.22; % 比例参数
ki=0.13; % 积分参数
kd=0; % 微分参数
u=zeros(1,1000); % 预先分配内存
time=zeros(1,1000); % 时刻点(设定 1000 个)
% 进行控制
for k=1:1:1000;
```

```
        time(k)=k*ts;        % 记录时间
        r(k)=1500;           % 设置被控对象的目标值(期望值)
        y(k)=-1*den(2)*y_1+num(2)*u_1+num(1)*u(k);  % 系统响应输出序列,y(k)
```
在实际应用是传感器采集得到,这里差分计算代替实际传感器的测量值,近似计算被控对象的实际输出)

```
        e(k)=r(k)-y(k);       % 计算当前时刻的偏差
        u(k)=kp*e(k)+ki*Ee+kd*(e(k)-e_1);  % 用偏差和数字 PID 输出计算表达式
```
计算被控对象的过程控制量,也就是 PID 控制器的输出

```
        % 在计算出 u(k)后,如果接入的是实际被控对象,那么 u(k)将被施加到实际被控对象上或者
```
是驱动实际被控对象进行动作

```
        Ee=Ee+e(k);       % 更新偏差的累加和
        u_1=u(k);         % 更新前一个的控制器输出值
        y_1=y(k);         % 更新前一个的系统响应输出值
        e_1=e(k);         % 更新前一个误差信号的值
```
    % 如果接入的是实际被控对象,那么这个地方将等待一个采样控制周期,也就是前面设置的:
ts=0.005

```
    end;
    %(仅绘制过渡过程的曲线,x 坐标限制为[0,1])
    p1=plot(time,r,'-.');
    xlim([0,1]);
    hold on;  % 指令信号的曲线(即期望输入)
    p2=plot(time,y,'--');
    xlim([0,1]);  % 不含积分分离的 PID 曲线
    hold on;
```

10. PID 参数确定方法

PID 控制参数整定基本规则:

参数整定找最佳,从小到大顺序查。

先是比例后积分,最后再把微分加。

曲线振荡很频繁,比例度盘要放大。

曲线漂浮绕大弯,比例度盘往小板。

曲线偏离回复慢,积分时间往下降。

曲线波动周期长,积分时间再加长。

曲线振荡频率快,先把微分降下来。

动差大来波动慢,微分时间应加长。

理想曲线两个波,前高后低四比一。

一看二调多分析,调节质量不会低。

Ziegler-Nichols 法是常用的基于频率法设计的 PID 参数确定方法,该方法首先辨识出一个能比较清晰地反映被控对象频域特性的模型,然后依据性能指标以及给定对象的瞬态响应来确定 PID 控制器的参数。

11. PID 控制器参数对控制效果的影响

如果我们想要知道修改 PID 的三个参数 K_p、K_i、K_d 会带来什么效果,只需要在程序中修改即可。为了方便起见,我们建立一个 PID 的数组,K_p、K_i、K_d 每次都取数组的一个值,然后

设定一个大循环开始循环仿真。再利用 subplot 输出子图的方式将所有的 PID 效果都输出到一个图进行对比。

修改 K_p 会造成上升时间的缩短,但是有可能也会带来较大的超调。积分的增加是一个严重的滞后环节,会减小相位裕度,也会带来超调。超调量并不是绝对的,较小的 K_p 可能会产生较大的超调,而 K_p 较大时超调会减小。然而积分的引入也是必要的,否则将会很长时间无法削弱误差 $e(k)$。微分的引入相当于一个超前校正,会减少超调,但是过度的微分很可能会造成尾部振荡,使系统逐渐变得不稳定。因此微分和积分之间需要一个平衡,当满足这个平衡的时候,系统几乎没有振荡,同时响应速度也较快。综合上述,PID 的调节经验可以归结为以下几点。

(1)K_p 较小时,系统对微分和积分环节的引入较为敏感,积分会引起超调,微分可能会引起振荡,而振荡剧烈的时候超调也会增加。

(2)K_p 增大时,积分环节由于滞后产生的超调逐渐减小,此时如果想要继续减少超调可以适当引入微分环节。继续增大 K_p 系统可能会不太稳定,因此在增加 K_p 的同时引入 K_d 减小超调,可以保证在 K_p 不是很大的情况下也能取得较好的稳态特性和动态性能。

(3)K_p 较小时,积分环节不宜过大,K_p 较大时积分环节也不宜过小(否则调节时间会非常长)。

▓▓ 四、实验内容 ▓▓

(1)已知如图 2-13-5 所示控制系统,其中 $G_{pid}(s)$ 为 P、PI 和 PID 控制器的传递函数,$G_{open}(s)$ 为系统开环传递函数 $G_{open}(s) = \dfrac{8}{(360s+1)}e^{-180s}$。基于 Ziegler-Nichols 方法确定公式计算系统 P、PI、PID 控制器的参数,并分别绘制出确定 P、PI、PID 参数后三种控制类型对应系统的单位阶跃响应曲线。

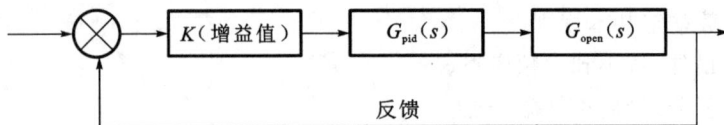

图 2-13-5 系统框图

(2)已知如图 2-13-6 所示的控制系统,其中 $T_0 = 1$,$T_1 = -2.5$,$T_2 = 2.5$,$K_1 = 5$,$K_2 = 5.6$。请编写该系统的数字 PID 控制程序(程序编制原理可参考实验原理中数字式 PID 控制),控制目标可以自行选择,画出控制相应曲线,并自行选择几组 PID 参数(比例参数、积分参数、微分参数)再次进行实验,分析参数改变对控制效果的影响。

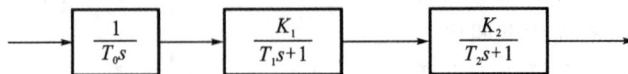

图 2-13-6 系统框图

▓▓ 五、实验步骤 ▓▓

(1)利用 MATLAB 或者 Simulink 建立被控对象的开环控制模型,亦即从控制系统中去掉反馈线和 PID 环节。

(2)以单位阶跃信号作为被控对象输入,画出被控对象的单位阶跃响应曲线。

(3)按照类 S 形响应曲线参数求法,大致获取系统延迟时间 L、放大系数 K(开环模型增益值)和时间常数 T。

(4)计算 P、PD、PID 三种控制类型控制系统的参数。

六、实验报告要求

(1)绘制被控对象开环控制模型单位阶跃响应曲线,并计算 P、PD、PID 三种控制类型控制系统的参数。

(2)根据计算所得的 P、PD、PID 三种控制类型参数,以单位阶跃信号作为输入,对 P、PD、PID 三种控制类型控制系统进行单位阶跃响应响应分析,并绘制响应曲线。

(3)总结确定 PID 控制参数的方法及实验心得体会。

实验十四　高阶控制系统性能分析实验

一、实验目的

(1)学习高阶系统动态性能指标的分析方法;

(2)掌握高阶系统动态性能指标的主要分析流程;

(3)学习典型系统参数对系统动态性能和稳定性的影响。

二、实验设备

(1)计算机 1 台;

(2)MATLAB 软件 1 套。

三、实验原理

(1)打开 MATLAB,选择 File→New→Model,弹出 simulink 界面。

(2)选择 View→Library browser,从弹出的界面中选择 Sources 中的阶跃信号(Step),并设置开始时间(Step Time)为 0,幅值为 1 V;选择 Continous 中的传递函数(Transfer Fcn),输入建立模型的传递函数;选择 Sinks 中的示波器(Scopes)。

(3)根据实验内容输入相应参数,最后连接 Simulink 中的环节,生成实验要求的系统。

(4)单击"开始仿真"按钮,观测典型二阶系统的输出值。根据输出波形调整"Gain"模块的增益,使输出波形呈现衰减比 n∶1 分别为 4∶1 和 10∶1 时的衰减振荡状态。记录动态性能指标以及此时的增益值,分析系统参数对动态性能的影响。

(5)调整 Gain 模块的增益,观测系统输出值的波形,使输出波形呈现等幅振荡状态,然后记录 Gain 模块的增益值,与计算的临界稳定时的理论值相比较。

(6)调整 Gain 模块的增益,观测系统输出值的波形,使输出波形呈现发散振荡状态,分析系统参数对稳定性的影响。

(7)实验所用 Simulink 模块来源说明:

step 模块在 sources 库中,sum 模块在 math operations 库中,scope 模块在 sinks 库中,transfer fcn 模块在 continuous 库中,zero-order hold 模块在 discrete 库中。

▨▨ 四、实验内容 ▨▨

(1)已知如图 2-14-1 所示的二阶系统,通过观测不同参数作用下该系统的阶跃响应,分析时域性能指标,并总结参数变化对系统动态性能与系统稳定性的影响。

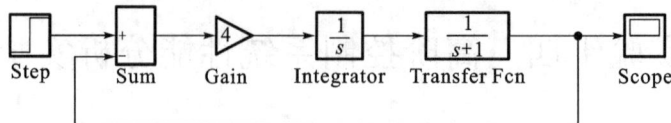

图 2-14-1　二阶系统结构图

(2)已知如图 2-14-2 所示三阶系统框图,通过观测增益对三阶系统稳定性的影响,找出该系统临界稳定的增益值。

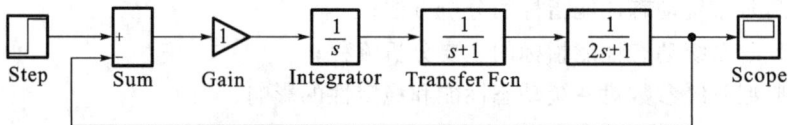

图 2-14-2　三阶系统框图

▨▨ 五、实验报告要求 ▨▨

(1)提交实验记录,包括系统的性能指标数据和响应曲线。

(2)分析实验过程各个参数对系统动态性能和稳定性的影响。

(3)总结二阶系统、三阶系统动态性能指标的测试方法。

实验十五　PID 控制动态特性分析实验

▨▨ 一、实验目的 ▨▨

(1)熟悉 PI、PD、PID 三种控制器的结构形式;

（2）通过实验，深入了解 PI、PD 以及 PID 的阶跃响应特性。

二、实验设备

（1）计算机 1 台；
（2）MATLAB 软件 1 套。

三、实验要求

（1）实验之前，查阅有关资料；
（2）编写好相应的程序；
（3）独立完成实验。

四、实验原理

PID 控制是三种反馈控制——比例控制、积分控制与微分控制的统称。根据控制对象和应用条件，可以采用这三种控制的部分组合，即 P 控制、PI 控制、PD 控制或者是三者的组合。反馈控制的目标之一就是抗干扰从而减小稳态误差。如果只采用开环控制，开环增益一旦变化，系统稳态值就会发生变化。这并不是我们希望看到的。因此要减小系统稳态误差，我们必须采用反馈控制。PI、PD 和 PID 是常用的控制器。其中 PD 是超前校正装置，适用于动态性能较差而稳态性能已经达到要求的情况；PI 是滞后校正装置，可以提高系统稳态性能；PID 是一种滞后-超前校正系统，它兼有 PI 和 PD 两者的优点。

图 2-15-1 为 PI 控制器电路图，传递函数为 $G(s) = -K_p\left(1 + \dfrac{1}{T_d s}\right)$，其中 $K_p = R_2/R_1$，$T_d = R_2 C$。

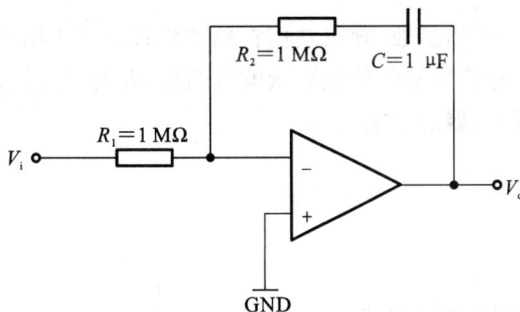

图 2-15-1 PI 控制器电路

图 2-15-2 为 PD 控制器的电路图，它的传递函数为 $G(s) = -K_p(T_d s + 1)$，其中 $K_p = R_2/R_1$，$T_d = R_1 C$。

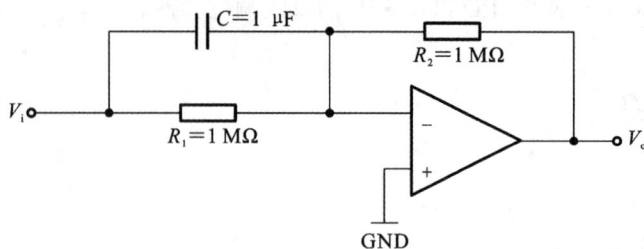

图 2-15-2　PD 控制器电路

图 2-15-3 为 PID 控制器的电路图,它的传递函数为 $G(s) = -K_p\left(1 + \dfrac{1}{T_1 s} + T_d s\right)$,其中 $K_p = (R_1 C_1 + R_2 C_2)/R_1 C_2$,$T_i = R_1 C_1 + R_2 C_2$,$T_d = R_1 C_1 R_2 C_2/(R_1 C_1 + R_2 C_2)$。

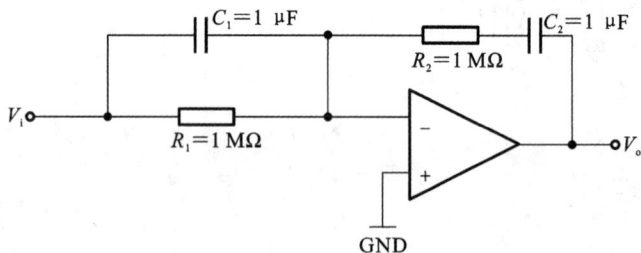

图 2-15-3　PID 控制器电路

▌五、实验内容▌

在 MATLAB 中,以阶跃信号作为 PI、PD、PID 三种控制器的输入 V_i,分别测试 PI、PD、PID 三种控制器的输出波形。

▌六、实验报告要求▌

(1)根据三种控制器的传递函数,画出它们在单位阶跃信号作用下的理想输出波形。

(2)根据实验,画出三种控制器的单位阶跃响应曲线,并与理想输出波形进行分析比较。

(3)分析参数对三种控制器的影响。

▌七、思考题▌

(1)说明 PD 和 PI 控制器的优缺点。

(2)试说明 PID 控制器的优点。

(3)比较通过实验得到的 PD 以及 PID 输出波形与它们的理想波形,分析存在区别的原因。

实验十六　系统状态方程控制实验

一、实验目的

(1)学习系统的控制性能和观测性能的判别方法；

(2)掌握极点配置控制器的设计方法。

二、实验设备

(1)计算机 1 台；

(2)MATLAB 软件 1 套；

(3)LabVIEW 软件 1 套；

(4)电子元器件若干；

(5)电磁铁若干。

三、实验原理

已知对象的状态方程，通过引入某种控制器，使得闭环系统的极点移动到指定位置，从而达到改善系统性能的作用，这就是极点配置。

1. 状态反馈与极点配置

状态反馈是指从状态变量到控制端的反馈，如图 2-16-1 所示。

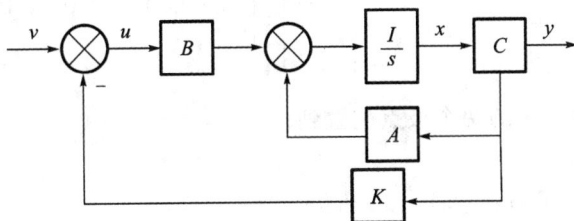

图 2-16-1　状态反馈

设原系统动态方程为

$$\begin{cases} \dot{x} = Ax + Bu \\ y = Cx \end{cases}$$

引入状态反馈后，系统的动态方程为

$$\begin{cases} \dot{x} = (A - BK)x + Bv \\ y = Cx \end{cases}$$

2. 输出反馈与极点配置

输出反馈指从输出端到状态变量导数 $\dot{x}$ 的反馈，如图 2-16-2 所示。

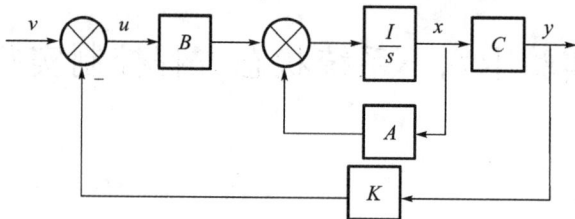

图 2-16-2 输出反馈

设原系统动态方程为

$$\begin{cases} \dot{x}=Ax+Bu \\ y=Cx \end{cases}$$

引入输出反馈后,系统的动态方程为

$$\begin{cases} \dot{x}=(A-BC)x+Bv \\ y=Cx \end{cases}$$

▎▎四、实验内容▎▎

(1)已知对象模型

$$\dot{x}=\begin{bmatrix} 0 & 1 & 0 & 0 \\ 0 & 0 & -1 & 0 \\ 0 & 0 & 0 & 1 \\ 0 & 0 & 11 & 0 \end{bmatrix}x+\begin{bmatrix} 0 \\ 1 \\ 0 \\ -1 \end{bmatrix}u, y=\begin{bmatrix} 1 & 2 & 3 & 4 \end{bmatrix}x$$

利用 MATLAB 将闭环系统的极点配置在 $s_{1,2,3,4}=-1,-2,-1+j,-1-j$。

(2)已知对象模型

$$\dot{x}=\begin{bmatrix} 0 & 1 & 0 & 0 \\ 0 & 5 & 0 & 0 \\ 0 & 0 & -7 & 0 \\ 0 & 0 & 0 & -8 \end{bmatrix}x+\begin{bmatrix} 1 \\ 1 \\ 3 \\ 4 \end{bmatrix}u, y=\begin{bmatrix} 0 & 5 & 0 & 8 \end{bmatrix}x,$$

利用 MATLAB 将其中的两个极点配置到 $\hat{s}=-1,-2$。

(3)已知对象模型

$$\dot{x}(t)=\begin{bmatrix} -0.3 & 0.1 & -0.05 \\ 1 & 0.1 & 0 \\ -1.5 & -8.9 & -0.05 \end{bmatrix}x(t)+\begin{bmatrix} 2 \\ 0 \\ 4 \end{bmatrix}u(t), y=\begin{bmatrix} 1 & 2 & 3 \end{bmatrix}x$$

①将闭环系统的极点配置到 $-1,-2,-3$,利用 MATLAB 设计控制器,并绘出闭环系统的阶跃响应曲线(说明:用两种方法配置极点);

②将闭环系统的所有极点均配置到 -1,利用 MATLAB 设计一个控制器。

▎▎五、实验报告要求▎▎

(1)提交实验的程序;

(2)提交各个对象模型控制器的设计思路和设计图纸；

(3)绘制各个对象模型控制器的响应曲线。

实验十七　快速傅里叶频谱分析实验

■ 一、实验目的 ■

(1)掌握快速傅里叶变换(FFT)算法原理；

(2)学习使用 FFT 对连续信号和时域离散信号进行谱分析的方法。

■ 二、实验设备 ■

(1)计算机 1 台；

(2)MATLAB 软件 1 套。

■ 三、实验原理 ■

1.快速傅里叶算法(FFT)的基本思想

快速傅里叶变换逐步地将 N 点序列分解成较短的序列，计算短序列的离散傅里叶变换(discrete Fourier transform,DFT)，然后组合成原序列的 DFT，使运算量显著减少。这种分解基本上可分为两类：一类是将时间序列 $x(n)$ 进行逐次分解，称为按时间抽取算法；另一类将傅里叶变换序列 $X(k)$ 进行分解，称为按频率抽取算法。

2.快速傅里叶算法的过程

(1)由 DFT 分析已知，其计算式为

$$X(k) = \sum_{n=0}^{N-1} x(n) W^{nk} \tag{2-17-1}$$

$$x(n) = \frac{1}{N} \sum_{k=0}^{N-1} X(k) W^{-nk} \tag{2-17-2}$$

将式(2-17-1)、式(2-17-2)写成矩阵形式：

$$
\begin{bmatrix} X(0) \\ X(1) \\ \vdots \\ X(N-1) \end{bmatrix} =
\begin{bmatrix}
W^0 & W^0 & W^0 & \cdots & W^0 \\
W^0 & W^{1\times1} & W^{2\times1} & \cdots & W^{(N-1)\times1} \\
\vdots & \vdots & & & \vdots \\
W^0 & W^{1\times(N-1)} & W^{2\times(N-1)} & \cdots & W^{(N-1)(N-1)}
\end{bmatrix} \cdot
\begin{bmatrix} x(0) \\ x(1) \\ \vdots \\ x(N-1) \end{bmatrix}
\tag{2-17-3}
$$

$$\begin{bmatrix} x(0) \\ x(1) \\ \vdots \\ x(N-1) \end{bmatrix} = \frac{1}{N} \begin{bmatrix} W^0 & W^0 & W^0 & \cdots & W^0 \\ W^0 & W^{-1\times1} & W^{-2\times1} & \cdots & W^{-(N-1)\times1} \\ \vdots & \vdots & \vdots & & \vdots \\ W^0 & W^{-1\times(N-1)} & W^{-2\times(N-1)} & \cdots & W^{-(N-1)\times(N-1)} \end{bmatrix} \cdot \begin{bmatrix} X(0) \\ X(1) \\ \vdots \\ X(N-1) \end{bmatrix}$$

$$(2\text{-}17\text{-}4)$$

可知，$X(k)$ 与 $x(n)$ 分别为 N 列的列矩阵，元素分别写作 $X(0),\cdots,X(N-1)$，以及 $x(0)$，$\cdots,x(N-1)$。而 W^{nk} 与 W^{-nk}（$W=e^{-j(2\pi/N)}$）分别为 $N\times N$ 方阵，其中各元素分别以 W^{nk} 或 W^{-nk} 表示。这两个方阵是对称矩阵，即：

$$W^{nk} = [W^{nk}]^T \tag{2-17-5}$$

$$W^{-nk} = [W^{-nk}]^T \tag{2-17-6}$$

由矩阵式(2-17-3)可以看出，将 $x(n)$ 与 W^{nk} 两两相乘再取和即可得到 $X(k)$。每计算一个 $X(k)$ 值，需要进行 N 次复数相乘和 $N-1$ 次复数相加，当计算 $X(0),X(1),\cdots$ 共 N 个 $X(k)$ 值时，则需要 N^2 次复数相乘，$N(N-1)$ 次复数相加。

随着 N 值加大，运算工作量将迅速增大，例如，$N=10$ 时，需要 100 次复数相乘，而当 $N=1024(2^{10})$ 时，就需要约一百万(1048576)次复数乘法运算。按照这种规律，如果在 N 较大时，要求对信号进行实时处理，所需的运算时间就难以实现。

(2)由以上分析可知，在 $[W]$ 与 $[x(n)]$ 相乘过程中存在不必要的重复运算。避免这种重复，则是简化运算的关键。

(3)进一步分析矩阵式，可以发现一些不必要的计算和可利用的特性。

①不必要的计算：$W^0=1；W^{N/2}=[e^{-j2\pi/N}]^{N/2}=-1$。

②W^{nk} 的周期性：$W^{nk}=W^{n(k+N)}=W^{k(n+N)}$。

③W^{nk} 的对称性：$W^{\left(nk+\frac{N}{2}\right)}=-W^{nk}$。

(4)FFT 算法有很多种，现在以基 2FFT 算法为例子。

基 2 FFT 算法要求 N 为 2 的幂。设一个点序列 $x(n)$，采样点数 $N=2^M$，M 是正整数。现取 $N=8$ 进行计算分析。

基 2 FFT 算法的出发点是把 N 点 DFT 运算分解为两组 $\frac{N}{2}$ 点的 DFT 运算，即把 $x(n)$ 按 n 为偶数和 n 为奇数分解为两部分，即

$$X(k) = \text{DFT}[x(n)] = \sum_{n=0}^{N-1} x(n)W_N^{nk} = \sum_{\text{偶数}n} x(n)W_N^{nk} + \sum_{\text{奇数}n} x(n)W_N^{nk}$$

式中，W_N^{nk} 的下标 N 表示取 N 点 DFT 计算。若以符号 $2r$ 表示偶数 n，$2r+1$ 表示奇数 n，$r=0,1,2,\cdots,(N/2-1)$，则

$$X(k) = \sum_{r=0}^{N/2-1} x(2r)W_N^{2rk} + \sum_{r=0}^{N/2-1} x(2r+1)W_N^{(2r+1)k}$$

$$(2\text{-}17\text{-}7)$$

$$= \sum_{r=0}^{N/2-1} x(2r)(W_N^2)^{rk} + W_N^k \sum_{r=0}^{N/2-1} x(2r+1)(W_N^2)^{rk}$$

又因

$$W_N^2 = e^{-2j2\pi/N} = e^{-j2\pi/N/2} = W_{N/2}$$

所以

$$X(k) = \sum_{r=0}^{N/2-1} x(2r)(W_N^2)^{rk} + W_N^k \sum_{r=0}^{N/2-1} x(2r+1)W_{N/2}^{rk}$$

$$(2\text{-}17\text{-}8)$$

$$= G(k) + W_N^k H(k)$$

式(2-17-7)是 k 从 0 到 $\left(\dfrac{N}{2}-1\right)$ 之间的 $\dfrac{N}{2}$ 点的 $X(k)$ 的前一半。$X(k)$ 序列的后一半,即从 $\dfrac{N}{2}$ 到 $(N-2)$ 点之间的 $X(k)$ 的序列,可利用 DFT 及系数 W_N^k 的周期性与对称性求得,即

$$G\left(k+\frac{N}{2}\right)=G(k), H\left(k+\frac{N}{2}\right)=H(k), W_N^{(k+N/2)}=W_N^{N/2}=-W_N^k$$

所以

$$X(k)=G(k)+W_N^k H(k)$$

$$X\left(k+\frac{N}{2}\right)=G\left(k+\frac{N}{2}\right)-W_N^k H\left(k+\frac{N}{2}\right)=G(k)-W_N^k H(k) \quad k=0,1,\cdots,\frac{N}{2}-1$$

则按时间抽取 FFT 算法的基本公式为

$$X(k)=\begin{cases} G(k)+W_N^k H(k) & k=0\sim\dfrac{N}{2}-1 \\ G(k)-W_N^k H(k) & k=\dfrac{N}{2}\sim N-1 \end{cases} \tag{2-17-9}$$

(5)蝶形运算和排序。

$N=8$ 时 FFT 运算流程图如图 2-17-1 所示,每一级运算都由 $\dfrac{N}{2}$ 个蝶形运算构成,即一次乘系数 W_N 运算和一次加减运算所构成。计算第 $m+1$ 列的 p 和 q 上的复数节点时,只需要第 m 列的 p 和 q 位置上的复数节点值。为了在输出单元保持顺序存放,即按照 $X(0)$,$X(1)$,$\cdots$,$X(7)$ 的顺序存放,那么原位运算的输入 $x(n)$ 就不能按自然顺序存放在存储单元中,而需要按照某种规律加以存放。这个规律就是将输入序列序号以二进制表示,然后求倒码,即求取对应于序列的序号排列,具体见表 2-17-1。

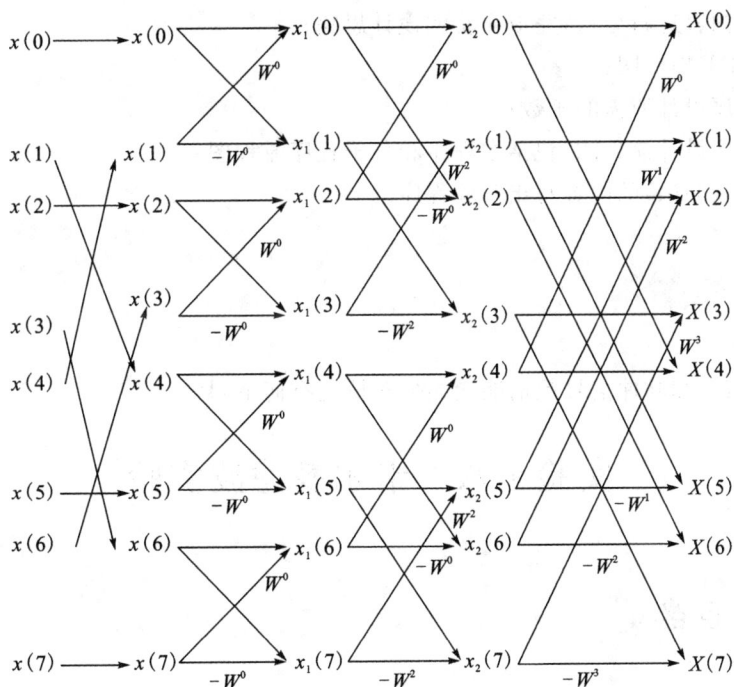

图 2-17-1 $N=8$ 时 FFT 运算流程图

表 2-17-1 FFT 位序重排

序号	二进制表示	倒码表示	整序号
0	000	000	0
1	001	100	4
2	010	010	2
3	011	110	6
4	100	001	1
5	101	101	5
6	110	011	3
7	111	111	7

■ 四、实验内容 ■

(1)使用 MATLAB 生成一有限长序列。

(2)使用 MATLAB 编写按倒码存放的基 2 FFT 或按自然顺序存放的基 2 FFT 算法。

(3)对第一步产生的序列进行 FFT 变换,并绘制频谱图,包括振幅谱和相位谱。

■ 五、实验报告要求 ■

(1)对实验内容进行分析,完成实验的设计思路;

(2)画出 FFT 蝶形图;

(3)列出程序设计所需的函数;

(4)画出程序设计流程图,包括主程序和各子程序流程图;

(5)根据(2)(3)(4)的内容写出实验程序。

■ 六、思考题 ■

变化均匀信号和脉冲信号频谱能量的分布情况有何不同?

实验十八 卡尔曼滤波实验

■ 一、实验目的 ■

(1)理解卡尔曼滤波原理;

(2)掌握卡尔曼滤波的基本应用方法。

二、实验设备

(1)计算机 1 台；
(2)MATLAB 软件 1 套；
(3)LabVIEW 软件 1 套。

三、实验原理

1.原理导引

为了更加容易理解卡尔曼滤波器，下面用形象的描述方法来讲解卡尔曼滤波器原理。

假设我们要研究的对象是一个房间的温度。根据经验判断，这个房间的温度是恒定的，也就是下一分钟的温度等于现在这一分钟的温度(假设我们用一分钟来做时间单位)。假设你对你的经验不是 100% 相信，可能会有上下几摄氏度偏差。我们把这些偏差看成是高斯白噪声(white Gaussian noise)，也就是这些偏差跟前后时间是没有关系的，而且符合高斯分布(Gaussian distribution)。另外，我们在房间里放一个温度计，但是这个温度计也不准确，测量值与实际值有偏差。我们也把这些偏差看成是高斯白噪声。

现在对于某一分钟我们有两个有关于该房间的温度值：根据经验的预测值(系统的预测值)和温度计的值(测量值)。下面我们要用这两个值结合它们各自的噪声来估算出房间的实际温度值。假如我们要估算 k 时刻的实际温度值，首先要根据 $k-1$ 时刻的温度值来预测 k 时刻的温度。因为我们相信温度是恒定的，所以会得到 k 时刻的温度预测值是跟 $k-1$ 时刻一样的，假设是 23 ℃，同时该值的高斯白噪声的偏差是 5 ℃(5 ℃是这样得到的：如果 $k-1$ 时刻估算出的最优温度值的偏差是 3 ℃，对预测的不确定度是 4 ℃，两个值平方相加再开方，就是 5 ℃)。然后，从温度计那里得到了 k 时刻的温度值，假设是 25 ℃，同时该值的偏差是 4 ℃。由于我们用于估算 k 时刻的实际温度有两个温度值，分别是 23 ℃ 和 25 ℃，实际温度究竟是多少呢？ 相信自己还是相信温度计呢？ 我们可以用两个值的协方差(covariance)来判断。因为 $K_g{}^2=5^2/(5^2+4^2)$，所以 $K_g=0.78$，我们可以估算出 k 时刻的实际温度值是：23 ℃＋0.78×(25−23)℃＝24.56 ℃。可以看出，因为温度计的协方差比较小(比较相信温度计)，所以估算出的最优温度值偏向温度计的值。现在我们已经得到 k 时刻的最优温度值了，下一步就是要进入 $k+1$ 时刻，进行新的最优估算。在进入 $k+1$ 时刻之前，我们还要算出 k 时刻那个最优值(24.56 ℃)的偏差。算法如下：$[(1-K_g)×5^2]^{0.5}$℃＝2.35 ℃。这里的 5 ℃就是上面的 k 时刻预测的 23 ℃温度值的偏差，得出的 2.35 ℃就是进入 $k+1$ 时刻以后 k 时刻估算出的最优温度值的偏差(对应上面的 3 ℃)。卡尔曼滤波器就这样不断地把协方差递归，从而估算出最优的温度值。

2.卡尔曼滤波简介

卡尔曼滤波是解决以均方误差最小为准则的最佳线性滤波问题，它根据前一个估计值和最近一个观察数据来估计信号的当前值。它是用状态方程和递推方法进行估计的，而它的解是以估计值(常常是状态变量的估计值)的形式给出其信号模型，是从状态方程和测量方程得到的。

卡尔曼过滤中信号和噪声是用状态方程和测量方程来表示的,因此设计卡尔曼滤波器要求已知状态方程和测量方程。它不需要知道过去的全部数据,采用递推的方法计算。它既可以用于平稳和不平稳的随机过程,同时也可以应用于非时变和时变系统,因而它比维纳过滤有更广泛的应用。

3.卡尔曼滤波的递推公式

$$\hat{\boldsymbol{x}}_k = \boldsymbol{A}_k \hat{\boldsymbol{x}}_{k-1} + \boldsymbol{H}_k (\boldsymbol{y}_k - \boldsymbol{C}_k \boldsymbol{A}_k \hat{\boldsymbol{x}}_{k-1}) \tag{2-18-1}$$

$$\boldsymbol{H}_k = P'_k \boldsymbol{C}_k^{\mathrm{T}} (\boldsymbol{C}_k P'_k \boldsymbol{C}_k^{\mathrm{T}} + \boldsymbol{R}_k)^{-1} \tag{2-18-2}$$

$$P'_k = \boldsymbol{A}_k P_{k-1} \boldsymbol{A}_k^{\mathrm{T}} + \boldsymbol{Q}_{k-1} \tag{2-18-3}$$

$$P_k = (\boldsymbol{I} - \boldsymbol{H}_k \boldsymbol{C}_k) P'_k \tag{2-18-4}$$

4.递推过程的实现

如果初始状态 x_0 的统计特性 $E[x_0]$ 及 $\mathrm{var}[x_0]$ 已知,并令

$$\hat{x}_0 = E[x_0] = \mu_0$$

又

$$P_0 = E[(x_0 - \hat{x}_0)(x_0 - \hat{x}_0)^{\mathrm{T}}] = \mathrm{var}[x_0]$$

将 P_0 代入式(2-18-3)可求得 P'_1,将 P'_1 代入式(2-18-2)可求得 H_1,将此 H_1 代入式(2-18-1)可求得在最小均方误差条件下的 $\hat{x}_1$,同时将 P'_1 代入式(2-18-4)又可求得 P_1;由 P_1 又可求 P'_2,由 P'_2 又可求得 H_2,由 H_2 又可求得 $\hat{x}_2$,同时由 H_2 与 P'_2 又可求得 P_2……以此类推,这种递推计算方法用计算机计算十分方便。

▓▓▓ 四、实验内容 ▓▓▓

一个系统模型为

$$x_1(k+1) = x_1(k) + x_2(k) + w(k), k = 0, 1, \cdots$$
$$x_2(k+1) = x_2(k) + w(k)$$

同时有下列条件:

①初始条件已知且有 $\boldsymbol{x}(0) = [0,0]^{\mathrm{T}}$。

②$w(k)$ 是一个标量零均值白高斯序列,且自相关函数已知,为

$$E[w(j)w(k)] = \delta_{jk}$$

另外,我们有下列观测模型,即

$$y_1(k+1) = x_1(k+1) + v_1(k+1), \quad k = 0, 1, \cdots$$
$$y_2(k+1) = x_2(k+1) + v_2(k+1)$$

且有下列条件:

①$v_1(k+1)$ 和 $v_2(k+1)$ 是独立的零均值白高斯序列,且有

$$E[v_1(j)v_1(k)] = \delta_{jk}, E[v_2(j)v_2(k)] = 2\delta_{jk}, k = 0, 1, 2, \cdots$$

②对于所有的 j 和 k,$w(k)$ 与观测噪声过程 $v_1(k+1)$ 和 $v_2(k+1)$ 是不相关的,即

$$E[w(j)v_1(k)] = 0, E[w(j)v_2(k)] = 0, \quad j = 0, 1, 2, \cdots, k = 0, 1, 2, \cdots$$

我们希望得到由观测矢量 $\boldsymbol{y}(k+1)$,即 $\boldsymbol{y}(k+1) = [y_1(k+1), y_2(k+1)]^{\mathrm{T}}$ 估计状态矢量 $\boldsymbol{x}(k+1) = [x_1(k+1), x_2(k+1)]^{\mathrm{T}}$ 的卡尔曼滤波器的公式表示形式,并求解以下问题:

（1）求出卡尔曼增益矩阵，并得出最优估计 $x(k+1)$ 和观测矢量 $y(1),y(2),\cdots,y(k+1)$ 之间的递归关系。

（2）通过一个标量框图（不是矢量框图）表示出状态矢量 $x(k+1)$ 中元素 $x_1(k+1)$ 和 $x_2(k+1)$ 估计值的计算过程。

（3）用模拟数据确定状态矢量 $x(k)$ 的估计值 $\hat{x}(k/k)$，$k=0,1,\cdots,10$，并画出当 $k=0,1,\cdots,$ 10 时 $\hat{x}_1(k/k)$ 和 $\hat{x}_2(k/k)$ 的图。

（4）对于 $k=0,1,\cdots,10$，在同一幅图中画出真实值和在（3）中确定的 $x_1(k)$ 的估计值。对 $x_2(k)$ 重复这样的过程。当 k 从 1 变到 10 时，对每一个元素 $i=1,2$，计算并画出各自的误差图，即 $x_i(k)-\hat{x}_i(k/k)$。

（5）当 k 从 1 变到 10 时，通过用卡尔曼滤波器的状态误差协方差矩阵画出 $E[\varepsilon_1^2(k/k)]$ 和 $E[\varepsilon_2^2(k/k)]$，而 $\varepsilon_1(k/k)=x_1(k)-\hat{x}_1(k/k)$，$\varepsilon_2(k/k)=x_2(k)-\hat{x}_2(k/k)$。

（6）讨论一下（4）中你计算的误差与（5）中方差之间的关系。

▨ 五、实验报告要求 ▨

（1）列写本实验的卡尔曼增益矩阵；
（2）绘制本实验状态矢量估计的主要原理框图；
（3）分析状态误差协方差矩阵的变化情况；
（4）分析均方误差的变化情况。

▨ 六、思考题 ▨

如何将卡尔曼滤波跟具体过程相结合？建立相应的推导过程。

高级实验系列

实验十九　温湿度测量实验

▨ 一、实验目的 ▨

（1）掌握温度、湿度两种参数的测量方法；
（2）掌握模拟量测量模块、采集器设备使用方法、RS485 通信原理和 Modbus 协议；
（3）学会搭建数据测量系统。

▮二、实验设备▮

(1)温湿度传感器 1 个;

(2)EDA9017 模拟量测量模块 1 个;

(3)EDC-200N 无线测控终端数据采集器 1 个;

(4)计算机 1 台;

(5)空气开关 1 个;

(6)漏电开关 1 个;

(7)EDA 系列模块协议设置软件 1 套;

(8)RS485 转 USB 数据线 1 条;

(9)24 V 直流电源 1 个;

(10)导线若干。

▮三、实验原理▮

温湿度传感器输出 4～20 mA 模拟量信号,模拟量通过模拟量测量模块 EDA9017 进行转换,输出 RS485 信号。模拟量测量模块 EDA9017 通过 RS485 转 USB 与力控组态软件通信,通信遵循 Modbus 协议。上位机利用力控组态软件实现温湿度的实时监测。

1. Modbus 协议

Modbus 协议即一种应用在电子控制器上的通用语言。控制器相互之间、控制器经由网络和其他设备之间都可以基于 Modbus 协议通信。使用这个协议通信时,需要先分配好设备地址,否则无法完成信息的传输。

2. 模拟量测量模块

模拟量测量模块广泛应用在各种工业测试场合。它能测量压力、温度以及电量等变送器输出的电流与电压信号。模拟量测量模块支持 RS485 通信协议,可通过标准 Modbus-RTU 或 ASCII 通信协议,直接连接各组态软件或相关 Modbus-RTU 测试软件。常见连接类型如图 2-19-1 所示。

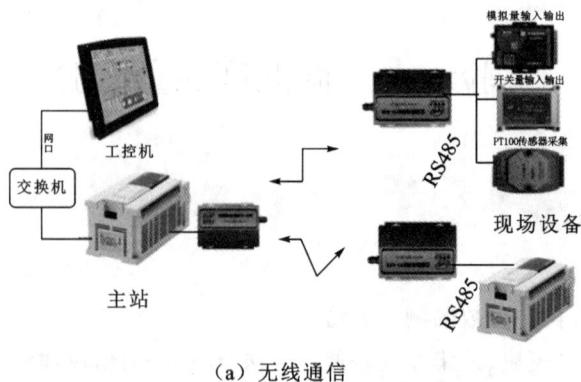

(a) 无线通信

图 2-19-1　模拟量测量模块常见连接类型

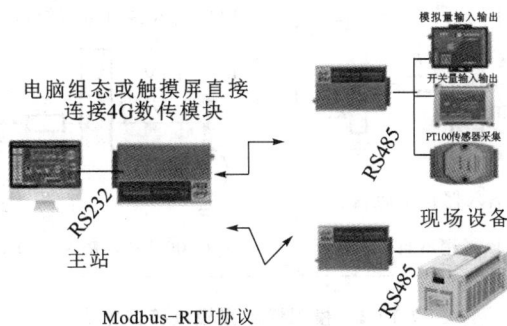

（b）RS232-RS485连接通信

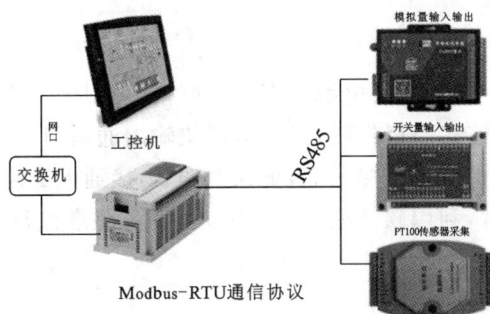

（c）USB-RS485连接通信

续图 2-19-1

实验所用的 EDA9017 模拟量测量模块引脚定义如表 2-19-1 所示，接口电路如图 2-19-2 所示。

表 2-19-1　EDA9017 引脚定义

引脚号	名称	描述	引脚号	名称	描述
1	GND	地	11	GND	地
2	UIN8	0~10 V 电压输入	12	IIN0	0~20 mA 电流输入
3	UIN9	0~10 V 电压输入	13	IIN1	0~20 mA 电流输入
4	UIN10	0~10 V 电压输入	14	IIN2	0~20 mA 电流输入
5	UIN11	0~10 V 电压输入	15	IIN3	0~20 mA 电流输入
6		保留	16	IIN4	0~20 mA 电流输入
7	A/T	RS485 接口信号正极，或 RS232 数据输出	17	IIN5	0~20 mA 电流输入
8	B/R	RS485 接口信号负极，或 RS232 数据输入	18	IIN6	0~20 mA 电流输入
9	Vcc	电源正，+8~24 V	19	IIN7	0~20 mA 电流输入
10	GND	电源负，地	20	GND	地

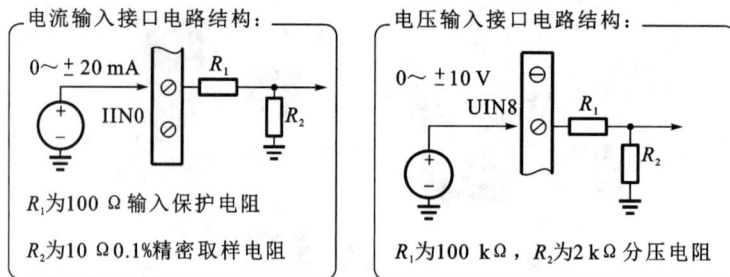

图 2-19-2 模拟量测量模块接口电路

■ 四、实验步骤 ■

(1)设备搭建。将各个设备所需电源线路连接好,把温湿度传感器的信号输出端与模拟量测量模块的一个输入通道连接,再将模拟量测量模块输出通道与采集器的一个输入通道对接。

(2)检查线路连接,确保线路连接正确,确保无误后,接通电源。

(3)打开力控组态软件,利用软件提供的功能,开发温湿度监测画面,并建立数据通信,观察温湿度两种数据的变化。

■ 五、实验报告要求 ■

(1)提交硬件搭建原理及综合布线图;

(2)提交组态软件开发工程备份文件;

(3)打印温湿度变化曲线图。

■ 六、思考题 ■

(1)模拟量测量模块是如何通过 RS485 转 USB 与力控组态软件通信的?

(2)数据采集器与力控组态软件如何进行通信?请简述其通信过程。

实验二十　流量测量实验

■ 一、实验目的 ■

通过本实验让学生学会利用 RS485 总线进行数据传输,熟悉力控组态软件的使用方法,能够通过组态软件开发类似变量的测控系统,为学生对与过程控制、信号处理相关课程的学习提供帮助,使学生对工业自动化控制有进一步的认识。

二、实验设备

(1)计算机 1 台；

(2)力控组态软件 1 套；

(3)远传水表 1 个；

(4)RS485/RS232 转换器 1 个；

(5)导线若干。

三、实验要求

(1)根据实验内容使用力控组态软件完成监测系统的开发；

(2)独立完成实验。

四、实验原理

1.远传水表

所用远传水表支持 GB/T 778.1、CJ/T 224 标准；通信协议执行 CJ/T 188 标准；通信接口型式为 RS485，可设置仪表通信物理地址，实现远程通信，通信波特率为 1200～9600 b/s；水表计数器为可拆卸式，可多方位安装；水温在额定工作条件规定范围以内时，最小流量（Q_1）与分界流量（Q_2，不包括 Q_2）之间的低区的水表最大允许误差为±5%；分界流量（Q_2，包括 Q_2）与过载流量（Q_4）之间的高区的水表最大允许误差为±2%；最大压力损失≤0.03 MPa；最大允许工作压力为 1 MPa；工作温度等级为 T30，最高极限工作温度为 60 ℃。根据水表采用的规约或标准条件，进行能耗数据采集器的参数设置，实现数据的正确采集。

2.RS485 总线

(1)RS485 的特性：逻辑"1"即表示两线间的电压差为+(2～6) V，逻辑"0"表示两线间的电压差为-(2～6) V。接口信号电平相对 RS232-C 降低，不易损坏电路元件，且该电平可以兼容 TTL 电平。

(2)RS485 的传输速率最高可达 10 Mb/s。

(3)由于采用平衡驱动器和差分接收器组合可以提高通信接口的抗共模干扰能力，所以，RS485 接口具有良好的抗噪声干扰能力。

(4)RS485 的通信距离与传输速率之间是反比关系，一般在最低 100 kb/s 的传输速率下可以达到的最大有效通信距离约 1219 m，若加入 RS485 中继器还可以提高传输距离。特制的 RS485 总线可以支持 400 个节点，普通的 RS485 总线一般仅支持 32 个节点。RS485 传输方式如图 2-20-1 所示，RS485 总线数据采集线路连接图如图 2-20-2 所示。

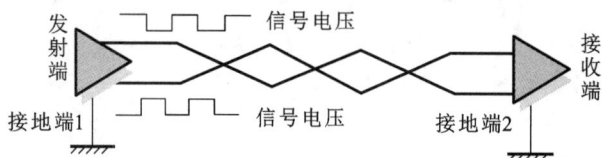

图 2-20-1　RS485 传输方式

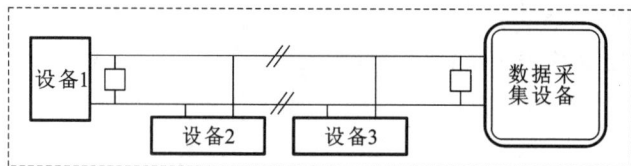

图 2-20-2　RS485 总线数据采集线路连接图

3. 能耗数据采集器

本实验采用中控 EDC-200 型能耗数据采集器,数据存储器容量(可选配 CF 卡)为 256 MB/512 MB/1 GB(可选);RS485/RS232(可选配置)通信口有 COM1、COM2、COM3、COM4 共 4 个,通信速率为 1200～115200 b/s;集成 GPRS;支持 Modbus 通信规约、DL/T 645《多功能电能表通信协议》、CJ/T 188《户用计量仪表数据传输技术条件》;4 路模拟量输入,输入类型为 0～10 mA、4～20 mA、0～5 V、0～10 V,精度为全量程的 ±0.1%,通道 1 接入电流信号时,"A0＋"接电流信号的正端,"B0－"接电流信号的负端。使用配套的能耗数据采集器管理软件对流量的监测参数进行配置。

4. 力控组态软件

力控组态软件是一种可以实现现场数据实时采集与控制的专用软件,具有图形化编程的简单直观的优点,优秀的用户开发界面和便捷的参数设定方式使得力控组态软件适用于大部分的工业控制场合。力控组态软件的结构如图 2-20-3 所示,主要包括了 IO 采集器 IOServer、人机界面 VIEW 和实时数据库 RTDB 等组件,其中实时数据库为力控组态软件的核心。

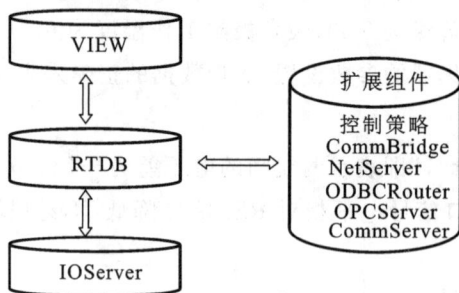

图 2-20-3　组态软件结构

▐ 五、实验内容 ▐

(1)完成远传水表、能耗数据采集器与上位机之间的线路连接;

(2)使用能耗数据采集器的配套软件进行监测流量参数的配置;

(3)利用力控组态软件,开发完成流量的监测系统。

▉六、实验报告要求▉

(1)打包并提交所开发的监测系统,包括监测数据的界面截图;

(2)记录所监测的流量数值,观察流量的变化与波动情况并进行分析。

▉七、思考题▉

(1)通过本实验,分析力控组态软件在数据监测方面的特点。

(2)RS485 与 RS232 总线通信转换的原理是什么?

(3)数据采集器如何与组态软件进行通信? 请简述其通信原理。

实验二十一 电量测量实验

▉一、实验目的▉

(1)掌握电量测量设计原理;

(2)掌握基于 RS485 总线的工业控制协议——DL/T 645—2007 通信协议;

(3)了解和掌握采集器的基本使用方法以及对数据参数的评估办法;

(4)熟悉利用力控组态软件对数据进行处理的方法。

▉二、实验设备▉

(1)计算机 1 台;

(2)力控组态软件 1 套;

(3)多功能电表 1 个;

(4)RS485/RS232 转换器 1 个;

(5)数据采集器 1 个;

(6)采集器管理软件 1 套;

(7)导线若干;

(8)水泵 1 个。

▉三、实验原理▉

1. DL/T 645—2007 通信协议

该协议采用 RS485 标准串行电气接口,RS485 标准串行电气接口的基本性能要求如下:

（1）驱动与接收端的耐静电（ESD）程度为 ±15 kV。

（2）共模输入电压：−7～+12 V。

（3）差模输入电压：大于 0.2 V。

（4）驱动输出电压：1.5～5 V（负载阻抗 54 Ω）。

（5）三态方式输出。

（6）半双工通信方式。

（7）不小于 32 个同类接口的驱动能力。

（8）在传输速率不大于 100 kb/s 的情况下，有效传输距离不小于 1200 m。

（9）由数据终端提供隔离电源，总线无源。

2. 数据采集器

数据采集器支持 CDMA/GPRS 通信方式，是一体化集成且可以实现稳定远程无线通信功能的系统，具有实时的监控能力、丰富的操作指令、强大的远程维护功能，以及安全可靠的现场安装性，能够本地保存长期测控数据。终端提供 RJ45、RS485、RS232 等通信接入，并提供标准电气信号的输入或输出（如模拟量输入/输出、开关量输入/输出）。终端提供交流 110/220(1±10%) V 供电接口，推荐使用 220 V 供电。终端启动方法为：首先接入电源线、信号线、网线等，检查无误后，即可上电开机。电源指示灯点亮之后，等待约 1 min 后可以看到"RUN"指示灯隔 1 s 点亮一次，说明系统开启正常。无线测控终端数据管理软件提供了采集器监控、采集器配置、采集点监控以及采集点配置等功能。配置完成后，还可以通过该软件实时显示现场测试设备的工作状态和数据。该软件的具体配置情况如下。

（1）采集器信息配置。采集器信息的配置主要为中心服务器的 IP 及端口、端口配置参数。在本测量系统中，多功能表的波特率、数据位、检验位、停止位、数据流控制分别设置为 1200、8、无、1、无，端口选择 COM1。

（2）采集器参数设置。采集器设置参数主要有服务器 IP、端口、采集数据自动保存周期等。采集器的自动保存周期可以根据具体情况选择，在本监测系统中，设为 10 min。在本实验中由于 IP 地址和端口不需要连接外网，可选择默认。

（3）仪表信息配置。仪表信息就是测量设备多功能电表的信息，采集器管理软件可以根据其支持的通信协议、仪表地址、接口挂接点等信息进行相关的仪表配置。

（4）采集点信息配置。在采集器管理软件中，根据监测点所属仪表的类型对测量设备进行采集点信息配置。

▨▨ 四、实验内容 ▨▨

本实验以水泵为测量对象，利用多功能电表和组态软件设计水泵用电量的测量方案。

熟悉实验设备的参数以及相关特性，分析被控对象特性，拟定测量方法；根据测量方法连接线路，检查并确定线路连接完好，仔细分析整个测量过程，保证整个实验过程的安全；根据所提供设备，利用力控组态软件设计一个电量测量系统，完成电量参数处理和分析过程，并能够模拟展示数据动态变化过程；接通电源，并启动水泵，观察电量参数的数据变化情况。

五、实验报告要求

(1)简述本实验目的和原理;

(2)提交硬件搭建原理及综合布线图;

(3)打印电量变化曲线;

(4)写一份本实验的心得体会。

六、思考题

数据采集器与多功能电表如何连接并采集数据? 请简述其过程。

实验二十二　模拟量控制实验

一、实验目的

(1)理解自动控制系统的原理;

(2)掌握水泵、直流风机、温湿度传感器及流量调节阀等实验设备的使用方法;

(3)学会使用西门子 PLC 对流量调节阀的模拟量进行控制,并能够使用组态软件开发用于实验的自动控制系统的上位机监控界面。

二、实验设备

(1)硬件:计算机 1 台,西门子可编程逻辑控制器 S7-200 1 个、微型水泵 CSP24120 1 个、电动调节阀 SR13G21520A1-E 1 个、直流风机 1 个、温湿度传感器 4 个、继电器 1 个、流量传感器 2 个、A/D 转换模块 1 个、变压器 1 个、电气柜 1 个、线槽及其卡槽若干、12 V DC 电源和 24 V DC 电源各 1 个、RS485/RS232 转换器 1 个、空气开关 1 个、导线若干。

(2)软件:STEP 7-Micro/WIN V4.0 incl. SP6 编程软件 1 套、力控 ForceControl 6.0 软件 1 套、EDA 系列模块协议设置软件 1 套、HL-340 驱动软件 1 套。

三、实验要求

(1)预习实验原理;

(2)提前学习并掌握西门子 PLC 编程软件、力控组态软件的使用方法;

(3)根据实验内容使用力控组态软件完成监测系统的开发;

(4)独立完成实验。

四、实验原理

1. 电动调节阀

实验所用的电动调节阀的阀体结构为球阀,该调节阀具有以下优点:双向浮点比例式控制;良好的温度控制精度;可选用多种不同交流电压驱动;定时保护装置能够确保电机工作可靠、使用寿命长;内置电子卡片,接收 0～10 V 或 4～20 mA 直流控制信号;驱动器与阀体固定方便,装配灵活。

2. 西门子 S7-200 PLC

西门子 S7-200 PLC 主机有 14 个输入点和 10 个输出点,通信接口为 RS485 接口,可以用 USB/PPI 通信电缆与上位机连接。S7-200 PLC 可以介入开关量 I/O 单元或模拟量单元,本实验扩展了 2 个模拟量模块,1 个 4 输入 1 输出模拟量混合模块 EM235,1 个 2 输出模拟量模块 EM232。西门子 S7-200 PLC 模拟量控制示例如图 2-22-1 所示。

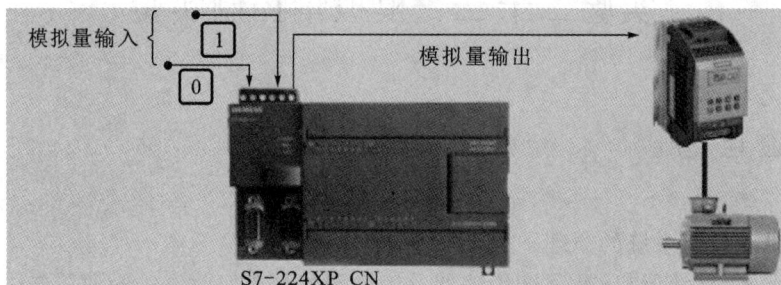

图 2-22-1 西门子 S7-200 PLC 模拟量控制示例

五、实验内容

(1)搭建实验平台,完成电动调节阀、西门子 S7-200 PLC 与上位机之间的线路连接;

(2)使用 STEP 7-Micro/WIN 编写程序;

(3)利用力控组态软件,完成 PLC 模拟量监控系统。

六、实验报告要求

(1)写一份关于 PLC 从理论学习到实验应用的心得体会;

(2)提交所编写的 PLC 控制程序以及所开发的监控平台,完成流量控制的数据截图;

(3)记录流量的变化值并分析其与 PLC 控制量之间的关系;

(4)阐述利用组态软件搭建监控平台的优点。

七、思考题

(1)通过本实验,分析 PLC 与组态软件组成的监控系统的控制方式相比于传统的控制开关控制方式的优势。

(2)西门子 PLC 是如何与组态软件进行通信的？请简述其通信原理。

实验二十三 运动控制实验

一、实验目的

(1)理解运动控制系统的构成以及各组成部分的原理；

(2)掌握电机控制的方法，能够控制电机进行直线运动；

(3)掌握闭环运动控制的原理，了解运动控制中的反馈。

二、实验设备

(1)PXI 机箱 1 个；

(2)PXI-7354 运动控制器 1 个；

(3)MID-7602 双轴集成式步进电机驱动器 1 部；

(4)N31HRLG-LNK-NS-00 步进电机 1 个；

(5)LabVIEW 软件 1 套。

三、实验要求

(1)运动控制是机械工程的基础，必须深入了解运动控制系统的构成，电机、驱动器、运动控制卡、运动控制软件的原理和使用方法；

(2)掌握搭建一个运动控制系统的方法，包括硬件连接和软件配置；

(3)掌握设计闭环控制系统的方法，包括如何在系统中使用反馈，以及系统传递函数的设计。

四、实验原理

1. 运动控制概述

运动控制是对机械运动部件的位置、速度等进行实时的控制管理，使其按照预期的运动轨迹和规定的运动参数进行运动。运动控制起源于早期的伺服控制，伴随着数控技术、机器人技术和工厂自动化技术的发展而发展。

运动控制的基本原理是通过传感器获取机械设备的运动状态，然后根据预设的控制算法对输入信号进行处理，生成控制信号，驱动执行机构（如伺服电机、步进电机等）实现对机械设备的精确控制。在这个过程中，PLC 作为核心控制器，负责接收和处理各种传感器信号，执行控制逻辑，并发出控制指令。

2. 运动控制系统组件

运动控制系统基本组成如图 2-23-1 所示。

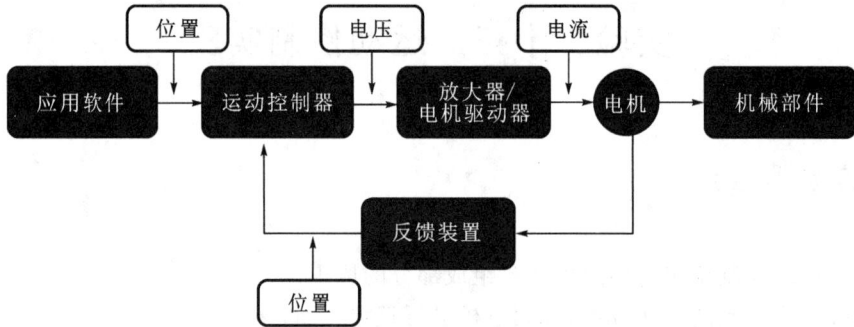

图 2-23-1 运动控制组件图

运动控制器将信号(通常是 ±10 V,或者步进信号与方向信号)通过放大器或者电机驱动器传到电机。放大器的任务就是从控制器接收信号,然后将它们变成可以驱动电机转动的信号。随着电机运转,反馈装置(通常是位置传感器)会将位置信息反向传递至运动控制器,构成闭环控制环。运动控制器通过位置传感器获取电机的位置信息,从而推算出电机的移动速度。有些应用中需要有多个反馈装置,以保证该电机所驱动的机械系统能够准确运行。

3. 运动控制器工作原理

运动控制器工作原理如图 2-23-2 所示。运动控制器就像是运动控制系统的大脑,它要计算每个预定运动的轨迹,因此它需要反馈装置和传感器提供的信息以保证高度的确定性。运动控制器利用其所计算出来的运动轨迹来决定合适的扭矩命令,然后将扭矩命令发送至放大器,从而驱动电机产生运动。控制器还必须通过监测限制条件和紧急制动条件来关闭控制环并处理监控,从而保证系统安全。这些操作都必须实时实现,以确保有效运动控制系统所必需的高度可靠性、确定性、稳定性和安全性。

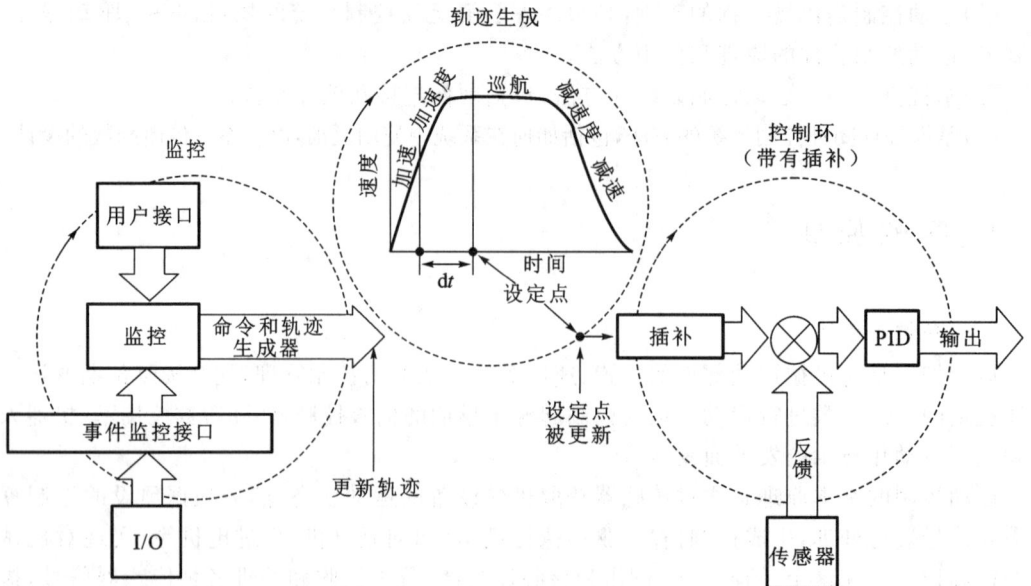

图 2-23-2 运动控制器工作原理

五、实验内容与步骤

1.系统连接

运动控制系统连接框图如图 2-23-3 所示,系统主要由运动控制器、驱动器和步进电机组成。运动控制器和驱动器通过专用线缆连接,而驱动器与电机则通过铜导线连接。驱动器 MID-7602 接线端如图 2-23-4 及图 2-23-5 所示。

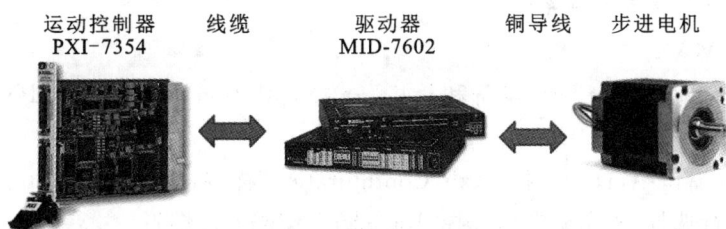

运动控制器　　线缆　　　驱动器　　铜导线　　步进电机
PXI-7354　　　　　　　　MID-7602

图 2-23-3　运动控制系统连接框图

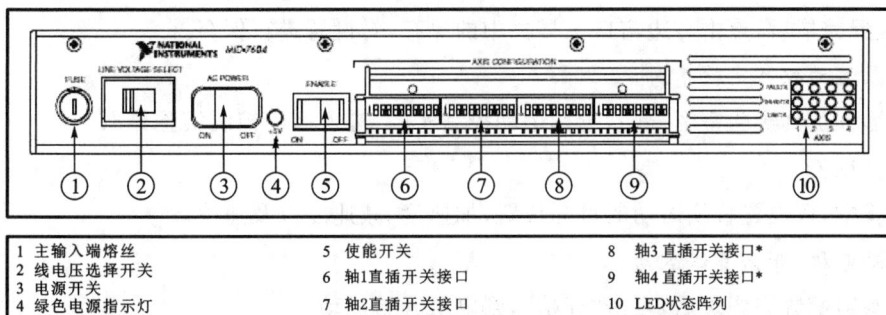

1 主输入端熔丝	5 使能开关	8 轴3直插开关接口*
2 线电压选择开关	6 轴1直插开关接口	9 轴4直插开关接口*
3 电源开关	7 轴2直插开关接口	10 LED状态阵列
4 绿色电源指示灯		

图 2-23-4　MID-7602 步进电机驱动器接线端(前部)

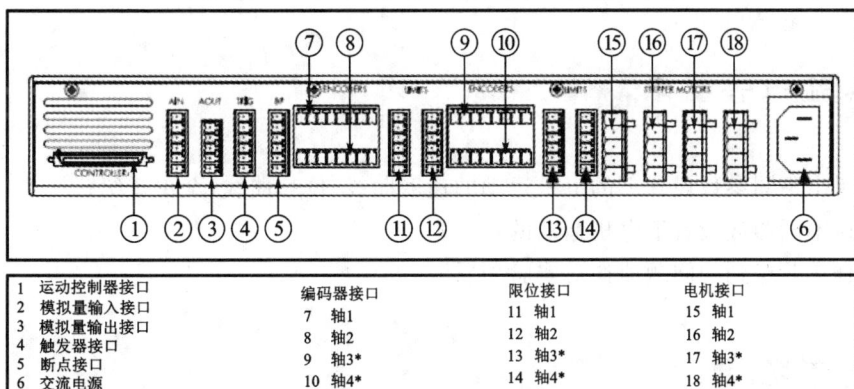

1 运动控制器接口	编码器接口		限位接口	电机接口
2 模拟量输入接口	7	轴1	11 轴1	15 轴1
3 模拟量输出接口	8	轴2	12 轴2	16 轴2
4 触发器接口	9	轴3*	13 轴3*	17 轴3*
5 断点接口	10	轴4*	14 轴4*	18 轴4*
6 交流电源				

图 2-23-5　MID-7602 步进电机驱动器接线端(后部)

MID-7602 步进电机驱动器与电机之间连接方式如图 2-23-6 所示。

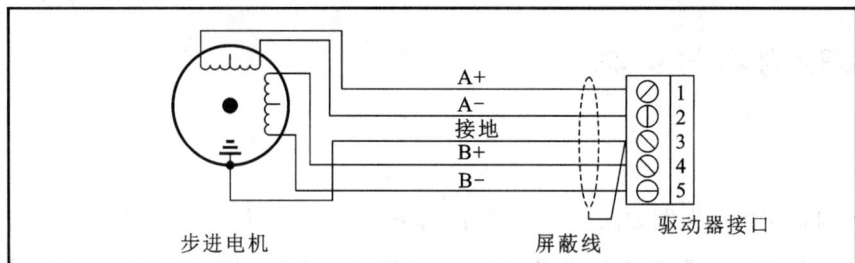

图 2-23-6 MID-7602 步进电机驱动器与步进电机的接线图

2. 在软件中配置运动控制系统

(1)打开 NI MAX;

(2)依次展开"我的系统"→"设备和接口"→"NI Motion Devices"→"PXI-7354"→"Default 7354 Settings"→"Axis Configuration";

(3)在右边的窗口中,首先选择"Axis Configuration"标签,Type 选择"Stepper",Feedback 根据实际情况进行选择,本实验默认选择"Encoder"(编码器反馈);

(4)然后选择"Stepper Settings"标签,设置步进电机的参数;

(5)如果采用了编码器,则继续点击左边"Encoder Settings",对编码器参数进行设置;

(6)设置完毕后,点击右边窗口工具栏中的保存,对设置进行保存。

3. 登录运动控制实验界面

打开远程仿真实验室客户端,选择运动控制实验,进入运动控制实验界面。

4. 参数设置

在实验中,可设置直线运动的目标位置、加速度、减速度以及速度。

5. 启动电机,开始直线运动

电机参数配置完毕之后,点击"开始",则电机开始运动。

6. 实验完成

实验完成后,点击"停止采集"和"实验完成"按钮,退出实验界面。

六、实验报告要求

(1)打印出不同参数设置下的电机运动的速度曲线、位移曲线,至少 5 组;

(2)分析不同参数设置下电机运动的效果;

(3)结合实验遇到的问题谈谈对实验的看法。

七、思考题

(1)如果把步进电机换成伺服电机,此实验的哪些步骤需要做出更改?需要如何做出更改?

(2)如果电机要进行曲线运动,系统又该如何设置?

实验二十四 温度测试实验

一、实验目的

(1)理解热电偶的工作原理;

(2)掌握使用热电偶进行温度测试的方法;

(3)掌握分析被测对象受热情况的方法。

二、实验设备

(1)PXI 机箱与控制器各 1 个;

(2)PXIe-4353 模块 1 块;

(3)热电偶 1 个;

(4)LabVIEW 软件 1 套。

三、实验要求

(1)理解热电偶的构造,熟悉不同类型热电偶之间的区别以及应用场合;

(2)掌握热电偶的测温原理;

(3)掌握使用 PXIe-4353 进行热电偶测试的电路连接方法以及软件使用方法;

(4)掌握温度分析的技能。

四、实验原理

1. 热电偶概述

热电偶是工业上最常用的温度检测元件之一,图 2-24-1 所示的是一些常见的热电偶。

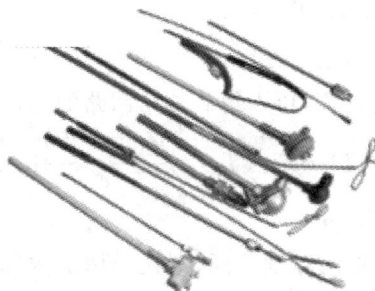

图 2-24-1 常见热电偶

热电偶通常和显示仪表等配合使用,测量各种生产过程中−40~1800 ℃范围内的液体、蒸汽和气体介质以及固体表面的温度。其优点为:①测量精度高;②测量范围广;③构造简单,使用方便。

2.热电偶的种类及结构

热电偶可分为标准热电偶和非标准热电偶两大类。

标准热电偶是指国家标准规定了其热电势与温度的关系、允许误差,并有统一的标准分度表的热电偶,它有与其配套的显示仪表可供选用。非标准热电偶在使用范围或数量级上均不及标准化热电偶,一般也没有统一的分度表,主要用于某些特殊场合的测量。

3.热电偶工作原理

两种不同成分的导体(称为热电偶丝材或热电极)两端接合成回路,当接合点的温度不同时,在回路中就会产生电动势,这种现象称为热电效应,而这种电动势称为热电动势。热电偶就是利用这种原理进行温度测量的,其中,直接用作测量介质温度的一端称为工作端(也称为测量端),另一端称为冷端(也称为补偿端);冷端与显示仪表或配套仪表连接,显示仪表会显示出热电偶所产生的热电动势。热电偶工作原理如图 2-24-2 所示。

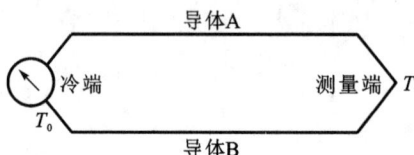

图 2-24-2 热电偶工作原理

4.热电偶电动势计算

热电偶在进行电动势计算时,主要需要考虑接触电动势和温差效应导致的温差电动势。下面详细介绍这两种电动势的计算方法。

1)接触电动势

互相接触的两种金属导体内部因自由电子密度不同,当接触时两种导体在接触界面上会发生电子扩散。电子扩散的速率与自由电子的密度及金属所处的温度成正比。接触电动势的表达式如下:

$$E_{AB}(T) = \frac{KT}{e} \ln \frac{N_A}{N_B}$$

式中:K——玻尔兹曼常数,$K=1.38×10^{-23}$ J/K;

T——接触界面处的温度;

e——电子电荷量,$e=1.60×10^{-19}$ C;

N_A,N_B——金属 A、B 的自由电子密度。

将 T、T_0 的电动势分别进行计算,可以得到整个回路的总接触电动势为

$$E_{AB}(T) - E_{AB}(T_0) = \frac{K(T-T_0)}{e} \ln \frac{N_A}{N_B}$$

2)温差电动势

一根匀质的金属导体,若两端的温度不同,则在导体的内部产生电动势,这种电动势称为温差电动势。温差电动势的形成是由于温度高的一端自由电子的动能大于温度低的一端自由电子的动能,高温端自由电子必然向低温端方向迁移。同样,高温端失去自由电子带正电,低

温端得到电子带负电,内部形成电动势。这种迁移也会达到动态平衡。温差电动势的表达式如下:

$$E_A(T, T_0) = U_{AT} - U_{AT_0} = \frac{K}{e} \int_{T_0}^{T} \frac{d(N_{AT}, T)}{N_{AT}} dT$$

$$E_B(T, T_0) = U_{BT} - U_{BT_0} = \frac{K}{e} \int_{T_0}^{T} \frac{d(N_{BT}, T)}{N_{BT}} dT$$

3)热电偶总电动势

$$E_{AB}(T, T_0) = E_{AB}(T) - E_{AB}(T_0) - E_A(T, T_0) + E_B(T, T_0)$$

$$= \frac{K(T - T_0)}{e} \ln \frac{N_A}{N_B} + \frac{K}{e} \int_{T_0}^{T} \Big[\frac{d(N_{AT}, T)}{N_{AT}} - \frac{d(N_{BT}, T)}{N_{BT}} \Big] dT$$

五、实验内容与步骤

1.信号连接

使用 PXIe-4353 模块进行温度测试实验,配合 TB-4353 接线盒。接线盒 TB-4353 连接到 PXIe-4353 模块的总线接口上,远程仿真实验默认已经连接好。PXIe-4353 模块有 32 路输入,能够连接 32 个热电偶,接线端子上分别用 TC0～TC31 表示。在连接的时候,只需要把热电偶按照序号依次连接即可。

2.热电偶的放置

根据测试的需要选择热电偶的数量以及测量位置,在实际应用中,需要让热电偶的测量端尽量靠近热源。

3.登录应变测试实验界面

打开远程仿真实验室客户端,选择温度测试实验,进入温度测试实验界面。

4.参数设置

(1)输入范围配置。

根据热电偶的测量范围设置测量的最小值、最大值。

(2)热电偶类型配置。

根据实际使用的热电偶来设置热电偶类型。

(3)热电偶参数设置。

根据实际应用设置冷端补偿源和冷端补偿的值。

(4)定时设置。

定时设置用于设置采样率、每次循环采样点数。可以根据热电偶的特性进行选择。

5.开始采集并记录波形

参数设置完毕之后,点击"开始采集",获取温度输出波形。

6.观察 PXIe-4353 模块

改变 PXIe-4353 模块控制的 CPU 占用率,观察其电源的温度变化,根据输出波形分析 PXI 控制器电源温度与工作状态之间关系。

7.启用自动归零

启用自动归零,比较自动归零功能启用前后测试结果之间的差异。

8. 实验完成

实验完成后,点击"停止采集"以及"实验完成"按钮,退出实验界面。

■六、实验报告要求■

(1)打印出温度的时域曲线。

(2)分析不同 CPU 占用率与电源温度之间的关系。

(3)比较自动归零功能启用前和启用后实验结果的差别。

(4)结合实验遇到的问题谈谈对实验的看法。

■七、思考题■

(1)列举常用的热电偶类型,分别描述不同热电偶类型之间的区别以及应用场合。

(2)在做温度测试时,如何确定使用热电偶的数量?

■八、实验改进(选做)■

使用多个热电偶,分别测量 PXI 控制器机箱不同部位的温度,绘出机箱的温度分布图。

实验二十五　应变测试实验

■一、实验目的■

(1)理解应变片的工作原理;

(2)掌握基于电桥的应变测试方法;

(3)掌握应变分析方法。

■二、实验设备■

(1)PXI 机箱和控制器各 1 个;

(2)PXIe-4330 模块 1 块;

(3)应变计 1 个;

(4)LabVIEW 软件 1 套。

三、实验要求

(1)理解应变片的工作原理,应变片的类型,应变片参数(灵敏度、泊松比)的意义。

(2)掌握 1/4 桥、半桥、全桥测试应变的电路连接方法以及激励电压的设置方法,掌握调零和分流校准的原理和设置方法。

(3)理解 1/4 桥、半桥、全桥测试应变的应用场合,可以根据不同的应用场合选择相应的电桥类型、应变片类型。

(4)根据实验数据,讨论分析被测对象应力情况。

四、实验原理

应变测量是材料和结构力学性能试验中的一项基本任务,是了解材料在力学载荷等因素作用下的变形、损伤和失效行为的基础,对于确定结构设计许用值、结构寿命预测和评估等均有重要价值。

应变测量方法主要包括电测法、光测法、声发射法、脆性涂层法、应变机械测量法等。其中以电测法和光测法应用最为广泛。本实验使用电测法测量应变。

电测法中应用最广泛的是电阻应变测试法,其基本原理是用电阻应变片测定构件表面的线应变,再根据应变-应力关系确定构件表面应力状态的一种实验应力分析方法。

1.电阻应变片

在测试时,将应变片用黏合剂牢固地粘贴在被测试件的表面,随着试件受力变形,应变片的敏感栅也获得同样的变形,从而使其电阻的阻值随之发生变化,而此电阻的阻值变化是与试件应变成比例的,因此通过一定测量线路将这种电阻的阻值变化转换为电压值或电流值变化,就能知道被测试件应变量的大小。通常情况下检测到的应变都会比较小,相应的电阻变化也会相当小,要测量这么小的变化量就需要采用信号调理方法来保证测量精度。

电阻应变片按材质不同分为金属电阻应变片和半导体电阻应变片,本实验使用金属电阻应变片。金属电阻应变片又分为丝式、箔式、薄膜式三种。

金属丝式电阻应变片的典型结构见图 2-25-1。它主要由粘贴层 1、3,基底 2、盖片 4,敏感栅 5,引出线 6 构成。

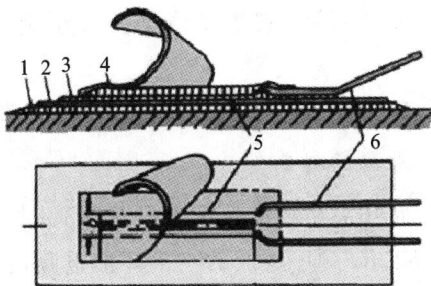

图 2-25-1　金属丝式电阻应变片典型结构

　　金属箔式电阻应变片与金属丝式电阻应变片不同的是,其敏感栅是用栅状金属箔片代替栅状金属丝。金属箔栅采用光刻技术制造,具有线条均匀、尺寸准确、阻值一致性好、传递试件应变性能好等优点,因此,目前使用的多为金属箔式电阻应变片,其结构见图2-25-2(a)。

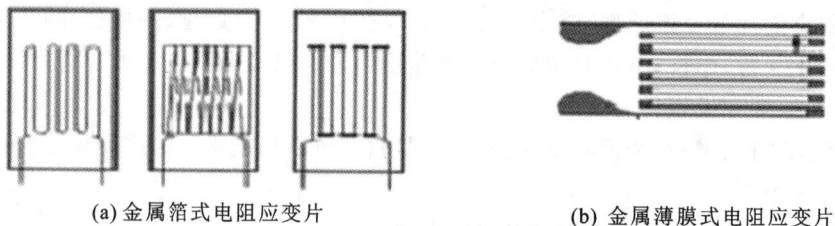

(a) 金属箔式电阻应变片　　　　　　　　　(b) 金属薄膜式电阻应变片

图 2-25-2　金属箔式电阻应变片和金属薄膜式电阻应变片

　　金属薄膜式电阻应变片的敏感栅是以蒸镀或溅射法沉积的金属、合金薄膜制成的。其厚度一般在 $0.1~\mu m$ 以下,通常是将薄膜式应变片与传感器的弹性体制成一个不可分割的整体,即在传感器弹性体的应变敏感部位表面沉积很薄的绝缘层,然后在绝缘层上面沉积薄膜应变片,再覆上一层保护层。由于薄膜式应变片与传感器的弹性体之间只有一层超薄绝缘层(厚度仅为几个纳米),很容易通过弹性体散热,因此允许通过比其他种类应变片更大的电流,并可以获得更高的输出和更佳的稳定性。

　　2. 应变片工作原理

　　金属电阻应变片的工作原理是电阻应变效应,即敏感栅在受到应力作用时,其电阻值随着所发生机械变形(拉伸或压缩)的大小而发生相应的变化。电阻应变效应的理论公式如下:

$$R = \rho L / S \tag{2-25-1}$$

式中:ρ——电阻率($\Omega \cdot mm^2/m$);

　　　L——敏感栅的长度(m);

　　　S——敏感栅的截面积(mm)。

　　由式(2-25-1)可知,敏感栅在承受应力而发生机械变形的过程中,ρ、L、S 三者都要发生变化,从而必然会引起应变片电阻值的变化。当敏感栅受外力拉伸时,长度增加,截面积减小,电阻值增加;当敏感栅受压力压缩时,长度减小,截面积增大,电阻值减小。因此,只要能测出电阻值的变化,便可得出敏感栅的应变情况。这种转换关系为

$$\Delta R / R = K_0 \varepsilon$$

式中:ΔR——金属丝电阻值的变化量;

　　　K_0——金属材料的应变灵敏系数,它主要由试验方法确定,且在弹性极限内基本为常数;

　　　ε——金属材料的轴向应变值,即 $\Delta L/L$,因此又称长度应变值。

　　3. 应变测量

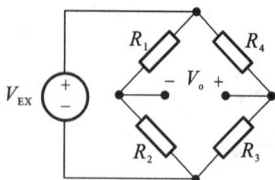

图 2-25-3　惠斯通电桥

　　常用惠斯通电桥来实现应变测量。惠斯通电桥是由电阻 R_1、R_2、R_3、R_4 顺序连成的一个环形电路,在环形的一对对角上接直流电源作为激励,在另外一对对角之间接输出负载,R_1、R_2、R_3、R_4 称为电桥的桥臂,如图2-25-3所示。

当 $R_1/R_2 = R_3/R_4$ 时，$V_o = 0$。这种状态称为桥路平衡。任何一个桥臂上的电阻值发生变化时，都会导致桥路不平衡，桥路就会有电压输出。

现在将 R_4 替换为应变片，应变片阻值大小为 R_G，同时使桥臂上另外三个电阻的阻值为 $R_1 = R_2 = R_3 = R_G$，如图 2-25-4 所示。

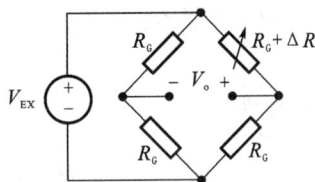

图 2-25-4 加入应变片后的惠斯通电桥

那么桥路的输出电压 V_o 为

$$V_o = \left[\frac{\Delta R}{2(2R_G + \Delta R)} \right] \cdot V_{EX}$$

式中：ΔR——应变片阻值变化量；

$\quad\quad R_G$——应变片阻值；

$\quad\quad V_{EX}$——惠斯通电桥输入电压。

根据惠斯通电桥桥路平衡原理，当应变片没有产生应变时桥路输出电压 V_o 为零，而当材料产生应变时应变片阻值亦发生变化。当材料产生应变时，以 ΔR 表示应变片阻值变化量，根据 V_o 的计算方法，此时桥路电压存在如下关系式：

$$\frac{V_o}{V_{EX}} = -\frac{GF \times \varepsilon}{4} \left(\frac{1}{1 + GF \times \frac{\varepsilon}{2}} \right)$$

式中：GF——应变计因子，用于表示应变灵敏度；

$\quad\quad \varepsilon$——应变，它是材料长度的变化与原长度的比值。

它们的计算方法如下：

$$GF = \frac{\Delta R/R}{\Delta L/L} = \frac{\Delta R/R}{\varepsilon}$$

$$\varepsilon = (\Delta R/R_G)/GF$$

金属应变计的 GF 通常约为 2。通过传感器厂商或相关文档可获取应变计的实际 GF。

五、实验内容与步骤

1. 信号连接

使用 PXIe-4330 模块进行实验，首先确认 PXIe-4330 的接线盒 TB-4330 已经与 PXIe-4330 连接好。

2. 应变片粘贴

当选定了桥路的连接方式之后，将应变片粘贴到被测对象相应的位置。

3.进入应变测试实验界面

打开远程仿真实验室客户端,选择"应变测试实验",进入应变测试实验界面。

4.参数设置

(1)输入范围配置。

根据应变片的测量范围设置最小值、最大值。

(2)配置桥路类型。

在"应变配置"输入框选择桥路类型。

(3)配置激励电压。

在"电压激励源"项选择仪器内部激励或者外部激励,在"电压激励值"项选择或输入激励电压值。

(4)配置应变计信息。

在"Gage 因子"项输入应变片灵敏度,在"额定应变计电阻"项和"Poisson 比"项分别输入应变计电阻以及泊松比值,这些参数都能够从应变计生产厂商获取。

5.采集记录波形

参数设置完毕之后,点击"开始采集"按钮,获得应变输出波形。

6.分析被测对象的受力情况

根据输出波形分析被测对象的受力情况。

7.启用失调清零和分流校准功能

启用失调清零和分流校准功能,观察这两个功能启用之后,测试结果受到的影响。

┃ 六、实验报告要求 ┃

(1)打印出应力的时域曲线;

(2)根据应力曲线给出被测对象受力情况的分析;

(3)比较失调清零和分流校准功能启用前和启用后实验结果的差别;

(4)结合实验遇到的问题谈谈对实验的看法。

实验二十六　伺服电机控制实验

┃ 一、实验目的 ┃

(1)了解伺服电机的工作原理,工作特性;

(2)熟悉脉冲宽度调制(PWM)波频率及占空比对伺服电机工作的影响,以及不同 PWM 波对应伺服电机工作情况;

(3)理解标准伺服电机和连续工作伺服电机之间的区别。

▍二、实验设备▍

(1)PXI 机箱和控制器各 1 个；

(2)伺服电机 GWS S03N STD 1 部；

(3)M-F 跳线若干个；

(4)NI myRIO 机电实验平台 1 套；

(5)LabVIEW 软件 1 套。

▍三、实验原理▍

1.伺服电机转速控制原理

直流电机转速与电机的电枢端电压与电枢电流密切相关,而调节直流电机等效工作电压是实现电机转速实际控制的常用方法。PWM 方法是用来改变等效工作电压的常用方法。PWM 方法涉及两个很重要的参数:频率和占空比。频率是 PWM 信号周期的倒数;占空比是高电平在一个周期内所占的比例。电机转速控制实际上是通过改变 PWM 占空比来改变电机等效工作电压,从而实现电机转速控制。PWM 占空比大小决定了电机转速大小。

本实验所用的伺服电机是一种典型的直流电机,其转速控制主要采用 PWM 方法。本实验的伺服电机转速控制将在 NI myRIO 机电测控平台上进行。伺服电机会根据输入指令调节偏移角度,该指令对应脉冲信号的脉宽在 1.0～2.0 ms 之间。该脉宽的中间值(1.5 ms)控制电机转动至中间位置。伺服电机需要 NI myRIO 提供 5 V 电源供电,以及一个 PWM 信号。

2.基于 LabVIEW 的伺服电机转速编程控制原理

myRIO 机电测控平台包含实时操作系统和 LabVIEW 运行时库,可直接运行 LabVIEW 程序。本实验将利用上位机(PC)和 LabVIEW 软件编制伺服电机转速控制程序,并下载到 myRIO 测控平台运行,进而实现电机转速控制。转速控制程序主要采用 LabVIEW 软件提供的 PWM 子程序实现。

▍四、实验内容与步骤▍

1.连接电路

本实验所使用伺服电机型号为 GWS S03N STD,伺服电机连接至 NI myRIO MXP Connector B,具体步骤如下。

(1)将伺服电机的 Vcc(红)连接至 NI myRIO MXP Connector B 的＋5V[1];

(2)将伺服电机的 Ground(黑)连接至 NI myRIO MXP Connector B 的 GND[6];

(3)将伺服电机的 Command Signal(白)连接至 NI myRIO MXP Connector B 的 PWM0[27]。

伺服电机 GWS S03N STD 与 NI myRIO 连线如图 2-26-1 所示。

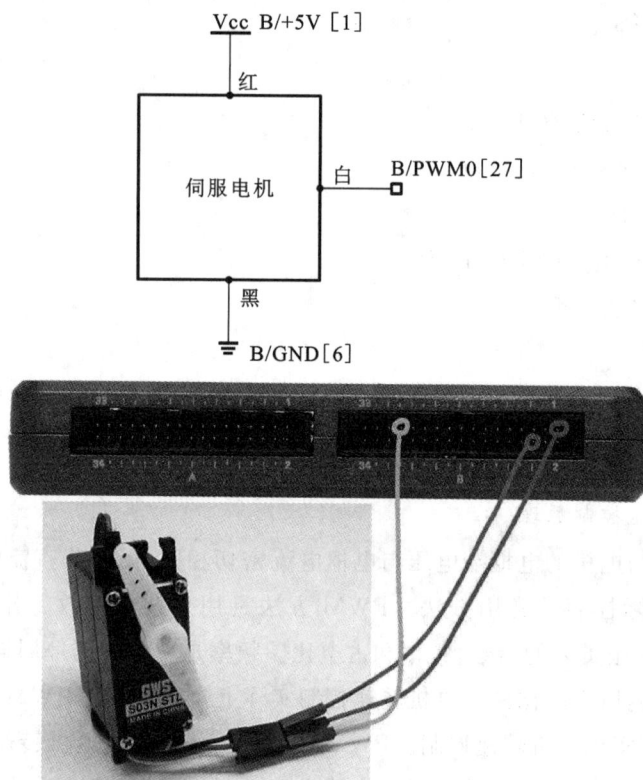

图 2-26-1 伺服电机 GWS S03N STD 与 NI myRIO 连线图

2.运行实验 VI 步骤

①打开 NI myRIO,打开子文件夹 Servo demo 下的项目 Server demo. lvproj;

②展开项目中的 myRIO 项,双击打开 Main. vi;

③确认 NI myRIO 已经与计算机连接;

④点击"运行"按钮,或者使用快捷键"Ctrl+R"运行 VI。

完成以上步骤后,将会看到"正在部署"的弹出窗口,该窗口显示了在 VI 开始运行之前,项目是如何编译以及部署至 NI myRIO 的。注意:可以选择"成功部署时关闭"的选项,这样部署完成后 VI 会自动开始。

3.伺服电机角度控制方法与步骤

将伺服电机两个端臂的伺服角连接到伺服花键处(伺服电机的锯齿转动连接处),以便更加清晰地观察伺服电机的旋转角度。实验中,VI 界面有一个滑动杆,用来控制伺服机的旋转角度,滑动杆是以百分比满刻度(%FS)来计量的。直接在滑动杆顶部的输入框中输入改变值,例如,从+100%FS 调节到−100%FS。本实验中,定义−100%FS 对应 1 ms 时间长度,+100%FS 则对应 2 ms 时间长度,1.5 ms 为时间中心点,也被称为中心位置脉宽,对应 0%FS。脉冲信号必须在一定速率下重复发送,但是不能过快。调节 freq[Hz],将其调节到较低的频率(如 10 Hz),然后调节到较高的频率(如 200 Hz),在每个频率段分别调节滑动杆来调节伺服机转动角度。在实验过程中,寻找合适的能够调节伺服机角度的频率范围。点击"Stop"

按钮,或按下空格键,停止实验 VI,并重置 NI myRIO。

如果没有看到预期实验结果,可以按照如下步骤进行调试:

①查看 NI myRIO 的电源 LED 灯是否点亮;

②VI 的工具栏上的运行按钮如果是黑色,代表 VI 正在运行;

③确认 NI myRIO 连线时是接在 B 接线区域;

④确认伺服电机与 NI myRIO 的连接正确,确认将红线接入+5 V,黑线接入 GND,白色的线与 PWM0 输出口相接。

五、实验报告要求

(1)记录在不同 PWM 频率下的伺服电机转角;

(2)记录不同占空比下的伺服电机转角;

(3)总结分析 PWM 频率以及占空比对伺服电机的影响;

(4)结合实验遇到的问题谈谈对实验的看法。

六、思考题

(1)思考滑动杆的值(正值或负值)与伺服电机顺时针转动方向是如何对应的?

(2)直接在滑动杆顶部的输入框中输入改变值,范围为+100%FS~−100%FS,在此范围内伺服电机的旋转速度大小是怎样的?

(3)滑动杆的默认极限值为 2×超量程,在这种情况下,伺服电机在极限转角下对应的%FS 是多少?

(4)在两个极限频率下,伺服电机的旋转角度情况是怎么样的?

实验二十七 红外测距仪实验

一、实验目的

(1)了解 SHARP GP2Y0A21YK0F 红外测距仪特性;

(2)讨论红外测距仪的工作原理。

二、实验设备

(1)PXI 控制器和机箱各 1 个;

(2)红外测距仪 1 个;

(3)跳线 M-F 若干个;

(4)NI myRIO 机电实验平台 1 套;

(5)拆装工具 1 套;

(6)LabVIEW 软件 1 套。

■ 三、实验要求 ■

(1)了解 SHARP GP2Y0A21YK0F 红外测距仪的输出电压 V_0 与目标物体的距离的关系;

(2)了解红外测距仪的功能特性与操作原理;

(3)了解根据三角形相似性计算传感器输出电压与测量距离之间的关系,以及在进行单一或多个测量时的校准方法;

(4)学习如何通过使用 Analog Input Express VI 进行输出电压的采集。

■ 四、实验内容与步骤 ■

红外测距仪使用一束反射红外光来探测测距仪与目标物之间的距离。测距仪到物体的距离与红外测距仪输出的电压大小的倒数成比例。

1. 连接接口电路

将红外测距离的 3 根线连接至 NI myRIO MXP Connector B,如图 2-27-1 所示。

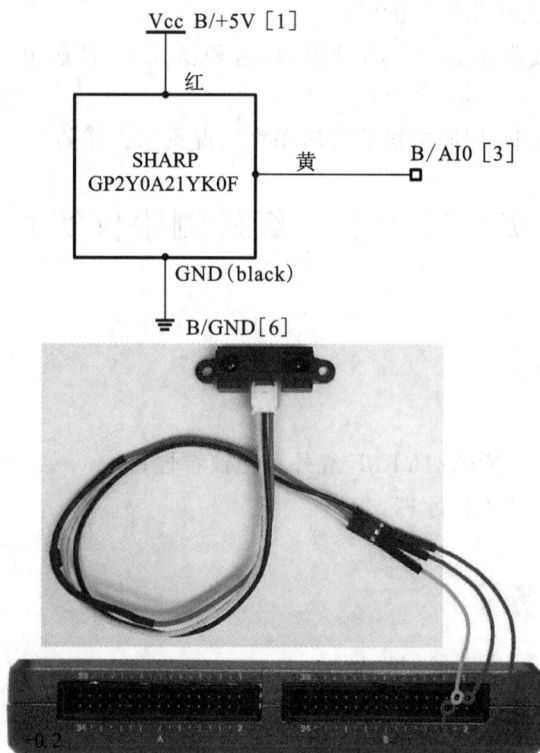

图 2-27-1 红外测距仪与 NI myRIO MXP Connector B 连接图

①将红外测距仪的 Vcc(红)连接至 NI myRIO MXP Connector B 的＋5V[1]

②将红外测距仪的 GND(黑)连接至 NI myRIO MXP Connector B 的 GND[6]

③将红外测距仪的输出信号(黄)连接至 NI myRIO MXP Connector B 的 AI0[3]

2.运行 VI

①打开子文件夹 IR Range Finder demo 下的项目 IR Range Finder demo. lvproj；

②展开项目中的 myRIO 项，双击打开 Main. vi；

③确认 NI myRIO 已经与电脑连接；

④运行 VI,点击"运行"按钮，或者使用快捷键"Ctrl＋R"运行 VI。

完成以上步骤后，将会看到"正在部署"的弹出窗口，该窗口显示了在 VI 开始运行之前，项目是如何编译以及部署至 NI myRIO 的。注意:可以选择"成功部署时关闭"的选项，这样部署完成后 VI 会自动开始。

3.测距

Demo VI 运行后能够将红外测距仪的输出电压以及目标物的距离值以 cm 单位显示。使用米尺来测量红外测距仪背面与目标物体之间的距离，需要注意该距离应该在 0～80 cm 之间。

尝试移动目标物体至小于 10 cm 距离，你将会看到，即使目标物体距离测距仪很近，但是测量结果是在增大的。为了避免出现这种非线性测量结果，可以将测距仪固定在距离目标位置至少 10 cm 的地方。

点击"Stop"按钮，或按下空格键，停止实验 VI,并重置 NI myRIO。NI myRIO 的重置会使得所有的数字 I/O 引脚转换为输入状态。

■五、实验报告要求■

(1)测试并总结不同距离与测距仪输出电压之间的关系；

(2)计算 K_{scale} 因子，并对测试结果进行校准；

(3)结合实验遇到的问题谈谈对实验的看法。

■六、思考题■

(1)将测试结果与一个已知结果进行对比，这两个距离值是否相同？

(2)当目标物体放置在一个已知距离 R(10～40 cm 之间)，记录传感器的输出电压 V_o,计算校准因子 $K_{scale}＝R×V_o$,然后将该值输入前面板的 Kscale[cm－V]输入控件中。重复之前的距离测量步骤，测量结果的精度是否有所提高？

实验二十八 超声波测距仪实验

■一、实验目的■

(1)了解 MaxBotix MB1010 超声波测距仪的工作特性；

(2)熟悉超声波测距仪的工作原理;

(3)理解数据手册中列出的声波波束特性。

▮ 二、实验设备 ▮

(1)PXI 控制器和机箱各 1 个;

(2)超声波测距仪 1 个;

(3)跳线 M-F 若干个;

(4)NI myRIO 机电实验平台 1 套;

(5)LabVIEW 软件 1 套。

▮ 三、实验原理 ▮

MaxBotix MB1010 超声波测距仪能够产生声波短脉冲信号,脉冲信号遇到物体返回被传感器探测到。根据脉冲的传播时间以及传播速度,就能够计算出物体的距离。超声波测距仪的测量结果通过 UART、Analog Output 以及脉冲宽度输出口进行输出。

▮ 四、实验内容与步骤 ▮

1. 连接接口电路

将超声波测距仪的 3 根线连接至 NI myRIO MXP Connector A,如图 2-30-1 所示。

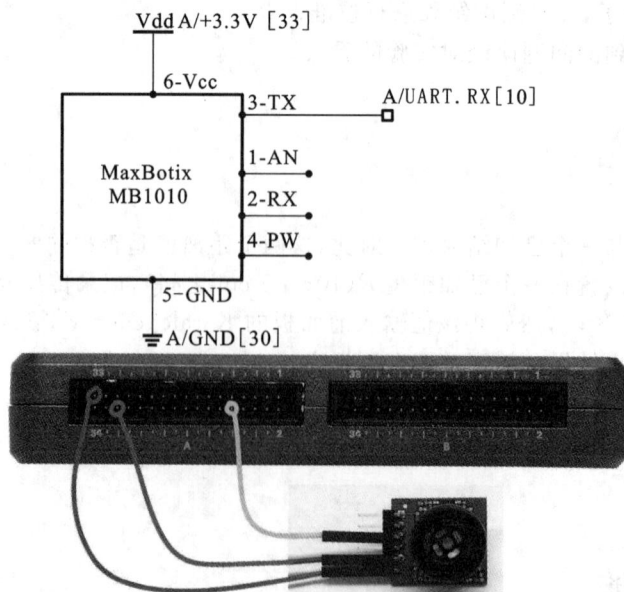

图 2-28-1   超声波测距仪与 NI myRIO MXP Connector A 连接图

①将超声波测距仪的 Vcc 连接至 NI myRIO MXP Connector A 的+3.3V[33]。

②将超声波测距仪的 GND 连接至 NI myRIO MXP Connector A 的 GND[30]。

③将超声波测距仪的 TX 连接至 NI myRIO MXP Connector A 的 UART. RX[10]。

2. 运行 VI

1)运行项目

①打开子文件夹 Sonic Range Finder Demo 下的项目 Sonic Range Finder demo. lvproj；

②展开项目中的 myRIO 项，双击打开 Main. vi；

③确认 NI myRIO 已经与计算机连接；

④通过点击"运行"按钮，或者使用快捷键"Ctrl+R"来运行 VI。

完成以上步骤后，将会看到"正在部署"的弹出窗口，该窗口显示了在 VI 开始运行之前，项目是如何编译以及部署至 NI myRIO 的。注意：可以选择"成功部署时关闭"的选项，这样部署完成后 VI 会自动开始。

2)测量

VI 运行后会以英尺为单位显示测量距离，测量结果显示在水平滚动条以及数字显示框中。超声波测距仪的输出特性在左下角的控件中显示。

为了让测距仪正常工作，在测距仪上电时至少预留 14 ft(1 ft=0.3048 m)的空隙以保证上电校准的进行，然后尝试将测距仪与测试物体保持在一个已知的距离，就会发现测距仪能够将物体距离精确地显示出来。

尝试将物体放在非常靠近传感器的地方(小于 6 ft)，此时观察测距仪在最小测量距离为 6 ft 的限制下测量结果如何。

尝试测量更加纤细的物体，比如钢笔或铅笔。观察测距仪是否无法发现这些直径较小的物体，如果把这些物体放得足够近呢？

尝试将物体放置在较远处。测距声波束与手电筒光束相似，在测距仪附近比较窄，在距离远的地方会扩散开。你能够在不同的距离下，确定声波束的直径大小吗？

点击"Stop"按钮，或按下空格键，停止 VI，并重置 NI myRIO。

3)调试

如果没有看到预期实验结果，可以按照如下步骤进行调试：

①查看 NI myRIO 的电源 LED 灯是否点亮；

②VI 的工具栏上的"运行"按钮如果是黑色，代表 VI 正在运行；

③确认 NI myRIO 的所有接线都正确连接；

④确认测距仪的接线正确，保证将 NI myRIO UART "RX"与测距仪"TX"相接；同时确认没有将电源线接错。

五、实验报告要求

(1)将超声波测距仪的测试距离与标准值做对比；

(2)计算在不同测试距离下的波束直径大小；

(3)简单描述传感器数据通信过程；

(4)结合实验遇到的问题谈谈对实验的看法。

六、思考题

（1）双击水平滚动条的上限值，然后将其更改为 254；这是超声波测距仪的极限值。将测距仪放在至少 22 ft 之外，能否观察到最大测量范围？

（2）怎样确定出最大测试范围？

（3）怎样在不同的距离下，确定声波束的直径大小？

综合设计实验

初级实验系列

实验一　控制系统校正设计与仿真

一、实验目的

掌握使用 Bode 图研究和设计控制系统的方法。

二、实验设备

(1)计算机 1 台；
(2)MATLAB 软件 1 套；
(3)LabVIEW 软件 1 套；
(4) 打印机 1 台。

三、实验原理

系统的校正是一种原理性的局部设计,是在系统的基本部分(通常是对象、执行机构和测量元件等主要部件)已经确定的条件下,设计校正装置的传递函数和调整系统放大系数,使系统的动态性能指标满足一定的要求。

常用的几种校正设计方法包括频率法、根轨迹法、等效结构与等效传递函数方法等。

1. 频率法

频率法的基本原理是利用校正装置的 Bode 图,配合开环增益的调整,校正原系统的 Bode 图,使得校正后的 Bode 图符合性能指标的要求。频率法主要包括串联校正频率法、超前校正频率法与滞后校正频率法。

2. 根轨迹法

根轨迹法的原理是根据实际要求设计主导极点,通过引入校正装置来改变系统原来的根轨迹,以获得期望的系统性能。

3. 等效结构与等效传递函数方法

等效结构与等效传递函数方法的原理是将给定的结构(或传递函数)等效为已知的典型结构或典型的一、二阶系统,并进行对比分析,得出校正网络的参数。

■ 四、实验内容 ■

(1)设单位反馈系统的开环传递函数为 $G_0(s) = \dfrac{k}{s(s+2)}$,要求系统的稳态速度误差系数 $k_v = 20\ \mathrm{s}^{-1}$,相位裕量 $\gamma > 50°$,幅值裕量 $k_g \geqslant 10\ \mathrm{dB}$,试确定串联校正装置。

(2)设单位负反馈系统的开环传递函数为 $G_0(s) = \dfrac{k}{s(s+1)(0.25s+1)}$,要求系统的稳态速度误差系数 $k_v = 5\ \mathrm{s}^{-1}$,相位裕量 $\gamma \geqslant 40°$,幅值裕量 $k_g \geqslant 10\ \mathrm{dB}$,试确定串联校正装置。

(3)设有一单位负反馈系统,其开环传递函数为 $G_0(s) = \dfrac{k}{s(s+1)(0.5s+1)}$,要求系统的速度误差系数 $k_v = 10\ \mathrm{s}^{-1}$,相位裕量 $\gamma = 45°$,幅值裕量 $k_g = 12\ \mathrm{dB}$,设计可以满足性能指标的超前-滞后串联校正装置。

■ 五、实验报告要求 ■

编写实验内容中的相关程序并在计算机中运行程序,将运行结果及相关图形一并写在报告上。

实验二　调速控制系统设计与仿真

■ 一、实验目的 ■

(1)理解转速和电流双闭环控制的直流调速系统工作原理;

(2)掌握综合控制系统的基本设计方法;

(3)掌握利用 MATLAB/Simulink 进行复杂系统仿真设计的基本方法;

(4)掌握转速和电流双闭环控制调速系统的基本设计思路与基本分析方法。

▊ 二、实验设备 ▊

(1)计算机 1 台；

(2)MATLAB/Simulink 软件 1 套；

(3)打印机 1 台。

▊ 三、实验原理 ▊

工业生产中,直流调速控制系统因具有调速范围广、静差率小、稳定性好、过载能力大等优点而被广泛应用。针对直流电机调速控制问题,转速与电流双闭环控制是被广泛采用的主要方法之一。

在直流电机调速控制过程中,为使转速和电流两种负反馈均起作用,可在系统中设置转速控制器和电流控制器,实现电机转速和电流的嵌套控制。将转速负反馈控制环节与电流负反馈控制环节同时引入直流电机调速控制,可构成图 3-2-1 所示的转速和电流双闭环直流调速系统。

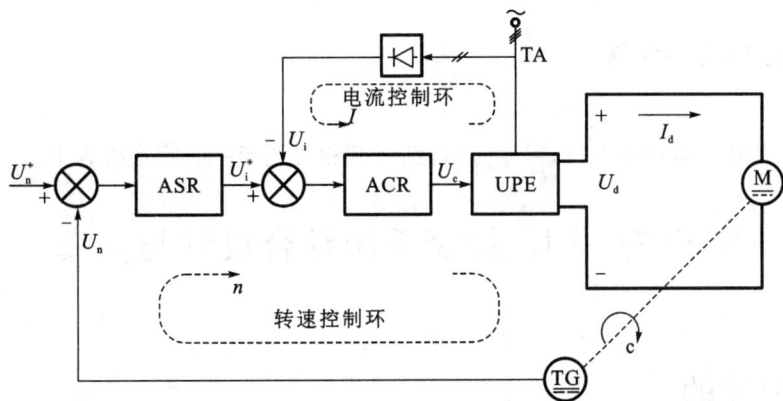

图 3-2-1　转速和电流双闭环直流调速系统原理图

图 3-2-1 中,ASR、ACR、TG、TA、UPE 分别为转速控制器、电流控制器、测速发电机、电流互感器、电力电子变换器,而 U_n^*、U_n、U_i^*、U_i、U_c、U_d、I_d 分别表示转速控制器的给定电压、转速控制器的反馈电压、电流控制器的给定电压、电流控制器的反馈电压、电力电子变换器的控制电压、直流电机工作电压、直流电机工作电流。

直流电机转速和电流双闭环控制调速系统的主要特点是采用两个独立控制器分别控制电机转速与电流,电流控制器以转速控制器的输出电压作为给定电压。由图 3-2-1 可知,电流控制器可充分利用电机转速的偏差来控制电机工作电流。当转速低于给定转速时,转速控制器的积分作用使输出增加,电流控制器的给定电压随着增加;此时,在电流控制器作用下,电机电流增加,从而使电机获得加速转矩,电机转速上升。当实际转速高于给定转速时,转速控制器的输出电压减小,电流控制器的给定电压亦跟着减小;此时,在电流控制器作用下,电机工作电流将逐渐减小,电机转速亦逐渐降低。当转速控制器饱和输出达到限幅时,电流控制器以最大电流限制实现电机的加速,使电机的启动时间最短。

四、实验内容

在转速和电流双闭环控制的直流电机调速系统中,已知直流电机的额定功率、额定电压、额定电流、额定转速、电枢电阻、电枢回路总电阻、允许电流过载倍数、电势系数、电磁时间常数、机电时间常数、电流反馈滤波时间常数、转速反馈滤波时间常数分别为 200 W、48 V、3.7 A、200 r/min、6.5 Ω、8 Ω、2、0.12 V·min/r、0.015 s、0.2 s、0.001 s、0.005 s。现假定该电机调速系统中转速控制器和电流控制器的给定电压均为 100 V,并且转速控制器和电流控制器的输入电阻均为 4000 Ω,请利用所学的控制工程理论知识和 MATLAB/Simulink 软件对该调速控制系统进行仿真设计,具体要求如下:

(1)转速控制器的超调量小于 20 %;
(2)电流控制器的超调量小于 5 %;
(3)转速控制器与电流控制器的过渡过程时间均小于 0.1 s。

五、实验报告要求

编写实验内容中的相关程序,程序、运行结果及相关图形一并写在报告上。

实验三　PID 控制系统综合设计与仿真

一、实验目的

(1)理解 PID 控制原理;
(2)掌握 PID 控制程序基本编制方法;
(3)掌握 PID 控制的基本应用方法。

二、实验设备

(1)计算机 1 台;
(2)MATLAB 软件 1 套;
(3)打印机 1 台。

三、实验原理

1. 连续 PID 原理

PID 控制通过测量系统的实际输出值与期望输出值之间的误差,利用比例(P)、积分(I)和微分(D)三个参数计算控制量,以调节系统的输入,使输出值尽可能接近期望值。典型的 PID 控制结构如图 3-3-1 所示。

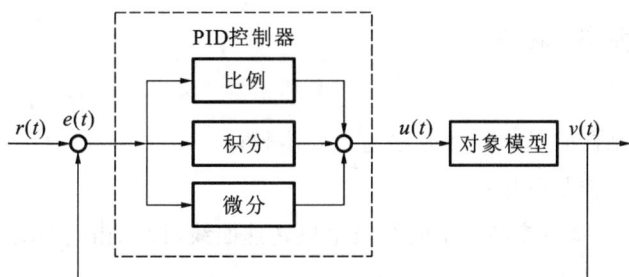

图 3-3-1　典型 PID 控制结构

PID 的输出计算表达式如下:

$$u(t) = K_{p}e(t) + \frac{1}{K_{i}} \int_{0}^{t} e(t)\mathrm{d}t + K_{d}\frac{\mathrm{d}e(t)}{\mathrm{d}t}$$

式中:K_{p}——比例系数;

K_{i}——积分系数;

K_{d}——微分系数;

$e(t)$——偏差,其值等于被控对象期望输出值减去被控对象实际输出值;

$u(t)$——PID 控制器的输出值,亦即被控对象的输入(控制变量值)。

2. 离散 PID 原理

由于离散系统的时间不连续,导致连续 PID 无法直接应用于离散系统。为了将 PID 应用于离散系统,需要将连续 PID 离散化。连续 PID 离散化的方法是以前 N 个周期的偏差累加和代替偏差的积分,以偏差的一阶差分代替偏差的微分。偏差的一阶差分等于第 k 周期的偏差 $e(k)$ 减第 $k-1$ 周期的偏差 $e(k-1)$,即当前周期的偏差减去上一周期的偏差。离散 PID 中,偏差的积分将被 $\sum\limits_{k=1}^{N} e(k)$ 代替(N 是周期数)。离散 PID 的输出计算表达式如下:

$$u(k) = K_{p}e(k) + \frac{1}{K_{i}} \sum_{k=1}^{N} e(k) + K_{d}[e(k) - e(k-1)]$$

四、实验内容

(1)已知三阶对象模型 $G(s) = 1/(s+1)^{3}$,利用 MATLAB 编写程序,研究闭环系统在不同控制情况下的阶跃响应,并分析结果。

①$T_i \to \infty$，$T_d \to 0$ 时，在不同 K_p 值下，闭环系统的阶跃响应；

②$K_p = 1$，$T_d \to 0$ 时，在不同 T_i 值下，闭环系统的阶跃响应；

③$K_p = T_i = 1$ 时，在不同 T_d 值下，闭环系统的阶跃响应。

(2)已知一个电机调速系统的传递函数为 $G(s) = \dfrac{1}{0.0067s^2 + 0.10s}$，假定采样周期和给定转速分别是 0.005 s 和 1500 r/min，请利用 MATLAB 软件编写相应的离散 PID 控制程序，并整定 PID 参数，绘制出前 1000 个周期控制变量曲线及电机转速曲线。

▮ 五、实验报告要求 ▮

(1)总结 PID 控制器的基本设计方法与主要步骤；

(2)提交离散 PID 控制程序；

(3)根据前 1000 个周期控制变量曲线及电机转速曲线，计算相应的上升时间和调节时间。

实验四 汽车操控系统综合设计与仿真

▮ 一、实验目的 ▮

(1)掌握 PID 控制器的参数对系统稳定性及过渡过程的影响；

(2)研究采样周期 T 对系统特性的影响；

(3)研究 PID 控制系统的稳定误差；

(4)掌握 PID 控制器设计的基本方法。

▮ 二、实验设备 ▮

(1)计算机 1 台；

(2)MATLAB 软件 1 套；

(3)LabVIEW 软件 1 套；

(4)打印机 1 台。

▮ 三、实验原理 ▮

电机控制算法的作用是接收指令速度值，通过运算向电机提供适当的驱动电压，尽快尽量平稳地使电机转速达到指令速度值，并维持这个速度值。换言之，一旦电机转速达到了指令速度值,即使遇到各种不利因素的干扰,也应保持该值不变。因此,采用 PID 控制算法来控制本部分电路。

利用所给定的模型计算出控制系统的传递函数 $G(s)$,设计出合理的 PID 控制算法来控制本部分电路,选择适当的输入函数,将上述条件放入 MATLAB 模型中进行仿真。

1.一阶模型的设定

设定系统中汽车车轮的转动惯量可以忽略不计,并且认为汽车受到的摩擦阻力大小与汽车的运动速度成正比,摩擦阻力的方向与汽车运动方向相反。这样,我们就可以用以下模型进行仿真。

根据牛顿运动定律,该系统的动态数学模型可表示为

$$\begin{cases} ma+bv=u \\ y=u \end{cases}$$

式中:m——汽车质量;

b——比例系数;

u——汽车驱动力。

为了得到系统的传递函数,我们进行拉普拉斯变换。假定系统的初始条件为零,则

$$\begin{cases} msV(s)+bV(s)=U(s) \\ Y(s)=V(s) \end{cases}$$

所以系统的传递函数为

$$\frac{Y(s)}{U(s)}=\frac{1}{ms+b}$$

2.二阶模型的设定

$$ma+bv=u$$
$$a=\mathrm{d}v/\mathrm{d}t$$
$$v=\mathrm{d}X/\mathrm{d}t$$

进行拉普拉斯变换后得:

$$ms^2V(s)+bsX(s)=U(s)$$

二阶模型的传递函数:

$$\frac{X(s)}{U(s)}=\frac{1}{ms^2+bs}$$

3.建立控制系统仿真模型

PID 控制器的传递函数为

$$D(s)=\frac{U(s)}{E(s)}=K_\mathrm{p}\left(1+\frac{1}{T_\mathrm{i}s}+T_\mathrm{d}s\right)=K_\mathrm{p}+\frac{K_\mathrm{i}}{s}+K_\mathrm{d}s=\frac{K_\mathrm{d}s^2+K_\mathrm{p}s+K_\mathrm{i}}{s}$$

■ 四、实验内容 ■

如图 3-4-1 所示为电力驱动汽车控制系统的简化模型,图中:u 为汽车驱动力;f 为汽车受

到的摩擦力；v 为汽车速度。假设该系统中汽车车轮的转动惯量可以忽略，并且假定汽车受到的摩擦力大小与汽车的速度成正比，摩擦力方向与汽车方向相反。设计一个数字 PID 控制系统来实现该控制过程。令汽车质量 $m=1000$ kg，摩擦比例系数 $b=100$ N · s/m，汽车驱动力为 1000 N。要求设计的 PID 控制系统中，汽车在驱动力 5000 N 作用下，将在 5 s 内达到 15 m/s 的最大速度。

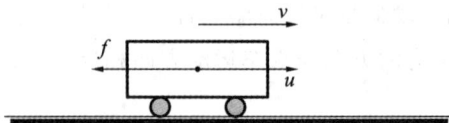

图 3-4-1　电力驱动汽车控制系统

请利用 MATLAB 或者其中的 Simulink 对该系统进行 PID 仿真控制实验。

五、实验报告要求

(1)画出系统仿真图；

(2)写出满足实验要求的 PID 控制参数，并简要分析在参数下的控制系统运行情况；

(3)编写 MATLAB 仿真程序。

实验五　双容水箱控制系统综合设计与仿真

一、实验目的

(1)了解系统建模的一般步骤，掌握分析简单系统特性的一般方法，深入理解系统中的控制器、执行器以及控制对象等各个部分的作用；

(2)基本掌握简单系统模型的 PID 参数整定方法；

(3)通过仿真验证串级控制对干扰的强烈抑制能力，学会使用 MATLAB 和 LabVIEW 对实际系统进行仿真的基本方法；

(4)从设计思想、研究方法和结果分析等多方面培养研究能力。

二、实验设备

(1)计算机 1 台；

(2)MATLAB 软件 1 套；

(3)LabVIEW 软件 1 套；

(4)打印机 1 台。

三、实验原理

系统建模方法最常用的有机理法建模和测试法建模两种：机理法建模即用数学方法对运作机理进行描述；测试法建模则是依据实验，对输入和输出进行某些数学处理从而得到模型。

图 3-5-1 所示是双容水箱液位控制系统示意图，由水泵 1、2 分别通过支路 1、2 向上水箱注水，在支路 1 中设置调节阀，为保持下水箱液位恒定，支路 2 则通过变频器对下水箱液位施加干扰。

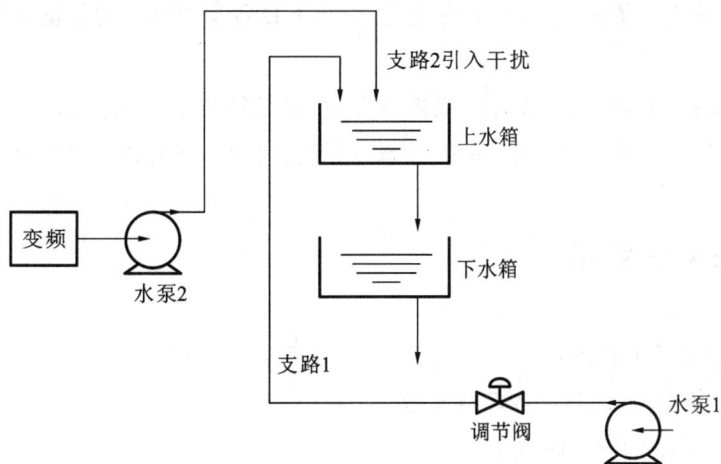

图 3-5-1 双容水箱液位控制系统示意图

对本设计而言，建模参数如下。

控制量：水流量 Q。

被控量：下水箱液位。

控制对象特性：

$$G_{p1}(s) = \frac{\Delta H_1(s)}{\Delta U_1(s)} = \frac{2}{5s+1} \text{（上水箱传递函数）}$$

$$G_{p2}(s) = \frac{\Delta H_2(s)}{\Delta Q_2(s)} = \frac{\Delta H_2(s)}{\Delta H_1(s)} = \frac{1}{20s+1} \text{（下水箱传递函数）}$$

控制器：PID 控制器。

执行器：调节阀。

干扰信号：在系统单位阶跃给定下运行 10 s 后，施加均值为 0、方差为 0.01 的白噪声。

为保持下水箱液位的稳定，设计中采用闭环系统，将下水箱液位信号经水位检测器送至 PID 控制器，控制器将实际水位与设定值相比较，产生输出信号作用于执行器（调节阀），从而改变流量以调节水位。当对象是单水箱时，通过不断调整 PID 参数，单闭环控制系统理论上可以达到比较好的效果，系统也将有较好的抗干扰能力。该设计对象属于双水箱系统，整个对象控制通道相对较长，如果采用单闭环控制系统，当上水箱有干扰时，此干扰经过控制通路传递到下水箱，会有很大的延迟，进而使控制器响应滞后，影响控制效果。

■ 四、实验内容 ■

(1)已知上、下水箱的传递函数,要求画出双容水箱液位控制系统方框图,并分别对系统在有、无干扰作用下的动态过程进行仿真(假设干扰为在系统单位阶跃给定下投运 10 s 后施加的均值为 0、方差为 0.01 的白噪声)。

(2)针对双容水箱液位控制系统设计单回路控制,以维持下水箱液位的恒定,要求画出控制系统方框图,并分别对控制系统在有、无干扰作用下的动态过程进行仿真,其中对 PID 参数的整定要求写出整定的依据(选择何种整定方法,P、I、D 各参数整定的依据如何),对仿真结果进行评述。

(3)针对该受扰的液位系统设计串级控制方案,以维持下水箱液位的恒定,要求画出控制系统方框图及实施方案图,对控制系统的动态过程进行仿真,并对仿真结果进行评述。

■ 五、实验报告要求 ■

(1)绘制控制系统方框图;
(2)确定控制系统中 P、I、D 各环节参数;
(3)绘制控制系统的响应曲线。

实验六　龙门吊车控制系统设计与仿真

■ 一、实验目的 ■

(1)借助正摆实验平台,制定控制策略和控制算法,并编程实现以下任务:通过实验设备将物体快速、准确地运输到指定的位置,在吊运的整个过程(起吊、运输、到达目的地)保持较小的摆动角。

(2)根据控制理论,对所出现的实验现象进行分析,采取相应的措施,调整控制策略和参数,完善实验结果。

■ 二、实验设备 ■

(1)计算机 1 台;
(2)MATLAB 软件 1 套;
(3)LabVIEW 软件 1 套;

（4）打印机 1 台。

■ 三、实验原理 ■

龙门吊车物理模型可简化为直线一级顺摆系统。直线一级顺摆的摆杆在没有外力作用下，会保持静止竖直向下的状态；在受到外力作用后，由于摩擦力的存在，摆杆会运行到一定的位置而静止下来。对于直线一级顺摆系统而言，可以将其任务分解为两个部分：由于吊车吊动物体的时候会出现晃动的现象，对直线一级顺摆系统而言，相当于摆杆会出现晃动，本实验的任务就是使摆杆受扰后稳定下来；吊车吊动物体稳定后运行到指定的位置，对直线一级顺摆系统而言，相当于让摆杆运行到指定的位置，并保持运动过程中，摆杆保持小角度摆动。

用牛顿力学的方法对顺摆系统进行求解，在忽略了空气阻力和各种摩擦之后，可将直线一级顺摆系统抽象成小车和匀质杆组成的系统，如图 3-6-1 所示。

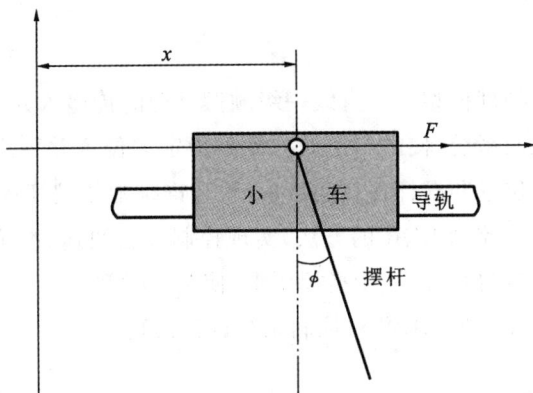

图 3-6-1　直线一级顺摆的物理模型

设 M 为小车质量，m 为摆杆质量，b 为小车摩擦系数，l 为摆杆转动轴心到摆杆质心的长度，I 为摆杆惯量，F 为加在小车上的力，x 为小车位置，N 和 P 为小车和摆杆的相互作用力的水平和竖直方向的分量。分析小车水平方向所受的合力，可以得到以下方程：

$$M\ddot{x} = F - b\dot{x} - N \tag{3-6-1}$$

分析摆杆水平方向的受力分析可以得到如下等式：

$$N = m\frac{\mathrm{d}^2}{\mathrm{d}t^2}(x + l\sin\phi) \tag{3-6-2}$$

$$N = m\ddot{x} + ml\ddot{\phi}\cos\phi - ml\dot{\phi}^2\sin\phi \tag{3-6-3}$$

把式（3-6-3）代入式（3-6-1）中，就得到系统的第一个运动方程：

$$(M+m)\ddot{x} + b\dot{x} + ml\ddot{\phi}\cos\phi - ml\dot{\phi}^2\sin\phi = F \tag{3-6-4}$$

为了推出系统的第二个运动方程，我们对摆杆竖直方向上的合力进行分析，可以得到如下方程：

$$P - mg = m\frac{\mathrm{d}^2}{\mathrm{d}t^2}(-l\cos\phi) \tag{3-6-5}$$

$$P - mg = ml\ddot{\phi}\sin\phi + ml\dot{\phi}^2\cos\phi \tag{3-6-6}$$

力矩平衡方程如下：

$$-Pl\sin\phi - Nl\cos\phi = I\ddot{\phi} \tag{3-6-7}$$

合并这两个方程，约去 P 和 N，得到第二个运动方程：

$$(I + ml^2)\ddot{\phi} - mgl\sin\phi = -ml\ddot{x}\cos\phi \tag{3-6-8}$$

由于 $\phi \ll 1$，可以进行近似处理，即 $\cos\phi = 1, \sin\phi = \phi, \left(\dfrac{\mathrm{d}\phi}{\mathrm{d}t}\right)^2 = 0$。

用 u 来代表被控对象的输入力 F，线性化后运动方程式(3-6-4)和式(3-6-8)为

$$\begin{cases} (M+m)\ddot{x} + b\dot{x} + ml\ddot{\phi} = u \\ (I+ml^2)\ddot{\phi} + mgl\phi = -ml\ddot{x} \end{cases} \tag{3-6-9}$$

■ 四、实验内容 ■

(1)求龙门吊车简化物理模型——直线一级顺摆模型的传递函数。

(2)设计龙门吊车控制系统，使吊车吊动物体到指定的位置并稳定，即控制吊车位置和摆杆角度为零，在完成吊车位置和摆杆角度稳定后，快速准确地使摆杆运行到指定位置。

(3)采用线性二次最优控制 LQR 的方法，实现控制设备快速、准确地运行到指定的位置，并保持摆杆较小摆角。实现预期的性能指标要求，使调节时间小于 4 s，最大摆角小于 0.15°。

(4)用 MATLAB 或者 LabVIEW 对控制系统进行仿真。

■ 五、实验报告要求 ■

(1)绘制控制系统结构图；

(2)求取控制系统传递函数的推导过程；

(3)绘制控制系统仿真分析响应曲线；

(4)编写控制系统相应程序。

实验七　磁悬浮控制系统综合设计与仿真

■ 一、实验目的 ■

(1)以磁悬浮控制系统为研究对象，掌握 PID 控制器的设计方法；

(2)以磁悬浮控制系统为研究对象，通过状态反馈配置极点，改善系统的动态性能；

(3)比较以上两种控制方法的效果，分析原因。

二、实验设备

(1)计算机 1 台；
(2)MATLAB 软件 1 套；
(3)LabVIEW 软件 1 套；
(4)DAQ 数据采集卡一张；
(5)导线若干；
(6)电子元器件若干；
(7)电子电路蜂窝板若干；
(8)传感器若干；
(9)电磁铁若干；
(10)Protel 软件 1 套；
(11) 打印机 1 台。

三、实验原理

我们以磁悬浮球为例建立磁悬浮系统数学模型。磁悬浮球控制系统如图 3-7-1 所示。

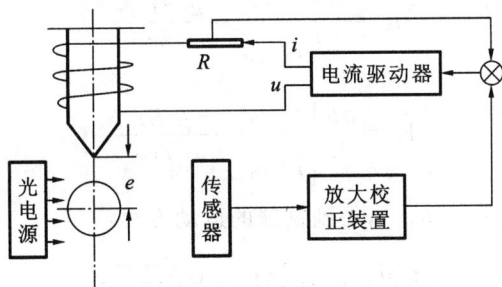

图 3-7-1 磁悬浮球控制系统

整个磁路的磁阻近似为

$$R = \frac{e}{\mu_0 S} \tag{3-7-1}$$

式中：μ_0——空气中的磁导率；

e——气隙厚度；

S——气隙的截面积。

气隙中的磁感应强度为

$$B = \frac{\Phi}{S} \tag{3-7-2}$$

式中：Φ——磁通量。

电磁线圈的对质量为 M 的钢球产生的电磁吸力为

$$F = \frac{B^2 S}{2\mu_0} \tag{3-7-3}$$

由磁路理论知

$$NI = R\Phi \tag{3-7-4}$$

式中：N——线圈匝数；

I——线圈中流过的电流。

由式(3-7-4)得，$\Phi = \dfrac{NI}{R}$，将其代入式(3-7-2)，得

$$B = \frac{NI}{RS} \tag{3-7-5}$$

将式(3-7-1)和式(3-7-5)代入式(3-7-3)，得

$$F = \frac{\mu_0 S N^2 I^2}{2e^2} \tag{3-7-6}$$

对式(3-7-6)线性化，得

$$\Delta F = F - F_0 = K_1(I - I_0) + K_2(e - e_0) = \frac{\partial F}{\partial I}\bigg|_{e_0} \cdot \Delta I + \frac{\partial F}{\partial e}\bigg|_{I_0} \cdot \Delta e \tag{3-7-7}$$

式中：$F = K_1 I + K_2 e$；$F_0 = K_1 I_0 + K_2 e_0$。

在 $e = e_0$ 处：

$$I_0 = \frac{2e_0}{N}\sqrt{\frac{Mg}{\mu_0 S}} \tag{3-7-8}$$

在式(3-7-7)中：

$$K_1 = \frac{\partial F}{\partial I}\bigg|_{I_0, e_0} = \frac{\mu_0 S I_0 N^2}{2e_0^2} \tag{3-7-9}$$

$$K_2 = \frac{\partial F}{\partial e}\bigg|_{I_0, e_0} = \frac{-\mu_0 S I_0^2 N^2}{2e_0^3} \tag{3-7-10}$$

由牛顿第二定律($\sum F = ma$)，得到钢球的运动方程：

$$K_1 I + K_2 e - Mg = M\frac{\mathrm{d}^2(-e)}{\mathrm{d}t^2} \tag{3-7-11}$$

对式(3-7-11)进行拉普拉斯变换，得：

$$K_1 I(s) + K_2 e(s) - Mg\frac{1}{s} = -s^2 Me(s) \tag{3-7-12}$$

整理后得：

$$I(s) = \frac{1}{K_1}\left[\frac{Mg}{s} - K_2 e(s) - Ms^2 e(s)\right] \tag{3-7-13}$$

电路的电压平衡方程式：

$$u(t) = rI(t) + \frac{\mathrm{d}\Phi(t)}{\mathrm{d}t} \tag{3-7-14}$$

$\Phi(t) = L(t)\,I(t)$，则：

$$u(t) = rI(t) + L_0\frac{\mathrm{d}I(t)}{\mathrm{d}t} + I_0\frac{\mathrm{d}L}{\mathrm{d}e}\frac{\mathrm{d}e}{\mathrm{d}t} \tag{3-7-15}$$

而 $L = \dfrac{\mu_0 N^2 S}{2e}$，$\dfrac{\mathrm{d}L}{\mathrm{d}e} = \dfrac{-\mu_0 N^2 S}{2e^2}$，所以：

$$u(t) = rI(t) + L_0 \frac{\mathrm{d}I(t)}{\mathrm{d}t} - K_1 \frac{\mathrm{d}e}{\mathrm{d}t} \tag{3-7-16}$$

对式(3-7-16)进行拉普拉斯变换,得:

$$U(s) = (r + L_0 s)I(s) - K_1 se(s) \tag{3-7-17}$$

将式(3-7-13)代入式(3-7-17):

$$
\begin{aligned}
K_1 U(s) &= (r + L_0 s)\left[\frac{Mg}{s} - K_2 e(s) - M s^2 e(s)\right] - K_1^2 se(s) \\
&= -L_0 M s^3 e(s) - M r s^2 e(s) - (L_0 K_2 + K_1^2) s e(s) - r K_2 e(s) \\
&\quad + (r + L_0 s)\frac{Mg}{s}
\end{aligned}
\tag{3-7-18}
$$

将式(3-7-18)还原微分方程(注:忽略 $L_0 Mg \cdot \delta(t)$ 项),得:

$$L_0 M \dddot{e}(t) + M r \ddot{e}(t) + (L_0 K_2 + K_1^2)\dot{e}(t) + r K_2 e(t) = rMg - K_1 u(t) \tag{3-7-19}$$

对式(3-7-19)进行代换如下:

设

$$y(t) = e(t) - e_0$$

$$\dot{y} = \dot{e}$$

$$\ddot{y} = \ddot{e}$$

$$\dddot{y} = \dddot{e}$$

$$v(t) = \frac{rMg - rK_2 e_0 - K_1 u(t)}{ML_0}$$

则式(3-7-19)可变为

$$\dddot{y} + \frac{r}{L_0}\ddot{y} + \frac{L_0 K_2 + K_1^2}{ML_0}\dot{y} + \frac{rK_2}{ML_0}y = v \tag{3-7-20}$$

对式(3-7-20)进行拉普拉斯变换,得:

$$s^3 y(s) + \frac{r}{L_0}s^2 y(s) + \frac{L_0 K_2 + K_1^2}{ML_0}s y(s) + \frac{rK_2}{ML_0} = v \tag{3-7-21}$$

则得被控对象传递函数为

$$\frac{y(s)}{v(s)} = \frac{1}{s^3 + \frac{r}{L_0}s^2 + \frac{L_0 K_2 + K_1^2}{ML_0}s + \frac{rK_2}{ML_0}} \tag{3-7-22}$$

四、实验内容

(1)已知磁悬浮系统的模型,设计 PID 控制器。磁悬浮系统模型参数选择如下:

钢球质量: $M = 1 \text{ kg}$

电磁铁表面积: $S = 4 \text{ cm}^2$

电磁线圈的圈数: $N = 1000$

电磁线圈电阻: $r = 2 \text{ }\Omega$

钢球与电磁铁之间的控制距离: $e_0 = 5 \text{ mm}$

空气中的磁导率 $\mu_0 = 4\pi \times 10^{-7} \text{ H/m}$,电磁线圈和钢球的磁材料的磁导率可看作非常大。

由计算得出：

$$K_1 \approx 14.7$$
$$K_2 \approx -3938.8$$
$$L_0 = 50 \text{ mH}$$
$$I_0 \approx 1.4 \text{ A}$$

所以式(3-7-22)写成：

$$\frac{y(s)}{v(s)} = \frac{1}{s^3 + 40s^2 + 20.5s - 157552} \tag{3-7-23}$$

式(3-7-23)同样可以写成：

$$\frac{y(s)}{v(s)} = \frac{1}{(s - 43.3533)[s + (41.6767 - 43.5568i)][s + (41.6767 + 43.5568i)]} \tag{3-7-24}$$

(2)以磁悬浮系统为研究对象,利用状态反馈配置极点,改善系统的动态性能。

▓▌ 五、实验报告要求 ▌▓

(1)用 MATLAB 和 LabVIEW 仿真控制系统,选择控制系统元器件的参数,并绘制控制系统的响应曲线;

(2)用 Protel 绘制放大校正装置电路原理图;

(3)用 Protel 绘制控制系统驱动电路原理图;

(4)设计和搭建整个控制系统实物装置;

(5)现场调试控制系统实物装置。

▓▌ 六、思考题 ▌▓

(1)当磁悬浮系统处于平衡状态时,给系统分别加入阶跃扰动信号、连续脉冲扰动信号以及固定扰动信号,分析系统响应情况。

(2)两种方法控制结果是否相同? 如果不同,请分析原因。

实验八 液位动平衡控制系统综合设计与仿真

▓▌ 一、实验目的 ▌▓

(1)通过实物设计,掌握简单系统特性的一般分析方法,深入理解系统中的控制器、执行器及控制对象等各个部分的作用;

(2)通过仿真验证串级控制对干扰的强烈抑制能力,学会使用 MATLAB 和 LabVIEW 对实际系统进行仿真的基本方法;

(3)从设计思想、研究方法和结果分析等多方面培养研究能力。

二、实验设备

(1)计算机 1 台；

(2)MATLAB 软件 1 套；

(3)LabVIEW 软件 1 套；

(4)水泵及控制板卡 1 套；

(5)水管若干；

(6)数据采集卡 1 张；

(7)控制阀 1 个；

(8)压力传感器 1 个；

(9)液体储存器和液体容器各 1 个；

(10)打印机 1 台。

三、实验原理

实验装置示意图如图 3-8-1 所示，主要由泵、电路控制板、液体储存器、液体容器、压力传感器、控制阀、数据采集卡和 PC 组成。电路控制板的主要作用是控制和获取泵转速；压力传感器的主要作用是检测液体容器底部的压力，通过压力变化可以计算出液体液位高度；控制阀是一个电磁控制阀，PC 可以通过电路控制板控制该阀的阀门开合度；数据采集卡采用 USB 接口，实验中可以通过 LabVIEW 访问该采集卡，本实验中主要用于采集液体容器底部压力数据。实验装置中泵不断从液体储存器抽取液体并输往液体容器，同时控制阀打开并不断将液体排入液体储存器。若通过控制阀门开合度以及泵转速，使得液体容器液位控制在某一个位置，那么本实验的控制模型实际上可以看作一个闭环过程控制模型。

四、实验内容

(1)在无流量计的情况下，通过动态调整泵转速和控制阀门开合度，使液体容器液位保持在容器的中间高度位置；

(2)推导出控制系统传递函数或者控制模型，在 MATLAB 上仿真，输出相关曲线图，并对仿真结果进行简要评述；

(3)根据二阶控制系统或者 PID 控制原理，通过控制泵转速和控制阀阀门开合度，迅速控制液体容器液位到动平衡位置附近，本实验要求动平衡位置在液体容器的中间高度位置；

(4)找出泵转速和控制阀阀门开合度的最佳控制范围或者控制值；

(5)综合 MATLAB 和 LabVIEW，编写相应控制程序和数据采集程序。

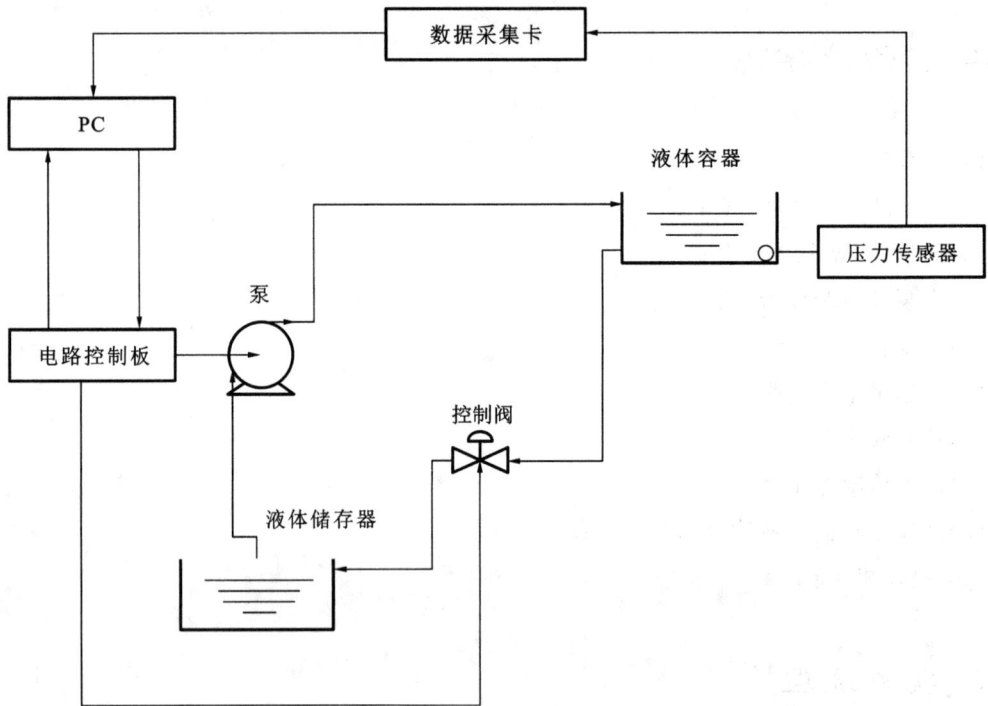

图 3-8-1   实验装置示意图

▌五、实验报告要求▌

(1)推导出控制系统传递函数,并绘制控制系统方框图;

(2)综合 MATLAB 和 LabVIEW,编写相应控制程序和数据采集程序。

进阶实验系列

实验九   机械振动系统固有频率测量系统综合设计

▌一、实验目的▌

(1)了解共振前后李萨如图形的变化规律和特点。

(2)掌握测量固有频率的共振相位判别法。

二、实验设备

(1)计算机1台；
(2)MATLAB软件1套；
(3)LabVIEW软件1套；
(4)简支梁装置1台；
(5)NI-6229数据采集卡1张；
(6)速度传感器2个；
(7)加速度传感器2个；
(8)激振器1台；
(9)测振仪1台；
(10)激振信号源发生器1台；
(11)打印机1台。

三、实验原理

相位判别法是根据机械振动系统共振时的特殊相位值以及共振前后的相位变化规律所提供出的一种共振判别法。在简谐力激振的情况下，用相位法来判定共振是一种较为敏感的方法，而且共振时的频率就是系统的无阻尼固有频率，可以排除阻尼因素的影响。

1.通过位移判别共振

设激振信号为F，振动体位移、速度、加速度信号分别为y、$\dfrac{\mathrm{d}y}{\mathrm{d}t}$、$\dfrac{\mathrm{d}^2 y}{\mathrm{d}t^2}$，则

$$F = F_0 \sin\omega t$$

$$y = B\sin(\omega t - \varphi)$$

$$\frac{\mathrm{d}y}{\mathrm{d}t} = \omega B\cos(\omega t - \varphi)$$

$$\frac{\mathrm{d}^2 y}{\mathrm{d}t^2} = -\omega^2 B\sin(\omega t - \varphi)$$

式中：ω——角频率；

B——振幅；

φ——初相位。

测量位移拾振时，测振仪上所反映的是振动体的位移信号。将位移信号输入虚拟示波器Y轴，激振信号输入X轴，此时两信号分别为

$$X = F = F_0 \sin(\omega t)$$

$$Y = y = B\sin(\omega t - \varphi)$$

将示波器置于"X-Y"显示挡位上，以上两信号在屏幕上显示出一个椭圆图像。共振时，$\omega = \omega_n$，$\varphi = \pi/2$，即X轴信号与Y轴信号的相位差为$\pi/2$，由李萨如图形原理知，屏幕上图像将是一个正椭圆。当ω略大于ω_n或略小于ω_n时，图像都将由正椭圆变为斜椭圆。其变化过程

如图 3-9-1 所示。由图 3-9-1 可知,图像由斜椭圆变为正椭圆时的频率就是振动体的固有频率。

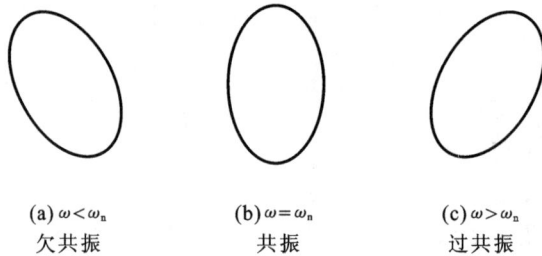

(a) $\omega < \omega_n$　　　　(b) $\omega = \omega_n$　　　　(c) $\omega > \omega_n$
　欠共振　　　　　　　共振　　　　　　　过共振

图 3-9-1　用位移判别共振的李萨如图形

2. 通过速度判别共振

测量速度时,测振仪所反映的是振动体的速度信号。将速度信号输入示波器 Y 轴,激振信号输入示波器 X 轴,此时两信号分别为

$$X = F = F_0 \sin(\omega t)$$

$$Y = \frac{dy}{dt} = \omega B \cos(\omega t - \varphi) = \omega B \sin\left(\omega t + \frac{\pi}{2} - \varphi\right)$$

上述信号在示波器的屏幕上显示出一椭圆图像。共振时,$\omega = \omega_n$,$\varphi = \pi/2$。因此,X 轴信号与 Y 轴信号的相位差为 0。由李萨如图形原理知,屏幕上的图像应该是一条直线。当 ω 略大于 ω_n 或略小于 ω_n 时,图像都将由直线变为椭圆,其变化过程如图 3-9-2 所示。因此,图像由椭圆变为直线时的频率就是振动体的固有频率。

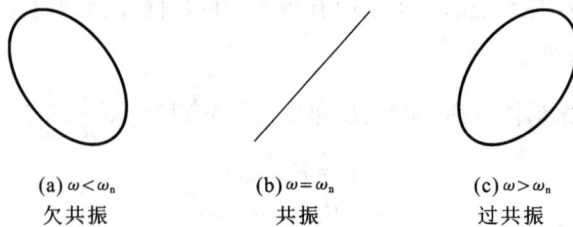

(a) $\omega < \omega_n$　　　　(b) $\omega = \omega_n$　　　　(c) $\omega > \omega_n$
　欠共振　　　　　　　共振　　　　　　　过共振

图 3-9-2　用速度判别共振的李萨如图形

3. 通过加速度判别共振

测量加速度时,测振仪上所反映的是振动体的加速度信号。将振动加速度信号输入示波器 Y 轴,激振信号输入示波器 X 轴。此时,示波器的 X 轴与 Y 轴的信号分别为

$$X = F = F_0 \sin(\omega t)$$

$$Y = y = \frac{d^2 y}{dt^2} = -\omega^2 B \sin(\omega t - \varphi) = \omega^2 B \sin(\omega t + \pi - \varphi)$$

上述信号在示波器的屏幕上显示出一椭圆图像。共振时,$\omega = \omega_n$,$\varphi = \pi/2$,因此,X 轴信号与 Y 轴信号的信号相位差为 $\frac{\pi}{2}$。由李萨如图形原理知,屏幕上的图像将是一个正椭圆。当 ω 略大于 ω_n 或略小于 ω_n 时,图像都将由正椭圆变为斜椭圆,并且其轴所在象限也将发生变化。变化过程如图 3-9-3 所示。因此,图像变为正椭圆时的频率就是振动体的固有频率。

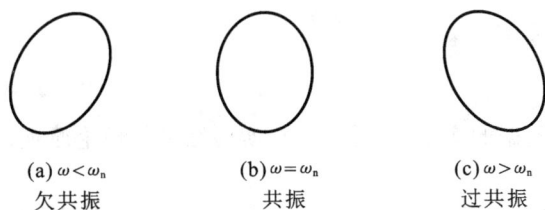

图 3-9-3　用加速度判别共振的李萨如图形

四、实验内容

实验装置框图如图 3-9-4 所示。具体实验要求如下。

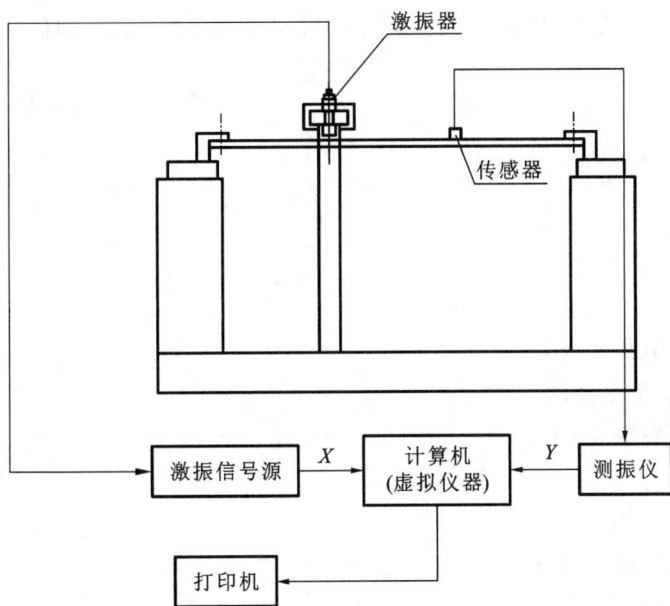

图 3-9-4　实验装置框图

（1）将激振器信号输入端和数据采集卡的 AO0 口相连。通过软件平台的输出信号控制激振器的振动。

（2）将数据采集卡的输出端信号线和数据采集卡的 AI0 口相连，作为双通道信号分析中的激励信号；将实验平台上传感器输入信号，通过前向调理电路，接入数据采集卡的 AI1 口，作为双通道信号分析中的响应信号。

（3）通过调整激励信号频率（从低到高逐渐增加），同时，用测振仪的 x/v/a 挡测振，观测软件实验平台中双通道 FFT 分析的李萨如图的变化，判别共振，确定共振频率。

▓ 五、实验报告要求 ▓

观测记录不同挡位测振的实验结果图,分析实验结果与理论原理是否相符合。

实验十 运动小车测控系统综合设计实验

▓ 一、实验目的 ▓

LabVIEW 作为虚拟仪器软件开发平台,在数据采集、显示、信号处理和数据传输等方面具有强大的功能。通过本实验,学生应学会将虚拟仪器技术应用于测试和控制中,并将数据采集、信号处理、数据传输等知识运用于具体实践中,提高学生动手能力和创新意识,增进学生的知识应用能力。

▓ 二、实验设备 ▓

(1)计算机 1 台;
(2)MATLAB 软件 1 套;
(3)LabVIEW 软件 1 套;
(4)遥控玩具小车 1 台;
(5)DAQ 数据采集卡 1 张;
(6)导线若干;
(7)电子元器件若干;
(8)电子电路蜂窝板若干;
(9)传感器若干;
(10)打印机 1 台。

▓ 三、实验原理 ▓

本实验的对象是一个普通四轮遥控玩具小车,遥控器上有两个扳手,可以实现四个开关动作,这四个开关分别用来控制小车的左转、右转、前进、后退。当操作遥控器的扳手分别闭合其中各个开关时,遥控器芯片上晶体管振荡器以不同的频率振荡,共产生四种不同频率的电磁波并通过天线发射出去;而小车的接收器根据接收到频率的不同,通过控制芯片选通不同电路,从而接通两个电机进行正转或反转,从而控制小车运动。

本测控实验主要由小车速度采集部分和小车控制部分组成。速度采集部分是将小车车轮速度信号通过转速传感器采集,转速传感器通过一个连接器接入,插在计算机主机箱扩展槽内的 DAQ(数据采集卡)上,计算机软件对数据进行分析处理和显示。控制部分由速度控制模块和方向控制模块组成。在速度控制方面,在放大电路确定不变的情况下,计算机的输出电压与小车的转速存在某种对应关系。根据这种对应关系,我们就可以通过控制输出的电流的大小来达到控制转速的目的。在方向控制方面,计算机程序输出一种开关量来控制继电器的开闭,继电器动作就代替了原来需要手动来操作扳手进行开闭的动作,继电器闭合后,控制器的芯片选择将相应电路的开关打开,电路导通,这样就可发射相应的电磁波对接收器进行控制,接收器接到信号进行相应的方向动作,这样就达到了通过计算机上的虚拟仪器进行方向控制的要求。

■四、实验内容■

利用 MATLAB 和 LabVIEW 混合编程方法,以玩具小车为控制对象,设计一套测控系统,通过虚拟仪器控制和显示小车的运动方向及运动速度,并在虚拟仪器面板上显示小车运动路径和所处位置等信息。

■五、实验报告要求■

实验报告要求包含以下内容:
(1)整个实验设计框图及设计说明(电子版);
(2)MATLAB 运算程序(电子版);
(3)LabVIEW 程序(电子版)。

■六、思考题■

如果在小车上用多个超声波模块组成三维探测空间,是否可帮助运动小车自动避障?

实验十一 振动时效消除工件残余应力系统综合设计实验

■一、实验目的■

(1)掌握振动消除应力的基本原理及其实现方法的设计,并将理论知识和工程应用结合起来,提高动手能力和拓展工程应用设计思维;
(2)掌握快速傅里叶变换的原理及实际应用的实现方法,学会测控技术的基本调试方法。

■二、实验设备■

(1)计算机 1 台;

(2)MATLAB 软件 1 套;

(3)LabVIEW 软件 1 套;

(4)DAQ 数据采集卡 1 张;

(5)激振装置 1 个;

(6)传感器若干;

(7)PWM 调速模块 1 个;

(8)电子元器件若干。

三、实验原理

振动时效法又称振动消除应力法,其以振动的形式给工件施加附加应力,当附加应力与残余应力叠加,达到或超过材料的屈服极限时,工件发生微观塑性变形,从而降低和均化工件内的残余应力,并使其尺寸精度达到稳定。它的主要实现方法是将激振器牢固地夹持在被处理工件的适当位置,通过对振动设备进行某些参数的测量并进行控制,根据工件固有频率调节激振频率,直至使连接在工件上的振动传感器(速度计或加速度计)所接收的信号达到最大值,这时工件已达到共振。在这种状态下持续振动一段时间,即可达到消除应力、稳定尺寸精度的目的。

根据以上原理,采用电机带动激振机构,给工件施加振动力,用传感器获取工件振动频率,并对其进行频谱分析。根据频谱分析结果调整电机转动速度,实现激振机构频率的调整,使工件与激振机构发生共振,并根据工件振动幅值与时间的关系调整激振时间,进而消除工件残余应力。

四、实验内容

利用激振装置、传感器、PWM 模块、电机及其驱动电路搭建振动消除残余应力装置,并在 LabVIEW 和 MATLAB 上进行仿真分析,确定控制过程的参数范围。

五、实验报告要求

(1)写出整个振动消除应力装置的设计思路及实现概要;

(2)编写仿真分析程序,绘制仿真分析响应曲线,估算控制过程参数范围;

(3)写出激振装置测控算法框图并提交相应的程序(电子版);

(4)根据所设计的实现方法,分析激振装置频率变化的情况,并绘制变化趋势图;

(5)若测控实验过程中出现异常情况,请分析出现异常的原因及提供调试方法或者思路;

(6)写一份本实验的心得体会。

■ 六、思考题 ■

(1)若对消除应力过程有时间限制,请思考如何在所限时间内消除应力并写出相关测控算法;

(2)若软件实现部分不是在 PC 上进行而是在单片机上进行,请思考如何实现,写出实现方案,并绘制相关图样。

实验十二　简支梁固有频率测量系统综合设计实验

■ 一、实验目的 ■

(1)掌握振动信号分析和模态分析的基本方法;

(2)掌握测量固有频率的基本方法。

■ 二、实验设备 ■

(1)计算机 1 台;

(2)MATLAB 软件 1 套;

(3)LabVIEW 软件 1 套;

(4)简支梁装置 1 台;

(5)NI-6229 数据采集卡 1 张;

(6)速度传感器 2 个;

(7)加速度传感器 2 个;

(8)激振器 1 台;

(9)测振仪 1 台;

(10)激振信号源发生器 1 台;

(11)打印机 1 台。

■ 三、实验原理 ■

实验装置如图 3-12-1 所示。本实验的模型是一矩形截面简支梁,它是一无限自由度系统。从理论上说,它应该有无限个固有频率和主振型,在一般情况下,梁的振动是无穷多个主振型的叠加。如果给梁施加了一个合适大小的激振力,且该力的频率正好等于梁的某阶固有频率,就会产生共振。对应于这一阶固有频率的确定的振动形态称为这一阶的主振型,这时其他各阶振型的影响小得可以忽略不计。用共振法确定梁的各阶固有频率及振型,首先得找到梁各阶的固有频率,并让激扰力频率等于各阶固有频率,使梁产生共振,然后测定共振状态下梁上各测点的振动幅值,从而确定某一阶主振型。

对于截面为方形的简支梁,横向振动固有频率的理论解为

$$f_0 = 49.15\,\frac{1}{L^2}\sqrt{\frac{EJ}{Ap}}\ (\text{Hz})$$

式中:L——简支梁的长度(cm);

E——材料弹性系数(kg/cm^2);

A——梁的横截面积(cm);

p——材料比重(kg/cm^3);

J——梁截面弯曲惯性矩(cm^4)。

对于矩形截面,弯曲惯性矩为

$$J = bh^3/12$$

式中:b——梁横截面宽度(cm);

h——梁横截面高度(cm)。

各阶固有频率之比:

$$f_1 : f_2 : f_3 : f_4 : \cdots = 1 : 2^2 : 3^2 : 4^2 : \cdots$$

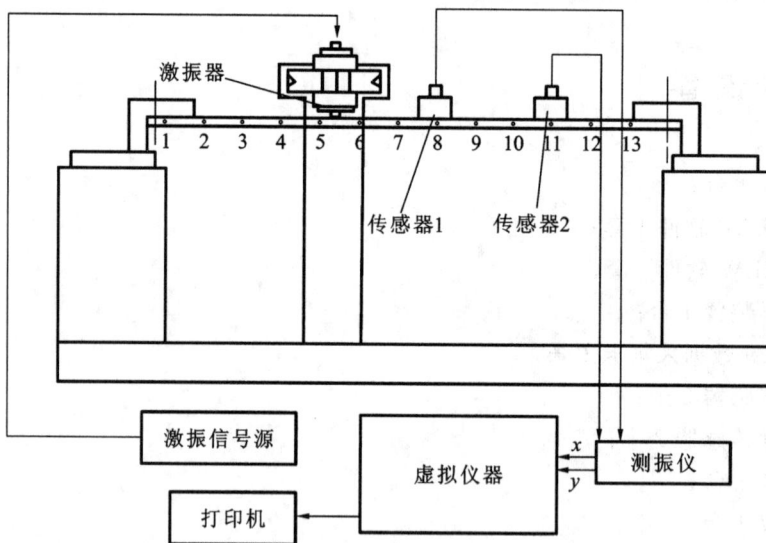

图 3-12-1　简支梁实验装置框图

■■■四、实验内容■■■

(1)通过实验装置利用 MATLAB 和 LabVIEW 对简支梁固有频率测量方法进行仿真分析;

(2)在实验装置中接入相应传感器,通过 NI-6229 数据采集卡、MATLAB 和 LabVIEW 测量出简支梁的各阶固有频率;

(3)运用 LabVIEW 软件控制激振器输出频率,并通过速度传感器测出各个测点的振动信号并加以分析。

五、实验报告要求

(1)各阶固有频率的理论计算值和实测值分析；

(2)各测定振幅实测值分析；

(3)振型图分析；

(4)将理论计算出的各阶固有频率、理论振型与实测固有频率、实测振型相比较,判断结果是否一致,若不一致,分析产生误差的原因。

实验十三 转子动平衡系统综合设计实验

一、实验目的

(1)理解回转机械动平衡基本原理；

(2)掌握回转机械动平衡控制的基本方法。

二、实验设备

(1)计算机 1 台；

(2)MATLAB 软件 1 套；

(3)LabVIEW 软件 1 套；

(4)动圈式速度传感器 1 个；

(5)压电式速度传感器 1 个；

(6)NI-6229 数据采集卡 1 张；

(7)打印机 1 台。

三、实验原理

平衡问题是一个十分重要的问题,特别是转子系统。生产现场各类回转机械的振动,有35%是由于转子侵蚀磨损、结垢、掉块等引起的。不断加剧的振动,会加剧轴承损坏,引起轴承温升,最终使生产被迫中断。

通常情况下,造成转子不平衡的原因是多方面的,而且有些不平衡问题是不容易在转子上找到一个准确的配重来消除的,如转子的腐蚀可能就遍布整个转子的表面。但是所有的缺陷导致的结果都是重心 G 的偏移,所以只要能够加一个配重使重心回到旋转轴心就达到了平衡的目的,如图 3-13-1 所示。

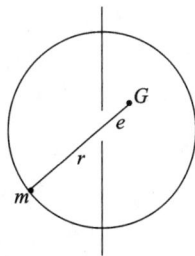

图 3-13-1 加配重示意图

所加配重质量的计算公式如下：

$$m = M \times \frac{e}{r}$$

式中：M——转子的质量；

e——偏心距，即重心和旋转轴心之间的距离；

r——配重的半径，即配重与旋转轴心之间的距离；

m——配重的质量。

对于像圆盘这类轴向尺寸很短的转子，在单面加一个配重就可以达到平衡的目的。如果转子的轴向尺寸很长，可能存在几类不平衡，单面加配重不能达到理想的效果，可以用双面加配重的方法达到平衡的目的。

转子平衡的原理如图 3-13-2 所示。

转盘以角速度 ω 转动，在转盘上距圆心 e 处有一不平衡质量 M，则它所产生的离心力 $F = Me\omega^2$，这里用 U 表示不平衡量，即 $U = Me$。为使转盘旋转时保持平衡，在距圆心 r 处即转盘表面加质量为 m 的是试块，抵消由 M 产生的不平衡量，即：

$$U = Me = Mr(g \cdot m)$$

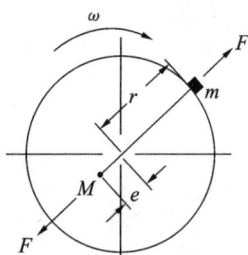

图 3-13-2　转子平衡的原理

动平衡又称双面平衡。对于轴向尺寸较长的刚性转子，可将转子视为由许多与轴线垂直的薄圆盘组成。如各圆盘的重心都不在转动轴上，当转子旋转时，各圆盘均产生不平衡惯性力 F_i、F_j，如果将 F_i、F_j 分别向任意选定的与轴线垂直的两个平面 I、II 分解，分别求出合力 R_I、R_{II}。转子在 R_I、R_{II} 的作用下引起的振动与 F_i、F_j 所引起的振动是完全相同的。如果利用静平衡的方法，分别在平面 I、II 上进行校正，适当地加重或去重，便可消除 R_I、R_{II} 的影响，使转子得到平衡。

四、实验内容

实验装置如图 3-13-3 所示。实验要求运用 LabVIEW 设计转子动平衡控制系统，并基于单面现场动平衡的三点加重法分析刚性转子动平衡。实验时在转子实验台的配重盘上选取一个位置作为初始位置，然后用转子实验台附件中的螺钉作为不平衡质量加在配重盘上。然后按三点加重法进行测量估算，得到不平衡重量和位置。实验基本步骤为：设定初始位置为 $a = 0$；测量不加重时振动信号 v_0 的大小；把螺钉作为不平衡的质量，测量螺钉的质量；分别测定 $a = 0$、$a = 180°$、$a = 270°$ 时，用螺钉加重后振动信号 v_1、v_2、v_3 的大小；通过公式求出不平衡点的位置 a 和质量 m。

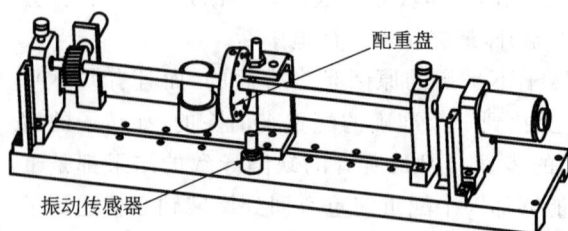

图 3-13-3　转子平衡的实验装置

五、实验结果与分析

将实验结果填入表 3-13-1 中。

表 3-13-1　转子平衡实验数据

| 过　　程　　量 | | | | 结　　果 | |
螺钉质量/g	不加重时 v_0	0 加重 v_1	180°加重 v_2	270°加重 v_3	不平衡位置/(°)	不平衡质量/g

六、思考题

基于 LabVIEW 软件,自行编写转子动平衡实验程序。

高级实验系列

实验十四　电子称重综合设计实验

一、实验目的

(1)理解用应变片测力环制作电子秤进行物品称重的原理;
(2)掌握对称重实验台进行标定和测量误差修正的方法。

二、实验设备

(1)计算机 1 台;
(2)MATLAB 软件 1 套;
(3)LabVIEW 软件 1 套;
(4)应变式力传感器 1 个;
(5)NI-6229 数据采集卡 1 张;
(6)DRVI 快速可重组虚拟仪器平台 1 套;
(7)打印机 1 台。

██ 三、实验原理 ██

金属应变式力传感器是用于检测物体机械变形的传感器。金属应变计是一种被广泛采用的应变式力传感器。金属应变计的原理是,当电阻器受到外力作用时,会产生形变,由此而引起电阻器的电阻值变化。通过对机械形变的检测,就可以测量出物体所承受的应力。

金属应变计的结构如图 3-14-1 所示,它由电阻器、基板和引线组成。金属应变计的中心轴称为校准轴;电阻器是电阻丝沿校准轴平行地多次曲折往返后形成的栅状结构。

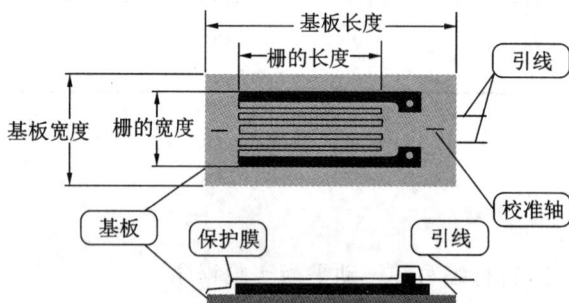

图 3-14-1　金属应变计的结构

金属应变计的基本电路如图 3-14-2 所示。金属应变计的电阻值变化很小,通常为了扩大其动态范围,使用时都将电阻器组成桥式结构。而其桥式结构一般有 2 个电阻器为传感器、2 个电阻器为固定电阻器的半桥结构,或者 4 个电阻器全部为传感器的全桥结构。

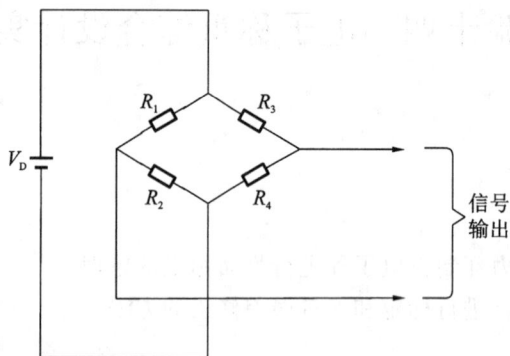

图 3-14-2　金属应变计的基本电路

为了提高测量精度,称重实验台使用前可用标准砝码对其进行标定,得到物料质量与输出电压的关系曲线。实际使用时根据测量电压按该曲线反求出实际质量就可以了。

本实验的电阻应变计采用的是惠斯通全桥电路,当载物台承重后,4 个应变片会发生变形,产生电压输出,经采样后送到计算机,由 DRVI 快速可重组虚拟仪器平台软件处理。因为电桥在生产时存在一些误差,所以传感器在使用之前必须经过线性校正。图 3-14-3 是应变计的输入与输出对应关系图。

在图 3-14-3 中:y 轴表示传感器的输出(电压);x 轴表示传感器的输入(力);L_0 是原始数学对应关系;k 表示 L_0 的斜率,它实际上对应于力传感器的灵敏度;b 表示 L_0 的截距,它实际上表示的是力传感器的零位(即传感器在没有施加外力的情况下的输出电压)。图 3-14-3(a)表示的是随着截距 b 的改变,其数学对应关系的改变情况。图 3-14-3(b)表示的是截距 b 不改变,随着斜率改变,传感器的输入与输出关系的改变情况。分别调整称重台的零位电位器和增益电位器实际就是改变截距 b 和灵敏度 k。在实验的过程中可以调整这两个电位器来观察传感器的曲线变化。调整后,需要做全量程的 $5\sim10$ 点标定,记录下标定结果,并根据结果作图。

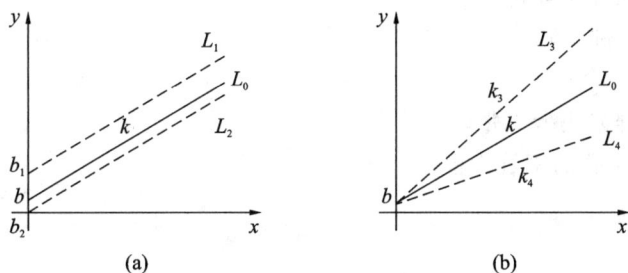

图 3-14-3 应变计输入与输出关系示意图

■ 四、实验内容与步骤 ■

利用 LabVIEW、应变计和采集卡设计称重系统,并对称重实验台进行标定,最后进行称重实验及误差分析。实验步骤如下:

(1)设置采样参数,进行信号采集。

(2)标定。用两个已知质量的砝码,标定输入信号的电压大小。

(3)曲线拟合。求出力的传感器曲线,得出曲线斜率、截距等参数。

(4)实测。测定待测物体质量。

■ 五、实验报告要求 ■

(1)基于 LabVIEW 软件编写应变计实验程序;

(2)绘制控制系统方框图;

(3)分析实验误差产生原因。

实验十五 霍尔效应检测系统综合设计实验

■ 一、实验目的 ■

(1)理解无损检测的基本原理;

(2)掌握基于霍尔传感器进行无损检测的基本方法。

■二、实验设备■

(1)计算机1台;

(2)MATLAB软件1套;

(3)LabVIEW软件1套;

(4)霍尔传感器1个;

(5)NI-6229数据采集卡1张;

(6)带有裂缝和小孔的钢管1根;

(7)打印机1台。

■三、实验原理■

1. 无损检测的基本原理和方法

无损检测是利用物质的声、光、磁和电等特性,在不损害或不影响被检测对象使用性能的前提下,检测被检对象中是否存在缺陷或不均匀性,并给出缺陷大小、位置、性质和数量等信息。

涡流检测是针对导电材料的基于电磁感应原理的检测方法。由于导体自身各种因素,如电导率、磁导率、形状、尺寸和缺陷等的变化,会引起感应电流的大小和分布的变化,根据此变化可检测导体缺陷、膜层厚度和导体的某些性能,还可用以进行材质分选。

涡流检测具有以下特点:

(1)检测时,线圈不需接触被检对象,也无需耦合介质,因此检测速度快,易于实现自动化检测,特别适合管、棒材的检测。

(2)对于表面和近表面缺陷有较高的检测灵敏度,且在一定的范围内具有良好的线性指示,可对大小不同的缺陷进行评价。

(3)能在高温状态下进行管、棒和线材的探伤。

(4)能较好地适用于形状较复杂零件的检测。

涡流检测原理如图3-15-1所示。

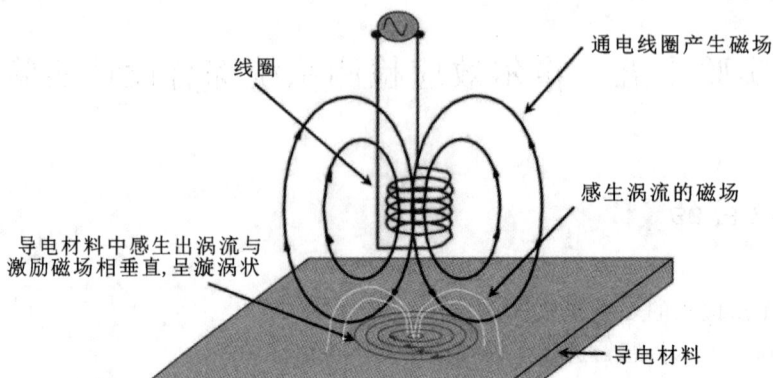

图 3-15-1　涡流检测原理

2.霍尔传感器

霍尔传感器是基于霍尔效应将被测量如电流、磁场、位移、压力、压差和转速等转换成电动势输出的一种传感器。虽然它的转换率较低,温度影响大,要求转换精度较高时必须进行温度补偿,但霍尔式传感器结构简单,体积小,坚固,频率响应宽(从直流到微波),动态范围(输出电动势的变化)大,非接触,使用寿命长,可靠性高,易于微型化和集成化。因此在测量技术、自动化技术和信息处理等方面得到了广泛的应用。霍尔效应是物质在磁场中表现的一种特性,它是运动电荷在磁场中受到洛伦兹力作用的结果。当把一块金属或半导体薄片垂直放在磁感应强度为 B 的磁场中,沿着垂直于磁场方向通过电流 I,就会在薄片的两侧产生电动势 U_H,如图3-15-2 所示。这种现象称为霍尔效应,所产生的电动势称为霍尔电动势,这种薄片称为霍尔片或霍尔元件。

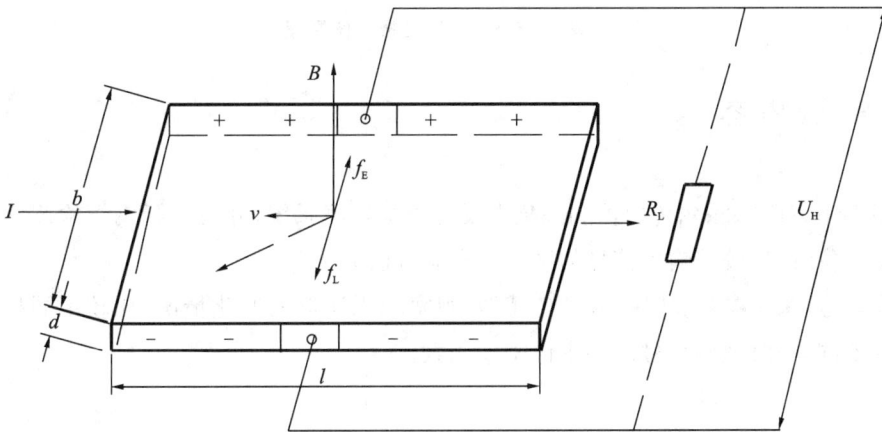

图 3-15-2　霍尔效应原理图

当电流 I 通过霍尔片时,假设载流子为带负电的电子,则电子沿电流相反方向运动,令其平均速度为 v。在磁场中运动的电子受到的洛伦兹力 f_L 为

$$f_L = evB$$

式中:e——电子所带电荷量;

$\quad\quad v$——电子运动速度;

$\quad\quad B$——磁感应强度。

洛伦兹力的方向根据右手定则由 v 和 B 的方向确定。

运动电子在洛伦兹力 f_L 的作用下,以抛物线形式偏转至霍尔片的一侧,并使该侧形成电子的积累。同时,使相对一侧形成正电荷的积累,于是建立起一个霍尔电场 E_h。该电场对随后的电子施加一电场力 f_E,其大小为

$$f_E = eE_H = eU_H/b$$

式中:b——霍尔片的宽度;

$\quad\quad U_H$——霍尔电势。

f_E 的方向如图 3-15-2 所示,恰好与 f_L 的方向相反。

当运动电子在霍尔片中所受到的洛伦兹力 f_L 和电场力 f_E 相等时,则电子的积累便达到动态平衡,从而在霍尔片两侧形成稳定的电势,即霍尔电势 U_H,并利用仪表进行测量。

本实验采用磁性检测原理来探测钢管上的缺陷,如图 3-15-3 所示。探头由一个磁铁和可检测磁场强度的霍尔传感器组成。磁铁与被检测的铁磁材料工件间形成磁路,若工件上有缺陷,则磁路的磁阻增大,霍尔传感器附近的磁场强度变弱。探头在试件表面移动时,会检测到磁场的变化,正常情况下磁场的变化是均匀的,当试件表面有缺陷时,会产生一个磁场的跳变,通过监测磁场的跳变即可进行试件的探伤。

图 3-15-3　磁性无损探伤原理

◢四、实验内容◣

利用 LabVIEW、霍尔传感器和采集卡设计无损检测系统,并对实际钢管检测其裂缝和小孔等缺陷的位置,比较其输出信号的区别。实验方法如下:

首先,设定采集参数;然后,移动传感器,观察输入波形的变化情况,比较不同损伤所表示的波形的不同,同时观察信号的功率谱密度函数。

◢五、实验报告要求◣

(1)基于 LabVIEW 编写无损检测实验程序,并结合硬件进行调试;
(2)绘制控制系统方框图;
(3)分析实验误差产生的原因。

实验十六　粮库粮情测控系统综合设计实验

◢一、实验目的◣

通过设计粮库粮情测控系统,掌握温度、湿度和气压等的数字检测方法,学会通过系统辅助变量来评判或者估计系统主要变量,并对系统主要变量进行预警,监测系统的工作状况。从系统总体角度出发,运用所学知识设计综合测控系统。

二、实验设备

(1)单片机若干；

(2)DS18B20 温度传感器 5 个；

(3)HM1500 湿度传感器 5 个；

(4)RS485 通信模块 1 块；

(5)铜板和蜂窝板若干；

(6)继电器若干；

(7)导线若干；

(8)PC 一台。

三、实验原理

粮食在储藏过程中容易受到外界因素的影响而使质量变坏。冷却、机械通风、环流熏蒸、粮情测控是四项储粮新技术，其中粮情测控是其他三项技术的基础，其准确性、可靠性直接影响到其他三项储粮技术的应用效果，是四项储粮技术应用的关键。

粮情检测、分析、控制三者是粮情检测分析的核心，粮情检测是基础，粮情分析是依据，通风控制是手段。粮情检测是对粮食储藏过程中粮堆温度、湿度，仓内温度、湿度，大气温度、湿度等基本参数的检测和记录。粮情测控系统是通过电源电缆、通信电缆将计算机、检测主机、检测分机、分线器、传感器、风机连接起来构成的系统。粮情测控过程是把埋在粮堆内的温度传感器、湿度传感器所感应到的温湿度变化情况，通过分线器、检测主机、检测分机反映到主控机房的计算机上，使粮库保管人员可以随时观察粮堆内的温湿度变化情况，并采取相应的处理措施，以确保粮食储藏安全的过程。

数字式粮库粮情测控系统是现代化粮库必备的安全储粮管理的基础设施，通过网络通信技术检测粮食储备库中的基本情况，主要包括仓外温度、仓内温度、粮堆温度、粮堆湿度、仓外湿度、仓内湿度数据检测，同时以多种方式(三维立体数字、三维立体图形、曲线图、表格等)显示和打印温湿度信息。

粮库粮情测控系统各主要组成部分的特点如下。

(1)采用数字式温度传感器，输出数字信号，测量误差小，准确可靠；

(2)采用两线制结构，系统构成为"测温电缆＋分机＋计算机"三级结构，系统简洁；

(3)采用模块化设计，各部件间插接件连接，安装调试和维护方便；

(4)系统通用化设计，软硬件可根据使用需要随时由用户自行调整；

(5)选用优质的原材料，特殊工艺，设备安全系数高，使用寿命长；

(6)整体系统具有防雷、防熏蒸功能，运行稳定；

(7)系统软件支持巡检、抽检、定时检测,可以随时获取仓房任意时段粮情测控信息;

(8)根据监控的粮情数据可设置报警点自动预警,预警信息涉及储粮安全性分析、发热可能性分析、温升过快点分析等。

▮ 四、实验内容 ▮

设计一套粮库粮情测控系统,能够对粮库中温度和湿度等用以评判粮库粮情的辅助变量进行检测,检测方式包括定时检测和巡回检测。通过综合分析检测所得数据,评判或者估计粮库粮情状态,给出粮库粮食是否正常,并对粮食发霉变质做出预警。同时,该系统还应能控制风机和除湿机工作,并报告这些机器的工作状况,形成设备运行状况报表。系统可选用MEGA16 单片机作为核心控制器件,可用 DS18B20 温度传感器来测量粮库温度,可用HM1500 湿度传感器来测量粮库湿度。通过单片机对数据进行一定预处理,并通过 RS485 传给计算机进行深度分析和对粮库粮情作出评价。

▮ 五、实验报告要求 ▮

实验报告要求包含以下内容:

(1)实验设计原理图(电子版);

(2)实物装置图(要求现场调试和演示);

(3)设计说明书(电子版);

(4)数据分析程序(电子版);

(5)粮库粮情评判方法(电子版,要求说明具体评判原则和评判方法原理)。

▮ 六、思考题 ▮

如何通过粮库温度和湿度变化评判粮库粮情? 自行设计分析方法并动手实验。

实验十七 数据融合测量系统综合设计实验

▮ 一、实验目的 ▮

(1)掌握利用 A/D 转换和计算机资源实现示波器设计的方法;

(2)掌握建立 NI-DAQmx 仿真设备的基本方法。

二、实验设备

(1)LabVIEW 软件 1 套;

(2)MATLAB 软件 1 套;

(3)打印机 1 台。

三、实验原理

1. NI-DAQmx

NI-DAQmx 集成了全新的驱动架构和 API,用于控制 National Instruments DAQ 设备。本实验将演示如何通过 NI-DAQmx 提供的 API 来控制 National Instruments DAQ 设备,实现数据采集任务。为了方便大家学习,我们使用模拟的 NI-DAQmx 设备来演示。它是使用 NI Measurement and Automation Explorer(MAX)中的 NI-DAQmx 模拟设备选项创建的,其行为与真实设备相似。

DAQ 助手可通过图形化界面让用户交互式地创建、编辑、运行 NI-DAQmx 虚拟通道和任务。每个 NI-DAQmx 虚拟通道由 DAQ 设备上的一个物理通道以及该物理通道的配置信息组成,一个 NI-DAQmx 任务就是一个包含虚拟通道、定时、触发信息,以及其他与采集和生成相关的属性的集合。

2. 双踪示波原理

在示波器的屏幕上显示电压波形的原理如下:被测电压是时间的函数,在直角坐标系中,示波器的两副偏转板使电子束在两个互相垂直的方向偏转,这两个方向可以看成是两个坐标轴方向。因此,要在示波器的屏幕上显示被测电压的波形,就必须使射线沿水平方向的偏转与时间成正比,而在垂直方向的偏转与被测电压成正比。所以,锯齿波电压加到水平偏转板上,它迫使射线以恒定的速度从左向右沿水平方向偏转,并且很快地返回到起始位置,射线沿水平方向所经过的距离与时间成正比。被测电压加到垂直偏转板上,因而,每一瞬间射线的位置单值对应于这一瞬间被测信号的值。在锯齿波电压作用期间,射线就绘出了被测信号的曲线。示波器波形显示原理如图 3-17-1 所示。

双踪示波器具有 Channel 1 和 Channel 2 双通道示波功能。基于 LabVIEW 设计虚拟示波器时,可以设置两个开关分别控制 Channel 1 和 Channel 2 选通状况,开即显示波形,关即不显示,同时选择了两个开关就在波形图上同时显示两个波形。由于没有外界信号输入设备,所以不能用外部数据采集的方法输入信号波形,那么需要自己设计一个简易信号发生器,使两个通道都能实现基本模拟信号正弦波、三角波、方波、锯齿波的输入。波形显示方面可以采用波形图控件。波形控制部分包括 Channel 1 信号幅度调节和幅度偏移、Channel 2 信号幅度调节和幅度偏移、时间扫描速率、同时开的时候两个信号叠加开关。示波器的开启和关闭,可以

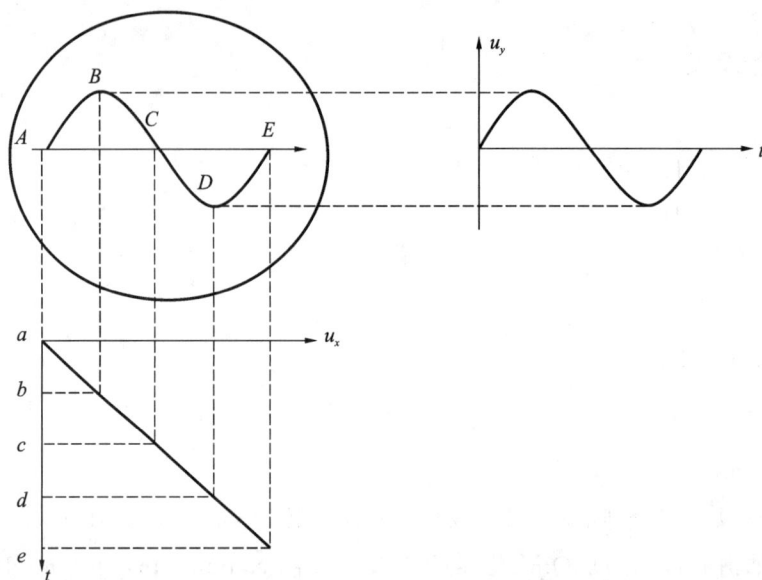

图 3-17-1　示波器波形显示原理

通过 While 循环的停止按钮设置。

3. 数据融合基本原理

融合来自多个传感器的数据和相关信息,可实现比单传感器更准确的判断。目前数据融合在军事和非军事领域都有着广泛的应用,在军事领域广泛应用于自动目标识别、自动驾驶导航、遥感、战场监测等,在非军事领域广泛应用于环境监视、机器人技术以及医疗技术。其实人类本身就有着卓越的数据融合能力,通过视觉、味觉、触觉、嗅觉,人类可以对食物的选择做出准确的判断。同样,在军事上,我们希望在比如空对空防御和地对空防御中,综合地基和飞机电磁信号数据做出更准确的预警,在非军事领域,比如医疗领域,我们希望通过 X 射线、核磁共振、目视检查等多种数据进行综合处理来做出更准确的疾病诊断。

相比于单传感器,多传感器数据融合有以下优势:

(1)使用多个相同的传感器,可以提高观测值统计准确率;

(2)使用多个传感器提高了可观察性,比如我们可以同时通过脉冲雷达和前视红外成像来观测一个目标,其中雷达可以准确地判断目标的距离,但是确定方位角的能力有限,而前视红外成像可以准确地判断目标的方位角,但是确定目标距离的能力有限,那么,同时基于两者对目标进行观测将比单独使用一个传感器更为准确。

多传感器数据融合主要有三种方法:

(1)直接数据融合,如果多传感器数据是可加的,比如我们使用了多个图像传感器或多个声学传感器,就可以使用直接数据融合,直接数据融合涉及一些经典的估计方法,比如卡尔曼滤波,反之我们就只能使用特征融合或决策融合;

(2)特征融合,取数据中的特征向量,并基于特征向量进行融合;

(3)决策融合,处理每一个传感器的数据并做出判断,最后对所有决策进行融合。

目前比较成熟的方法仍然集中在直接数据融合,在特征融合和决策融合的层面,缺乏健壮的、可操作的系统。同时需要注意的是,尽管我们的工作重点在于设计数据融合算法,但是好的传感器仍然是最重要的,传感器的性能直接决定着数据融合的效果。

四、实验内容

根据实验原理,建立 NI-DAQmx 仿真设备,选择 E 系列中的 NI PCI-6071E 数据采集卡的仿真模块。通过 DAQmx 物理通道识别,产生模拟信号,然后基于 LabVIEW 开发平台设计多通道数据融合程序,分析融合后的结果,并在界面上显示相关信息。实验要求分析融合结果与单通道测量的误差,并绘制相应的误差曲线。

五、实验步骤

(1)选择通道 Channel 1 和 Channel 2。在程序框图上创建两个条件结构,把 Channel 1 和 Channel 2 的开关(布尔开关)控制分别接到这两个条件结构的条件输入端,然后在每个"真"条件下,添加子条件结构,在这个子条件结构里面,利用基本函数发生器创建波形产生模块,并在波形产生模块里选择产生相应的波形(正弦波、三角波、方波、锯齿波),这样就产生了大条件结构的"真"操作,也即在 Channel 1 或 Channel 2 通道开的情况下,通过按钮选择产生波形。

(2)波形显示控制部分。这部分通过控制一些参数使波形在波形图上更好地显示出来。控制 Channel 1、Channel 2 通道幅值,调节波形图(每单位表示多少电压值);控制时间扫描速率,调节时间轴(每单位表示多少时间)。这些都是为了让波形以最直观、最清楚的方式显示在波形图上。通过子 VI 的功能改变输出电平和幅度偏移;通过获取波形成分和创建波形改变输出的频率;通过创建一个子条件结构实现波形叠加。示例面板如图 2-17-2 所示,示例程序框图如图 2-17-3 所示。

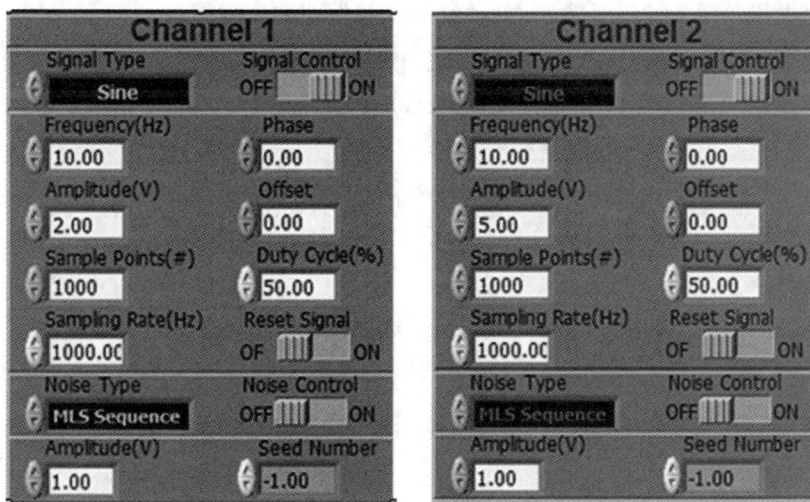

图 2-17-2　波形显示面板示例

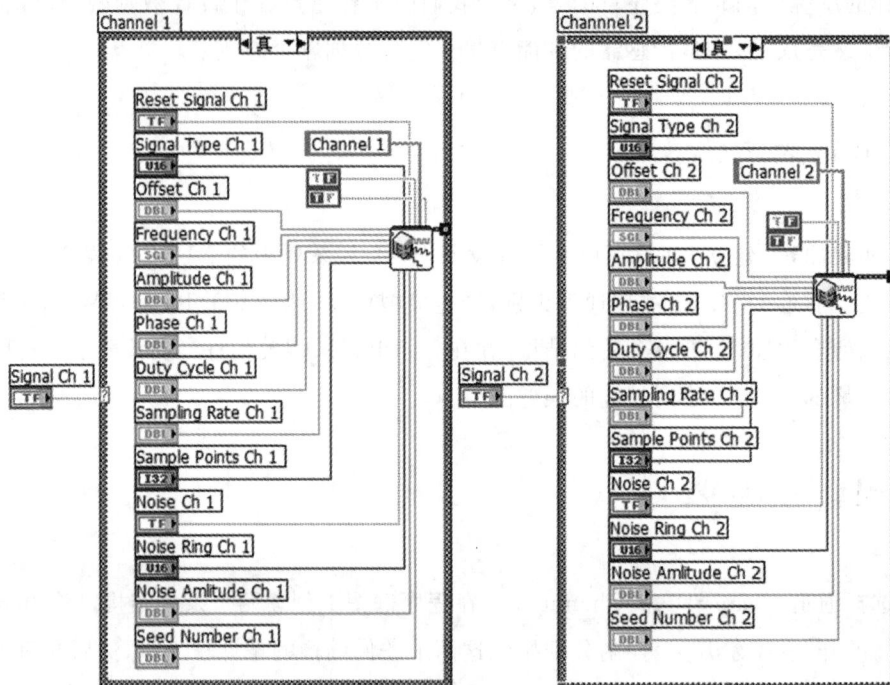

图 2-17-3　波形显示程序框图示例

(3)数据采集模块。数据采集模块是动态测试中的重要部分,可以进行采集方式相关参数的设置,主要完成数据采集的控制、通道控制和时基控制等。该模块工作状态的好坏直接影响到整个系统工作的正常与否。

▮六、实验报告要求▮

(1)编写虚拟示波器的设计说明书,并绘制相应框图和流程图;

(2)运用 LabVIEW 编写相应程序,并调试程序;

(3)总结建立 NI-DAQmx 仿真设备的基本方法,并写一份实验心得体会。

实验十八　颗粒信息测量系统综合设计实验

▮一、实验目的▮

(1)掌握 CCD 成像原理及其基本应用;

(2)掌握 CCD 成像检测基本设计方法;

(3)掌握传感技术综合应用基本方法。

二、实验设备

(1)CCD 成像设备 1 套；

(2)计算机 1 台；

(3)MATLAB 软件 1 套；

(4)LabVIEW 软件 1 套；

(5)打印机 1 台。

三、实验原理

软测量技术理论源于 20 世纪 70 年代 Brosilow 提出的推断控制理论。其基本思想是将难以直接测量的参数作为主导变量，选择与其密切相关且容易测量的参数作为辅助变量，通过构建辅助变量和主导变量的数学关系，用辅助变量估测主导变量。软测量技术将计算机技术和工业生产过程等知识有机结合起来，以软件代替硬件，用辅助变量估计主导变量，实现难测变量的测量，具有易推广和成本低的特点，成为现代工业生产过程参数测量的研究热点。

煮糖结晶过程中糖晶粒度大小及分布和杂质分布对成糖过程具有重要影响，也是实现煮糖过程自动化的重要影响因素。软测量技术和模式识别技术已经得到广泛关注和深入研究，并在很多领域成功应用，为工业生产过程的测控等提供了有力支持。软测量技术为甘蔗煮糖过程的关键参数的测量提供了新的解决途径。

工业品的质量检验是产品流通前的重要环节。机器视觉在工业品检测方面有其独特的技术优势，利用机器视觉进行工业品检测可以降低人工成本，提高企业经济效益。因此，随着 CCD 技术的发展，其应用会越来越广泛。通过 CCD 成像，以人工智能和模式识别技术研究甘蔗煮糖过程糖晶粒度大小及分布、杂质分布情况、晶粒缺陷情况的自动检测方法，可以替代传统人工抽样和肉眼观测方法，解决人工抽样和肉眼观测给煮糖自动化带来不利影响的问题。图 3-18-1 所示为 CCD 视觉检测设备。

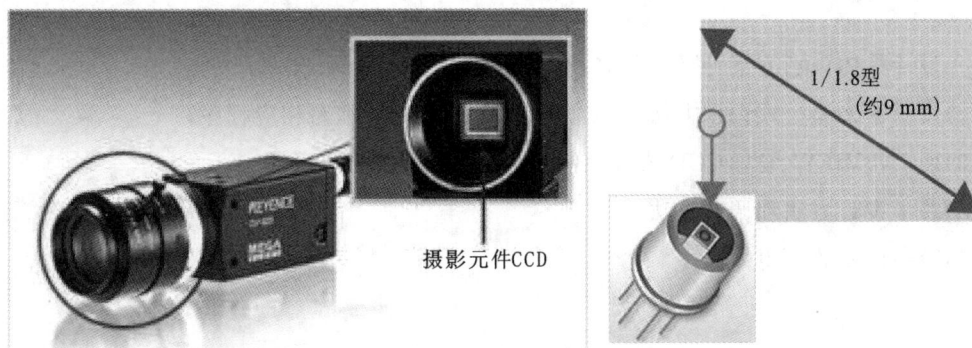

摄影元件CCD

1/1.8型
(约9 mm)

图 3-18-1　CCD 视觉检测设备

　　CCD 视觉检测设备其实就是指通过机器视觉产品 CCD 图像传感器将被摄取目标转换成图像信号,传送给专用的图像处理系统,根据像素分布和亮度、颜色等信息,转变成数字化信号;图像处理系统对这些信号进行各种运算来抽取目标的特征,进而根据判别的结果来控制现场的设备动作的一种检测设备。CCD 视觉检测设备可以代替人眼来做测量和判断,是用于生产、装配或包装的有价值的设备。它在检测缺陷和防止缺陷产品被配送到消费者手中的功能方面具有不可估量的价值。CCD 视觉检测设备中的视觉检测系统综合了光学、机械、电子、计算机软硬件等方面的技术,涉及计算机、图像处理、模式识别、人工智能、信号处理、光机电一体化等多个领域,包括数字图像处理技术、光学成像技术、传感器技术、模拟与数字视频技术、计算机软硬件技术、人机接口技术等。CCD 视觉检测设备的运作是通过振动盘、传送带或机械手将产品有序进行排列并输送到直线轨道前端,通过传送带或振动盘运行,带动产品到 CCD 摄像头下方进行视觉检测,并将采集到的影像传输到视觉软件进行运算,分析出良品与不良品。

　　因此运用软测量技术和模式识别方法,研究甘蔗煮糖过程关键参数的检测方法,对煮糖过程自动化的实现具有重要意义。

░░ 四、实验内容 ░░

　　以模式识别方法为基础,利用 CCD 成像技术,综合考虑人工智能方法和图像处理方法,分别以图像灰度值和 RGB 彩色值作为模式识别的特征值,研究煮糖结晶过程晶体粒度大小以及分布的检测方法。通过软件测量技术确定晶体粒度大小,并通过计算机技术分析采样图像上各种粒度范围内晶粒个数以及在采样图像上各种粒度的分布情况。利用图像上像素的 RGB 彩色值作为模式识别的特征值,通过模式识别方法研究糖液杂质分布情况以及检测晶粒是否存在缺陷等。

░░ 五、实验报告要求 ░░

　　(1)设计具体识别方案,并绘制相应框图和流程图;

　　(2)说明本实验模式识别方法及原理,并用 MATLAB 编写相应程序;

　　(3)用 LabVIEW 编写 CCD 成像控制程序以及图像数据读取程序;

　　(4)总结设计方法和调试方法;

　　(5)写一份实验心得体会。

实验十九　阀门综合控制系统综合设计实验

一、实验目的

(1)掌握脉冲计数基本原理；

(2)学会脉冲信号编码与解码的基本方法；

(3)了解脉冲计数在过程控制中的应用。

二、实验设备

(1)AD卡1张；

(2)LabVIEW软件1套；

(3)MATLAB软件1套；

(4)计算机1台；

(5)信号发生器1台；

(6)光电传感器若干；

(7)阀门若干；

(8)蒸汽发生器1台；

(9)变频器1台；

(10)电机若干。

三、实验原理

　　阀门是用来开闭管路、控制流向、调节和控制输送介质的参数(如温度、压力和流量)的管路附件。根据其功能,可分为关断阀、止回阀、调节阀等。阀门是管路流体输送系统中的控制部件,用来改变通路断面大小和介质流动方向,具有导流、截止、节流、止回、分流或溢流卸压等功能。阀门的控制可采用多种传动方式,如手动、电动、液动、气动、涡轮、电磁动、电磁液动、电液动、气液动、正齿轮、伞齿轮驱动等;可以在压力、温度或其他形式传感信号的作用下,按预定的要求动作,或者不依赖传感信号而进行简单的开启或关闭。阀门依靠驱动或自动机构使启闭件做升降、滑移、旋摆或回转运动,从而改变其流道面积的大小以实现其控制功能。脉冲信号基本编码过程是根据脉冲个数或者脉冲序列对数据信息进行编码,亦即根据脉冲个数或者脉冲序列与时间的关系,用某几个脉冲序列来表示某个信息量,例如0、1以及其他信息量。脉冲信号基本解码过程刚好与编码过程相反,它通过记录脉冲个数或者脉冲序列,并将这些脉冲信号翻译为对应的数据信息量,例如,用10个脉冲来表示响应某个开关的打开或关闭。

　　Modbus协议控制智能电动阀通信功能:提供RS485/M-Bus接口,支持Modbus协议,可方便地与具有RS485、Modbus通信接口的PLC、DCS、计算机等上位机及传输设备对接。结合机电一体化和远程通信控制技术,用户可根据温度、压力、流量、热量等量的技术要求通过计算机远程控制终端阀门。本实验的智能型控制系统采用数字化的方法来控制电动执行机构运行,其可执行的控制命令有:

(1)开阀、关阀、阀门开合度调整;

(2)设置工作模式;

(3)设置工作模式数据;

(4)设置通信速率;

(5)上报阀门开度;

(6)上报阀门工作状态。

■四、实验内容■

(1)用脉冲发生器作为脉冲源,根据脉冲序列对阀门开合度进行编码,将脉冲信号传入AD卡,在LabVIEW中对脉冲信号进行分析和解码,实现对阀门开合度的控制。

(2)用脉冲发生器作为脉冲源,将脉冲信号编码为16位数字信号,利用16位数字信号控制蒸汽发生器输出压力,通过LabVIEW实现蒸汽发生器输出压力的无级控制。

(3)用光电传感器对电机速度进行测量,并对光电传感器输出的脉冲信号进行编码,通过AD卡传入LabVIEW,在LabVIEW中实现脉冲信号解码,最后对电机实施反向控制。

(4)用AD卡对变频器控制信号进行采样,对采样结果进行编码,并根据编码结果控制脉冲发生器,将脉冲发生器输出信号通过AD卡传入LabVIEW,在LabVIEW中用图形显示变频器控制信号状态以及编码状态。

(5)根据变频器脉冲编码、蒸汽发生器脉冲编码和电机转速脉冲编码,综合控制阀门开合度。

■五、实验报告要求■

(1)写出整个实验的设计方法及实现思路;

(2)绘制整个实验的设计框图;

(3)若测控实验过程中出现异常情况,请分析出现异常的原因并提出解决方法或者思路;

(4)记录脉冲编解码过程相关数据信息;

(5)写一份本实验的心得体会。

实验二十　能耗监测系统综合设计实验

■一、实验目的■

(1)学习并掌握温湿度传感器、远传水表、多功能电表等数据监测设备的使用方法;

（2）熟悉能耗数据采集器、EDA 系列模拟量采集模块的参数配置；

（3）学会使用力控组态软件进行类似系统的开发设计；

（4）提高在监测系统设计中的全面分析能力和动手实践能力。

■ 二、实验设备 ■

（1）硬件：计算机 1 台、温湿度传感器若干、流量传感器若干、A/D 转换模块若干、能耗数据采集器 1 台、远传水表与多功能电表若干、电气柜 1 个、线槽及其卡槽若干、24 V DC 电源 1 个、12 V DC 电源 1 个、RS485/RS232 转换器 1 个、空气开关 1 个、导线若干。

（2）软件包：力控 ForceControl 6.0 软件 1 套、EDA 系列模块协议设置软件 1 套、能耗数据采集器管理软件 1 套。

■ 三、实验原理 ■

1. 远传水表

系统所用远传水表支持 GB/T 778.1—2018、CJ/T 224—2012 标准；通信协议执行 CJ/T 188—2018 标准；通信接口形式为 RS485，可设置远传水表通信物理地址，实现远程通信，通信速率为 1200～9600 b/s；水表计数器为可拆卸式，可多方位安装。水温在额定工作条件规定范围以内时，最小流量与分界流量（不包括分界流量）之间的低区的水表最大允许误差为 ±5%；分界流量（包括分界流量）与过载流量之间的高区的水表最大允许误差为 ±2%；最大压力损失 ≤0.03 MPa；最大允许工作压力为 1 MPa；工作温度等级为 T30，最高极限工作温度为 60 ℃。

多功能电表为三相四线电子式的有功电能表，可选通信方式有 RS485 通信和远红外通信，该表的功能有：计度器显示，计量正、反向有功电量，正、反最大需量测量，自动月结算，断相、失压、清零等事件记录等，可保存 12 个月有功历史电量数据。电压 0.2 级、电流 0.2 级、有功功率 0.5 级、无功功率 0.5 级、功率因数 0.5 级、有功电度 0.5 级、无功电度 0.5 级。

2. 模拟量采集模块

模拟量采集模块对室外温度传感器与水温度传感器的模拟量输出进行采集，数据经过处理与转换后传输到数据采集设备。

输入：8 路 0～20 mA 电流及 4 路 0～10 V 电压。

输入信号：直流或交流信号（频率为 25～75 Hz）。

信号处理：16 位 A/D 采样。

采样速率：每秒 5400 次。

数据更新周期：可设定，范围为 67 ms～1.7 s，出厂默认设定的更新时间为 1.44 s。

过载能力：过载 1.2 倍量程可正常测量；过载 3 倍量程输入 1 s 不损坏设备。

隔离：信号输入与通信接口输出之间隔离，隔离电压为 1000 V DC。A/T、B/R、Vcc 与 GND 端共地；12 路信号输入共地端为 AGND 端。

接口：RS485 接口，二线制，±15 kV ESD 保护。

协议：Modbus-RTU、ASCII 码、十六进制 LC-02 协议 3 种,协议可自动识别。

速率：1200 b/s、2400 b/s、4800 b/s、9600 b/s、19200 b/s ,可设定。

模块地址：01H～FFH,可设定。

测量精度：电流、电压为 0.2 级或更高。

模块电源：8～30 V DC。

功耗：典型电流消耗为 15 mA。

工作环境：工作温度区间为－20～70 ℃;存储温度区间为－40～85 ℃;相对湿度为 5%～95%,不结露。

安装方式：DIN 导轨卡装。

体积：122 mm×70 mm×43 mm。

3. 能耗数据采集器

本实验采用中控 EDC-200 型能耗数据采集器,数据存储器容量(可选配 CF 卡)为 256 MB/512 MB/1 GB(可选);RS485/RS232(可选配置)通信口有 COM1、COM2、COM3、COM4 共 4 个,通信速率为 1200～115200 b/s;集成 GPRS;支持 Modbus 通信规约、DL/T 645《多功能电能表通信协议》、CJ/T 188《户用计量仪表数据传输技术条件》;4 路模拟量输入,输入类型为 0～10 mA、4～20 mA、0～5 V、0～10 V,精度为全量程的±0.1%,通道 1 接入电流信号时,"A0＋"接电流信号的正端,"B0－"接电流信号的负端。使用配套的能耗数据采集器管理软件对流量的监测参数进行配置。

四、实验内容

(1)根据调研获取的数据,合理选择实验设备及其数量,完成所有实验设备的安装与连接;

(2)完成模拟量采集模块和能耗数据采集器的配置,对实验装置进行调试;

(3)利用力控组态软件,开发完成整套监测系统;

(4)利用能耗监测系统,监测校园建筑能耗,记录各个监测量的数据变化,打印趋势曲线,分析校园建筑能耗的特点。

五、实验报告要求

(1)提交模拟量采集模块、能耗数据采集器的参数配置截图,完成监测数据的截图;

(2)提交开发的监测系统;

(3)阐述利用组态软件进行校园建筑能耗监测的优缺点;

(4)写一份实验的心得体会,谈谈自己在整套监测系统中遇到的问题及解决的方法等。

六、思考题

(1)如何根据所监测到的数据,评定建筑能耗的合理性?

(2)为什么需要进行 RS485 与 RS232 总线通信转换?

(3)数据采集器如何与组态软件进行通信? 请简述其通信原理。

实验二十一　热交换装备性能测试平台综合设计实验

一、实验目的

(1)了解基于组态软件的热交换器性能测试过程;

(2)掌握温度传感器、远传水表等设备工作原理及其使用方法;

(3)学会传感器数据处理和分析;

(4)掌握自动控制系统综合设计及实现的方法。

二、实验设备

(1)硬件:温度传感器若干、流量计 1 个、模拟量测量模块 1 个、调速阀若干、水泵 1 个、冷凝器 1 个、热水箱 1 个、冷水箱 1 个、管道若干、数据采集器 1 个、导线若干、计算机 1 台、PLC控制器 1 个。

(2)软件:数据测控终端管理软件 1 套、力控组态软件 1 套,模拟量测量模块参数配置软件1 套、PLC 驱动软件 1 套。

三、实验原理

基于组态软件的热交换器性能测试综合实验平台是一个基于智能控制的温度、流量测试与控制系统。此系统以水循环为基础,包括加热部分、散热部分和流量调节部分。加热部分利用自主设计的螺旋铜管从高温水中获得所需要的热量;散热部分通过风冷冷凝器对加热后的水进行冷却;流量调节部分借助调速器对水泵电机进行自动调速,从而获得不同的流量。整个系统是一个耦合的系统,加热、散热及流量调节三者之间互相关联。测控系统的可变参数(温度、流量、电量)采用传感器进行测量,数据采集器将从传感器采集的信号传输到上位机,上位机采用基于神经网络的智能处理控制模块,对温度、流量进行实时自动控制,达到热交换器热交换效果良好且节能环保的目的。

热交换器性能测试综合实验平台的系统硬件由 5 个模块组成:①直流水泵及其调速器;②热水箱;③冷凝器及其调速器;④流量计、温度传感器及电量模块;⑤数据采集器、串口服务器及上位机。该系统结构见图 3-21-1。

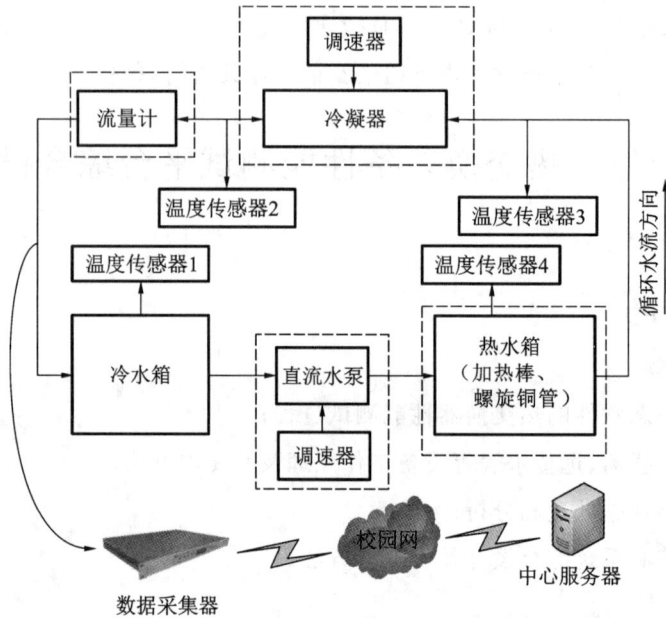

图 3-21-1   热交换器性能测试综合实验平台系统结构图

▌▌四、实验内容▌▌

本实验被控对象是循环水的温度和流量。利用加热棒和铜管对循环水进行加热,温度传感器和流量计将测量的参数经 RS485 总线上传到数据采集器,数据采集器通过校园网将采集的数据上传到中心服务器,中心服务器的力控组态软件对数据进行分析和处理,并按照编制的程序控制调速阀,实现对温度、流量的智能控制。

▌▌五、实验报告要求▌▌

实验报告要求包含以下内容:

(1)实验设计原理图(电子版);

(2)实物装置(要求现场调试和演示);

(3)设计说明书(电子版);

(4)数据分析程序(电子版);

(5)热交换器性能测试评判方法(电子版,要求说明具体评判原则和评判方法原理)。

六、思考题

如何通过测量的温度、流量参数控制调速阀,并最终实现温度、流量的控制?

实验二十二 常规超声波无损探伤系统综合设计实验

一、实验目的

(1)深入理解常规超声波无损探伤在机械工程领域的基本应用方法;
(2)学习常规超声波无损探伤数据的基本处理方法;
(3)掌握常规超声波无损探伤的数据处理流程与缺陷判断的基本方法。

二、实验设备与资源

(1)计算机1台;
(2)LabVIEW 软件1套;
(3)MATLAB 软件1套;
(4)超声波仿真与信号处理平台1个;
(5)超声波探伤数据文件5份;
(6)超声波探伤数据文件结构与组成说明1份;
(7)超声波相关校准资料1份;
(8)超声无损探伤主要数据处理程序范例1份。

三、实验原理

声波是一种机械波,超声波是一种频率很高的声波。使用具有压电或磁致伸缩效应的材料便可产生超声波。在压电材料两面的电极上加上电压,就会按照电压的正负和大小,在压电材料厚度方向产生伸缩。利用这一性质,若加上高频电压,就会产生高频伸缩现象。如果把这个伸缩振动设法加到被检工件的材料上,材料质点也会随之产生振动,从而产生声波,在材料内传播。

超声波检测也称超声检测、超声波探伤,是无损检测的一种。无损检测是在不损坏工件或原材料工作状态的前提下,对不可见的表面和内部质量进行检测的一种手段。超声波无损探伤是超声波无损检测的一种发展与应用,其设备有:超声探伤仪、探头、耦合剂及标准试块等。其用途是检测铸件缩孔、气泡、未熔合、焊接裂纹、夹渣、未焊透等缺陷,以及材料厚度测定。基于超声波检测材料缺陷的仪器被称为超声波探伤仪。超声波探伤基本原理如图 3-22-1 所示。

超声波发射端以一定频率发出超声波,超声波接收端接收返回的超声波信息并转换成电信号。超声波接收端输出的电信号最后被传入计算机,计算机中超声探伤处理程序对信号进行处理,并对成像、缺陷测量与缺陷进行评定。超声探伤处理程序根据声程、波幅信息与编码器等,确定缺陷所在深度与所在平面位置。超声波探伤缺陷与波形的基本关系如图 3-22-2 所示。

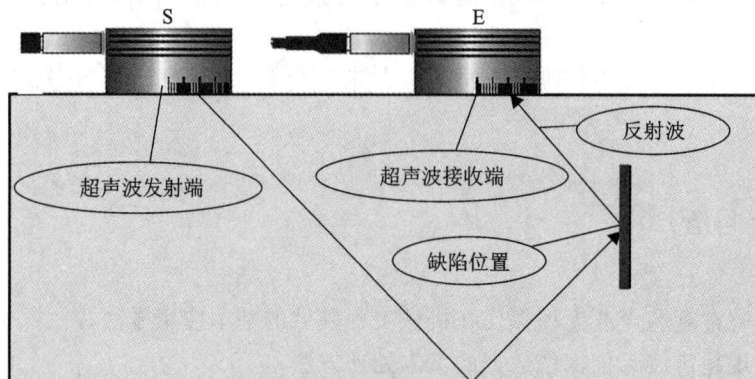

图 3-22-1　超声波探伤基本原理

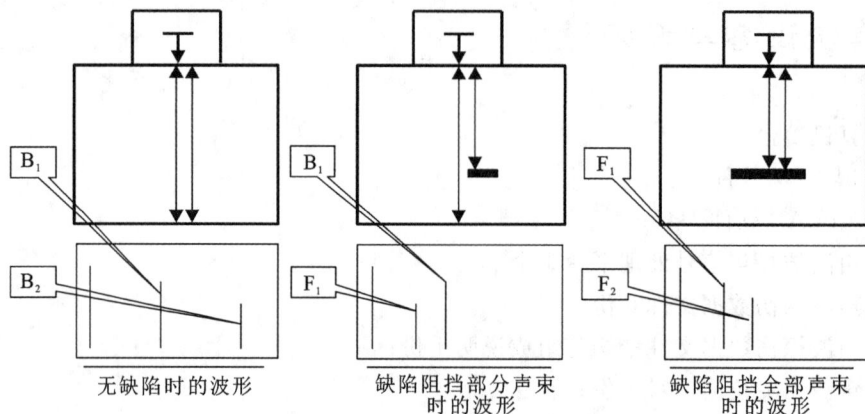

图 3-22-2　超声波探伤缺陷与波形的基本关系

▓四、实验内容▓

根据常规超声波无损探伤原理,基于 LabVIEW 软件与 MATLAB 软件实现相关数据处理程序。将所提供的超声波信号数据文件与相关参数输入探伤系统,自动识别出是否存在缺陷,若存在缺陷,请输出缺陷具体位置与相关波幅信息。

▓五、实验报告要求▓

(1)阐明超声波无损探伤系统的设计原理;

(2)绘制超声波探伤数据处理程序的主要实现流程图;

(3)简要分析探伤过程超声波波幅变化与缺陷的关系。

六、思考题

(1)联系实际,说说超声波探伤还可以应用于哪些领域,并分析原因。

(2)超声波探伤数据处理关键要素有哪些?各有何作用?

(3)简要分析超声波探伤与工业现代化、航空航天等之间的联系。

实验二十三 相控阵超声波无损探伤综合设计实验

一、实验目的

(1)深入理解相控阵超声波无损探伤在机械工程领域的基本应用方法;

(2)学习相控阵超声波无损探伤数据的基本处理方法;

(3)掌握相控阵超声波无损探伤的数据处理流程与缺陷判断的基本方法。

二、实验设备与资源

(1)计算机1台;

(2)LabVIEW 软件1套;

(3)MATLAB 软件1套;

(4)超声波仿真与信号处理平台1个;

(5)超声波探伤数据文件5份;

(6)超声波探伤数据文件结构与组成说明1份;

(7)超声波相关校准资料1份;

(8)超声波无损探伤主要数据处理程序范例1份。

三、实验原理

相控阵超声波技术已有多年发展历史,初期主要应用于医疗领域的医学超声成像中。系统的复杂性、固体中波动传播的复杂性及成本高等原因,使其在工业无损检测中的应用受到限制。近年来,由于压电复合材料、纳秒级脉冲信号控制、数据处理分析、软件技术和计算机模拟等多种高新技术在相控阵超声波成像领域的综合应用,使得相控阵超声波检测技术得以快速发展,逐渐应用于工业无损检测。相控阵超声波具有以下优点:

(1)探头尺寸小;

(2)能检测难以接近的部位；

(3)检测速度快,检测灵活性强；

(4)可实现对复杂结构件和盲区位置缺陷的检测；

(5)通过局部晶片单元组合对声场控制,可实现高速电子扫描,对试件进行高速、全方位和多角度检测；

(6)探头更少,机械部分少,节约成本。

相控阵超声波检测技术使用不同形状的多阵元换能器产生和接收超声波束,通过控制换能器阵列中各阵元发射(或接收)脉冲的不同延迟时间,改变声波到达(或来自)物体内某点时的相位关系,实现焦点和声束方向的变化,从而实现超声波的波束扫描、偏转和聚焦。然后采用机械扫描和电子扫描相结合的方法来实现图像成像。通常使用的是一维线性阵列探头,压电晶片呈直线状排列,聚焦声场为片状,能够得到缺陷的二维图像,在工业中得到广泛的应用。相控阵超声波的超声波脉冲发射和缺陷回波接收示意图如图 3-23-1 所示。

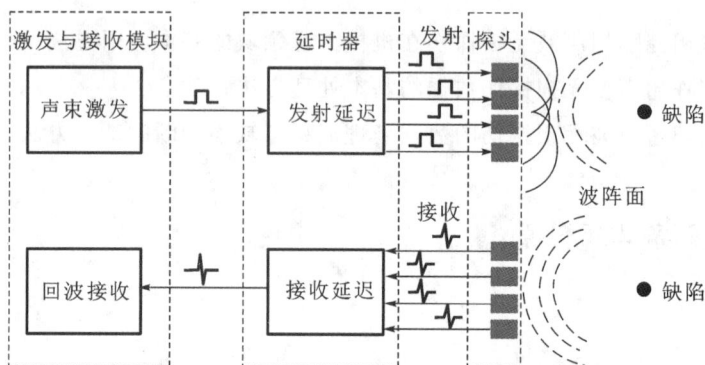

图 3-23-1   相控阵超声波的超声波脉冲发射和缺陷回波接收示意图

相控阵超声波探伤仪主要包括相控阵主机和相控阵探头,相控阵探头由多晶片(如 8、16、24、32、60、64 或 128 个晶片)组成,每个晶片形成一个独立的发射/接收单元,控制各晶片的激发延迟时间,改变各个晶片发射或者接收超声波的相位关系,得到所需的声束,从而实现对超声方向和焦点深度的改变控制。不同激发方式得到不同声束的原理示意图如图 3-23-2 所示。

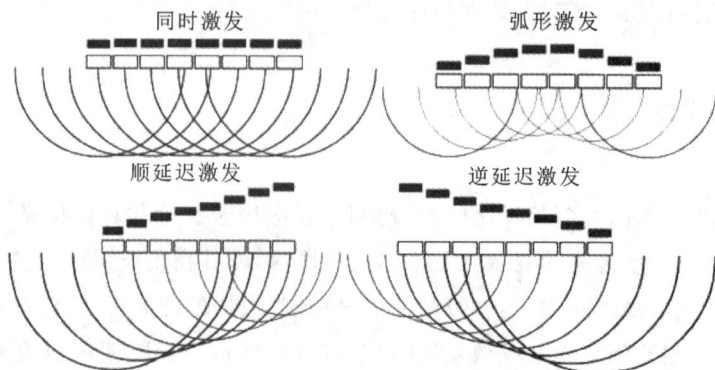

图 3-23-2   不同激发方式得到不同声束的原理示意图

在大多数典型的探伤和测厚应用中,超声波检测数据为从处理过的射频波形中获得的时间和振幅信息。这些信息通常以三种格式中的一种或多种表示:A扫描、B扫描和C扫描。

A扫描是指使用超声波探头对材料或结构进行探测的技术。探头发射超声波,当这些波遇到材料内部的界面或缺陷时会产生反射,反射波被探头接收并转换成电信号。通过测量发射波和反射波之间的时间差,可以确定缺陷的位置和深度。同时,A扫描也是指一种图形显示格式,是将反射波的幅度(高度)作为纵坐标,时间(或距离)作为横坐标的波形图。这种波形图可以直观地显示反射波的强度和到达的时间,从而帮助分析材料的内部结构和识别材料缺陷。

B扫描指的是使用超声波探头沿一个方向移动,连续采集数据,遇到缺陷时会发生反射,反射回来的信号被处理成图像的技术。B扫描图像以二维图像显示,该二维图是与声速传播方向平行且与工件的测量表面垂直的剖面,其亮度信息是通过计算反射回来的超声波的强弱来确定的。

C扫描是基于超声检测原理,在被检测物体的特定深度进行扫描,获取反射回来的超声波信号,并将这些信号转换成图像的技术。这种技术可以提供被检测物体内部结构的二维图像。C扫描图像的横、纵坐标都表示时间(或距离),显示了被检工件的投影面状况,在投影面上绘出缺陷的水平投影位置,但不能给出缺陷的埋藏深度。

聚焦相控阵超声波是相控阵超声波无损探伤的重要技术之一。相控阵超声波聚焦原理示意图如图 3-23-3 所示。相控阵超声波聚焦成像原理示意图如图 3-23-4 所示。全聚焦相控阵声场信号判断示意图如图 3-23-5 所示。

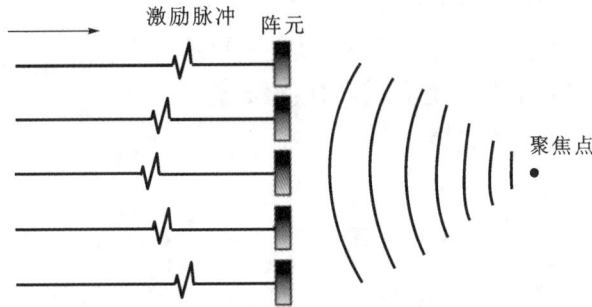

图 3-23-3 相控阵超声波聚焦原理示意图

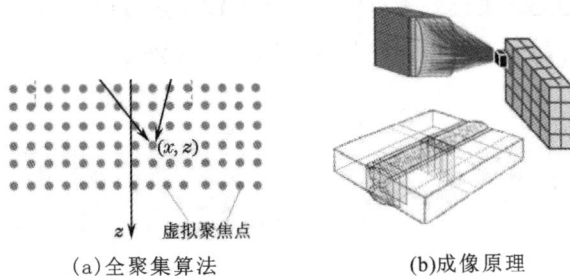

(a)全聚集算法　　　　　(b)成像原理

图 3-23-4 相控阵超声波聚焦成像原理示意图

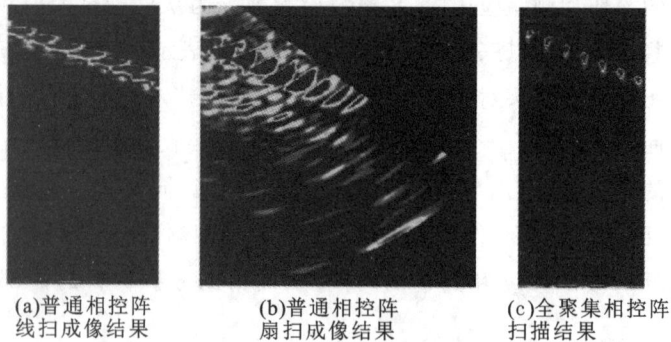

(a)普通相控阵
线扫成像结果

(b)普通相控阵
扇扫成像结果

(c)全聚集相控阵
扫描结果

图 3-23-5　全聚焦相控阵声场信号判断示意图

四、实验内容

　　根据相控阵超声波无损探伤原理,基于 LabVIEW 软件与 MATLAB 软件实现相关数据处理程序。将所提供的超声波信号数据文件与相关参数输入所实现的探伤系统,自动识别出是否存在缺陷,若存在缺陷,请输出缺陷具体位置与相关波幅信息。

五、实验报告要求

　　(1)阐明超声波自动判伤系统的设计原理;
　　(2)绘制超声波探伤数据处理程序的主要实现流程图;
　　(3)简要分析判伤过程超声波波幅变化与缺陷关系;
　　(4)提交相控制超声波探伤程序。

六、思考题

　　(1)联系实际,请举例超声波探伤还可以应用于哪些领域,并分析原因。
　　(2)超声波探伤数据处理关键要素有哪些? 各关键要素有何作用?
　　(3)简要分析相控阵超声波无损探伤与现代制造业的联系。

第四章

远程测控实验与面向工程应用测控实验

远程测控实验系列

实验一　信号发生与分析实验

■一、实验目的■

(1)学习 LabVIEW 的基础编程知识；

(2)学会使用 LabVIEW 生成典型信号及其波形显示；

(3)通过调整典型信号各个参数,观察典型信号波形变化,认识典型信号参数对其波形的影响。

■二、实验设备■

(1)计算机 1 台；

(2)LabVIEW 软件 1 套；

(3)打印机 1 台。

■三、实验原理■

从广义上讲,信号是随时间变化的某种物理量。严格来说,信号是消息的表现形式与传送载体。根据信号特点和信号之间的关系,信号可分为确定信号与随机信号、连续信号与离散信号、周期信号与非周期信号、能量信号与功率信号。以下是几种常见信号的基本概念。

连续信号:在观测过程的连续时间范围内有确定的值,允许在其时间定义域上存在有限个间断点的信号,通常用 $f(t)$ 表示。

离散信号:仅在规定的离散时刻有定义的信号,通常用 $f[k]$ 表示。

模拟信号:如果连续信号在任意时刻的取值是连续的,即为模拟信号。

数字信号:取值离散的信号。

四、实验内容与步骤

1.典型信号的波形分析实验

本实验的内容为对典型信号进行波形生成实验,所包括的信号类型有正弦波、方波、锯齿波、三角波、白噪声、正弦波混合白噪声、方波混合白噪声、锯齿波混合白噪声和三角波混合白噪声,这些信号波形可通过函数选板→信号处理→波形生成调用。其他信号混合白噪声时,需要用到元素同址操作结构,该结构可通过函数选板→编程→结构→元素同址操作结构调用,然后在该结构内部实现白噪声与其他信号相加,如图 4-1-1 所示。

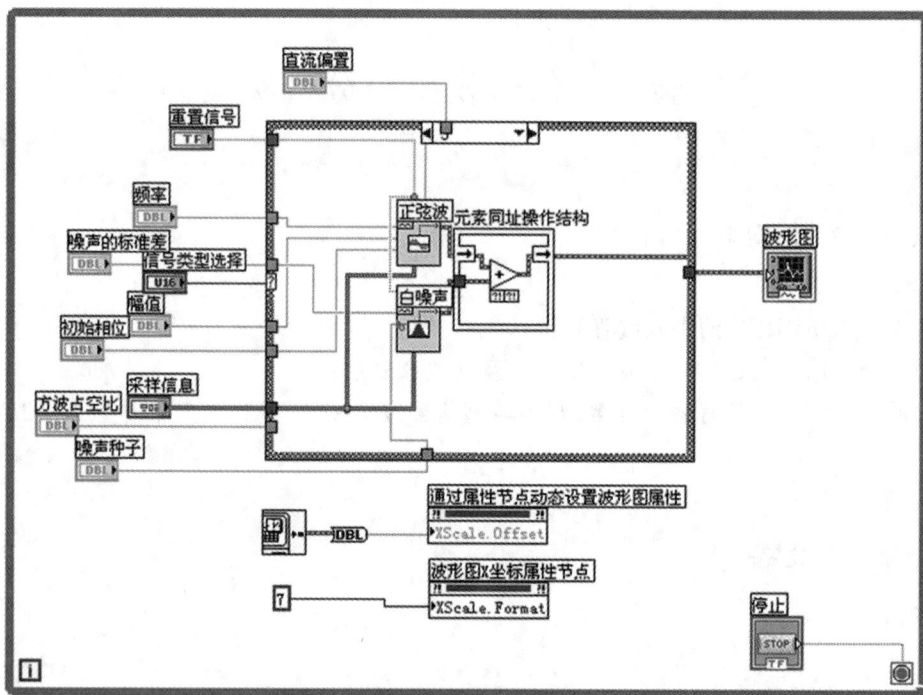

图 4-1-1 典型信号的波形分析实验程序面板

实验通过对信号类型、采样参数、频率、幅值、初始相位、直流偏置、占空比、噪声等参数的设置,观察输出波形的变化。本实验的前面板如图 4-1-2 所示,分为控制区和显示区两部分。控制区完成对信号相关属性的输入控制,通过改变控制区各输入控件的类型或数值,可以实现输出频率、幅值、初始相位、直流偏置各不相同的正弦波、方波、三角波、锯齿波四种常用函数波形。其中占空比只对方波有效。还可以通过设置程序的等待时间来改变波形的变化快慢。显示区显示当前设置所产生的波形信号以及信号在当前时间的相位。

2.多频信号发生实验

在实际测试当中,采样得到的信号往往有很多,这些信号的频率、幅度等特征不一样,因此在检验测试系统时需要用合成信号来仿真,以便尽量使之与真实测试环境信号保持一致。

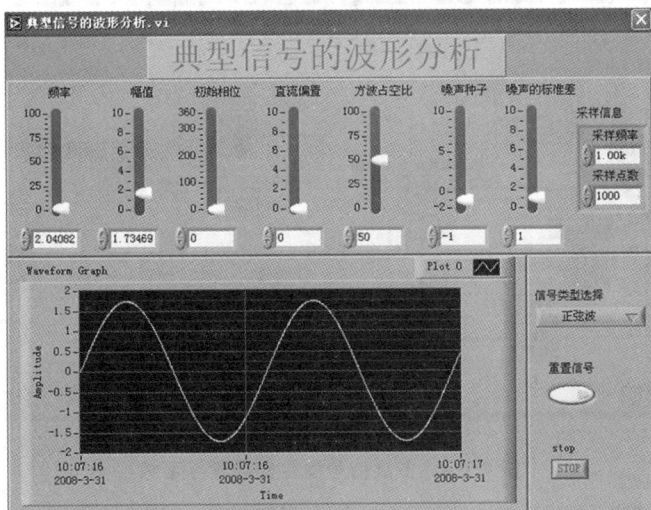

图 4-1-2　典型信号的波形分析实验前面板

多频信号发生器在时域中产生一组频率幅值不同的波形，通过傅里叶变换，可得到在频域中的波形。本实验的前面板如图 4-1-3 所示，用三个一维数组输入控件设置各个分量的频率、幅值、初始相位，在数组中处于相同位置的频率、幅值、初始相位组成一个分量。为了证明所生成的确实是多频波，对信号进行傅里叶变换，观察其频域图，结果表明确实与设置相吻合。本实验的程序面板如图 4-1-4 所示，本实验所用的混合单频信号发生器的 VI 子程序可通过函数选板→信号处理→波形生成调用。

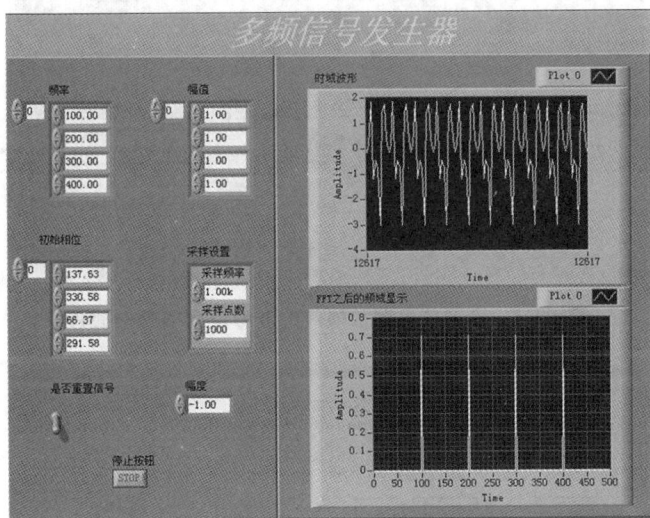

图 4-1-3　多频信号发生实验前面板

注意：频域图中幅值比时域图中信号峰值小，这是因为时域中显示的是有效值，对正弦波来说，有效值为峰值的 $\frac{\sqrt{2}}{2}$。

3. 多谐信号附加噪声的波形发生实验

多谐信号附加噪声的波形发生实验，主要加入了对多谐信号的设置参数，从而观测不同参数设置下的波形变化，要求学会多谐信号附加噪声的波形发生器的使用。本实验的前面板如

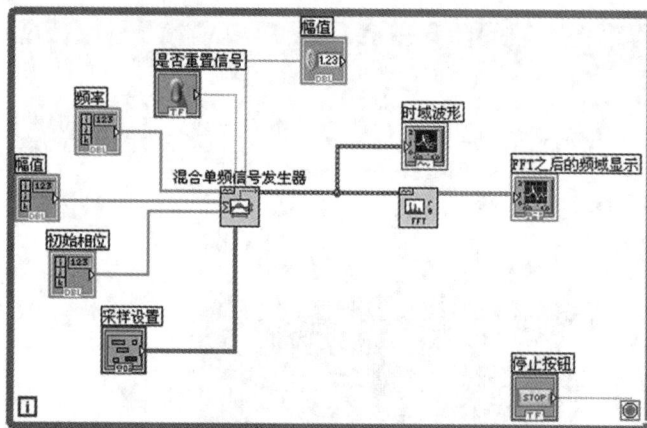

图 4-1-4　多频信号发生实验程序面板

图 4-1-5 所示,程序面板如图 4-1-6 所示。本实验所用的混合单频与噪声波形的 VI 子程序可通过函数选板→信号处理→波形生成调用。

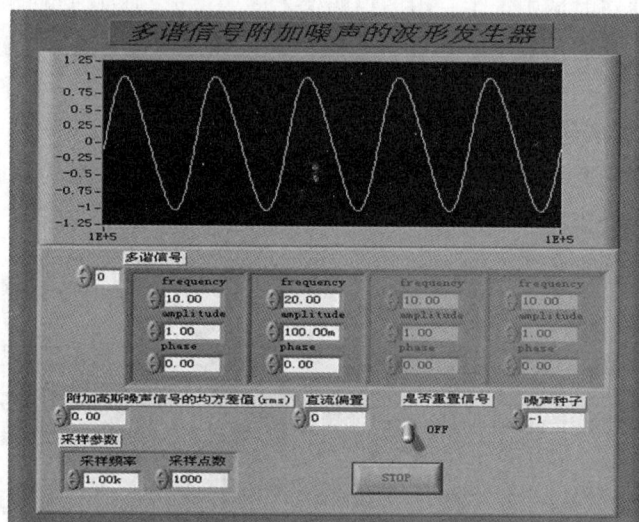

图 4-1-5　多谐信号附加噪声的波形发生实验前面板

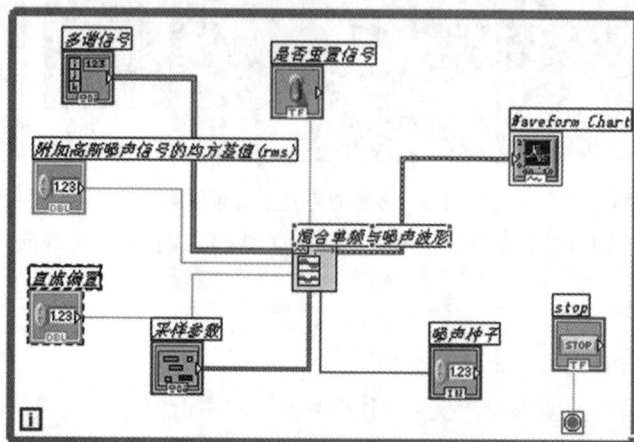

图 4-1-6　多谐信号附加噪声的波形发生实验程序面板

4.噪声信号发生实验

在以往的测试系统设计中,一般假定测试环境是理想的,即不存在噪声、干扰,在实验阶段再对噪声进行相关处理。在测试系统主要方案、硬件都已基本确立的情况下再来考虑噪声问题,往往使得噪声处理很难做到尽善尽美。在现代测试系统设计中,测试环境如果是相对稳定的或者是可以预知其变化的,那么就可以先行考察、分析测试环境的噪声来源、类型,以便在设计阶段有针对性地做好预处理设计。边设计边测试,让测试贯穿设计的整个过程是测试系统设计的趋势。因此,在对测试信号进行仿真的时候,应尽量使信号接近实际测试环境,很多时候可以用标准信号和标准噪声合成来实现仿真。噪声信号发生实验的前面板如图 4-1-7 所示。

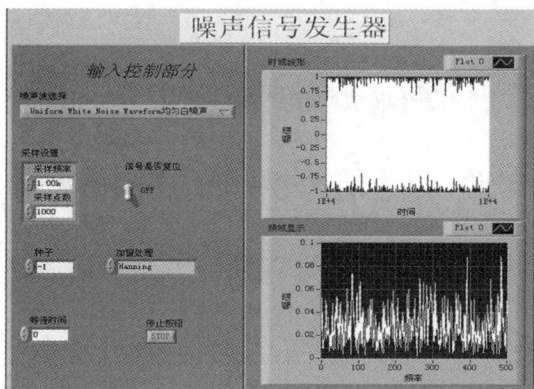

图 4-1-7　噪声信号发生实验前面板

5.公式波形信号发生实验

用公式节点可以产生能够用公式进行描述的信号,也就是确定信号,包括周期信号和非周期信号,但不推荐用公式节点来产生随机信号。信号发生器可以用来产生周期信号和随机信号,但是其功能已经固定,提供的基本周期信号和随机信号种类并不是无限的。如果需要产生一些周期信号或其他在测试领域需要仿真的特殊信号,可以考虑用公式节点产生。用公式节点产生信号的另一种情况就是产生经过复杂运算生成的信号,这样就可以避免烦琐的图标摆放和连线,用公式节点产生的信号是数组形式,而用公式波形产生的信号直接就是波形数据,这个 VI 子程序可通过函数选板→信号处理→波形生成→信号波形调用。公式波形信号发生器主要针对具体的公式,产生对应的波形信号。公式波形信号发生实验的前面板如图 4-1-8 所示。

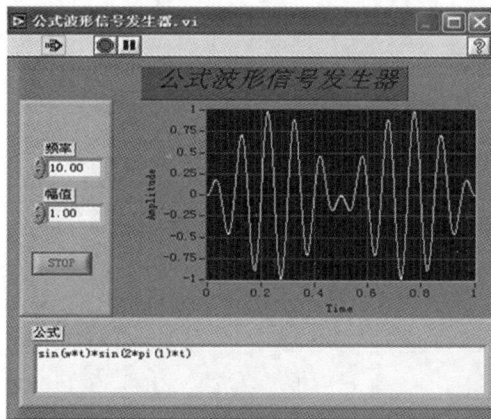

图 4-1-8　公式波形信号发生实验前面板

五、实验报告要求

(1)按实验原理编制相应 LabVIEW 程序；
(2)记录典型的实验曲线，并进行分析；
(3)提交相应的 LabVIEW 程序。

六、思考题

基于 LabVIEW 软件，自行设计虚拟数字信号发生器。

实验二　信号采集与分析实验

一、实验目的

(1)学会信号采集的基本步骤和方法；
(2)学会信号处理的基本步骤和方法；
(3)学会使用 LabVIEW 读写硬件的基本步骤和方法；
(4)学会使用 LabVIEW 读写文件的基本步骤和方法。

二、实验设备

(1)计算机 1 台；
(2)LabVIEW 软件 1 套；
(3)打印机 1 台。

三、实验原理

1.信号傅里叶变换原理

傅里叶变换是信号分析和处理中的一个重要工具。设 $x(t)$ 为 t 的函数,如果 $x(t)$ 满足狄里赫利条件,则有:

$$X(f) = \int_{-\infty}^{+\infty} x(t)\mathrm{e}^{-\mathrm{j}2\pi ft}\,\mathrm{d}t \tag{4-2-1}$$

$$x(t) = \int_{-\infty}^{+\infty} X(f)\mathrm{e}^{-\mathrm{j}2\pi ft}\,\mathrm{d}f \tag{4-2-2}$$

连续傅里叶变换实现了测试信号从时域到频域的转换,在理论分析中具有很大的价值。

然而连续傅里叶变换不能直接应用计算机技术,烦琐的计算限制了它的进一步发展。离散傅里叶变换的出现,使得数学方法与计算机技术产生了联系,在某种意义上说,也使得傅里叶变换有了更重要的实用价值。

如果 $x(n)$ 为一时域数字序列,则其离散傅里叶变换定义可表示为

$$X(k) = \sum_{n=0}^{N-1} x(n) \mathrm{e}^{-\mathrm{j}\frac{2\pi kn}{N}} \tag{4-2-3}$$

离散傅里叶逆变换定义可表示为

$$x(n) = \frac{1}{N} \sum_{k=0}^{N-1} X(k) \mathrm{e}^{-\mathrm{j}\frac{2\pi kn}{N}} \tag{4-2-4}$$

2. 频混现象原理及采样定理

频混现象又称为频谱混叠效应,它是采样信号频谱发生变化,导致高频成分和低频成分发生混淆的一种现象,如图 4-2-1 所示。信号 $x(t)$ 的傅里叶变换为 $X(\omega)$,其频带范围为 $-\omega_\mathrm{m} \sim +\omega_\mathrm{m}$;采样信号 $x(t)$ 的傅里叶变换是一个周期谱图,其采样频率为 ω_s,并且 $\omega_\mathrm{s} = 2\pi/T_\mathrm{s}$,其中 T_s 为时域采样周期。当采样周期 T_s 较小时,$\omega_\mathrm{s} > 2\omega_\mathrm{m}$,周期谱图相互分离,如图 4-2-1(b)所示;当 T_s 较大时,$\omega_\mathrm{s} < 2\omega_\mathrm{m}$,周期谱图相互重叠,亦即谱图之间高频与低频部分发生重叠,出现频混现象,如图 4-2-1(c)所示,这将使信号复原时丢失原始信号中的高频信息。

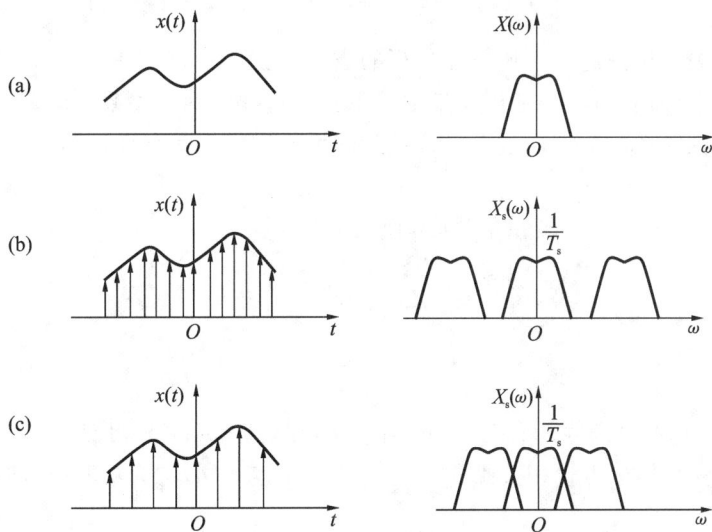

图 4-2-1　采样信号的频混现象

如图 4-2-2 所示,从时域信号波形分析,图 4-2-2(a)所示是频率正确的情况,以及其复原信号;图 4-2-2(b)所示是采样频率过低的情况,复原的是一个虚假的低频信号。当采样信号的频率低于被采样信号的最高频率时,采样所得的信号中将混入虚假的低频分量,这种现象称为频率混叠,简称频混。

频混现象原理表明,如果 $\omega_\mathrm{s} > 2\omega_\mathrm{m}$,就不发生频混现象,因此对采样脉冲序列的间隔 T_s 须加以限制,即采样频率 $\omega_\mathrm{s}(2\pi/T_\mathrm{s})$ 或 $f_\mathrm{s}(1/T_\mathrm{s})$ 必须大于或等于信号 $x(t)$ 的最高频率 ω_m 的两倍,即 $\omega_\mathrm{s} > 2\omega_\mathrm{m}$ 或 $f_\mathrm{s} > 2f_\mathrm{m}$。为了保证采样后的信号能真实地保留原始模拟信号的信息,采样信号的频率必须至少为原信号中最高频率成分的 2 倍。这是采样的基本法则,称为采样定理。

3. 信号卷积与相关分析原理

卷积是信号分析的一个重要概念。它可以求线性系统对任何激励信号的零状态响应,是

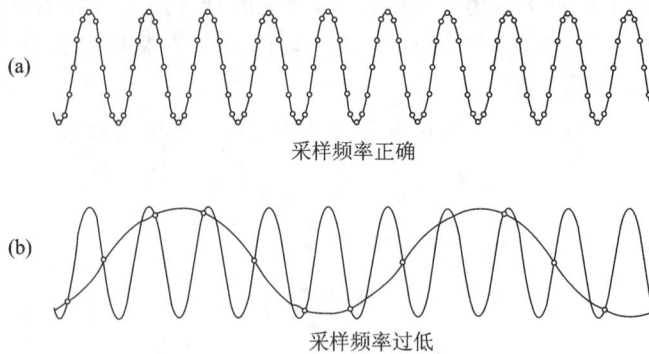

图 4-2-2   发生频混现象的时域信号波形

沟通时域与频域关系的一个桥梁。

对连续时间信号的卷积称为卷积积分,定义为

$$f(t) = f_1(t) * f_2(t) = \int_{-\infty}^{+\infty} f_1(\tau) f_2(t-\tau) d\tau \tag{4-2-5}$$

对离散时间信号的卷积称为卷积和,定义为

$$f(k) = f_1(k) * f_2(k) = \sum_{i=-\infty}^{+\infty} f_1(i) * f_2(k-i) \tag{4-2-6}$$

相似性和相关分析是进行时域信号分析的重要方法。对确定信号来说,两个变量之间的关系可以用函数来描述,而两个随机变量之间不具有这样的确定关系。但是,如果这两个变量之间具有某种内在联系,那么,通过大量统计就能发现它们之间存在虽不精确但却有表征其特征的相似关系。

当信号 $x(n)$ 与 $y(n)$ 均为能量信号时,相关函数定义为

$$R_{xy}(m) = \sum_{n=-\infty}^{+\infty} x(n) y(n+m) \tag{4-2-7}$$

$$或 \quad R_{yx}(m) = \sum_{n=-\infty}^{+\infty} y(n) x(n+m)$$

式中:$R_{xy}(m)$、$R_{yx}(m)$ 分别表示信号 $x(n)$ 与 $y(n)$ 在延时 m 时的相似程度,又称为互相关函数。当 $x(n)=y(n)$ 时,称为自相关函数。当信号 $x(n)$ 与 $y(n)$ 均为功率信号时,相关函数定义为

$$R_{xy}(m) = \lim_{N \to +\infty} \frac{1}{2N+1} \sum_{n=-N}^{N} x(n) y(n+m) \tag{4-2-8}$$

$$或 \quad R_{yx}(m) = \lim_{N \to +\infty} \frac{1}{2N+1} \sum_{n=-N}^{N} y(n) x(n+m)$$

自相关函数为

$$R_{xy}(m) = R_{xx}(m) = \lim_{N \to +\infty} \frac{1}{2N+1} \sum_{n=-N}^{N} x(n) y(n+m) \tag{4-2-9}$$

相关函数描述了两个信号或一个信号自身波形不同时刻的相关性(或相似程度),揭示了信号波形的结构特性,相关分析在噪声中提取有用信息时具有独特的优势。

四、实验内容与步骤

1.基于声卡的虚拟示波器实验

基于声卡的虚拟示波器实验主要是通过虚拟左右声道的数据采集、标定,显示其波形图和频谱图等,并求取左右声道的基波频率,亦即提取声卡左右声道信号的单频信息。同时,实验能够通过前面板改变声卡信号采集参数,包括声音质量、采样率和采样位数,控制采样启停和采样时间,最后将采集到的声卡信号存储到波形文件中。本实验前面板如图 4-2-3 所示。

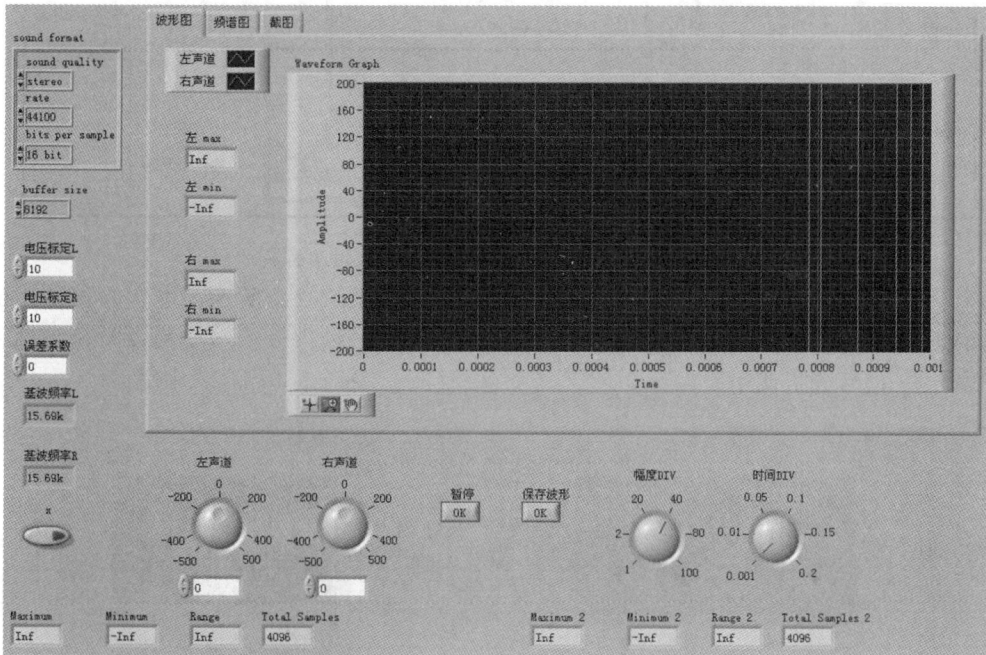

图 4-2-3 基于声卡的虚拟示波器实验前面板

本实验所使用与声卡采集有关的 LabVIEW 子程序可通过函数选板中的编程→图像与声音→声音调用。实验中涉及访问硬件设备和文件。在 LabVIEW 中访问硬件的基本步骤和方法是打开(配置)设备→获取任务 ID 或者引用句柄→启动设备→采集(操作设备)→其他处理(如信号处理等)→停止设备→关闭设备。在 LabVIEW 中访问文件的基本步骤和方法是配置文件路径(路径可通过函数选板中的编程→文件 I/O→路径相关操作程序或者通过函数选板中的编程→文件 I/O→文件常量→路径相关操作程序进行配置)→打开文件(可通过函数选板中的编程→文件 I/O→打开文件程序进行操作,也可以使用特定类型的文件操作,例如函数选板中的编程→图像与声音→声音→声音文件等)→获取文件引用句柄→操作文件(读写文件等)→关闭文件。本实验程序面板如图 4-2-4 所示。

2.声卡示波器实验

本实验的实验内容是对声卡信号进行滤波,输出滤波前后的信号波形图,并求取和输出滤波前后信号的幅频谱和相位谱,以及滤波前信号的基波频率,亦即提取声卡信号的单频信息。实验的前面板能够显示信号的波形图、幅频谱图、相位谱图和基波频率,并且能够通过前面板

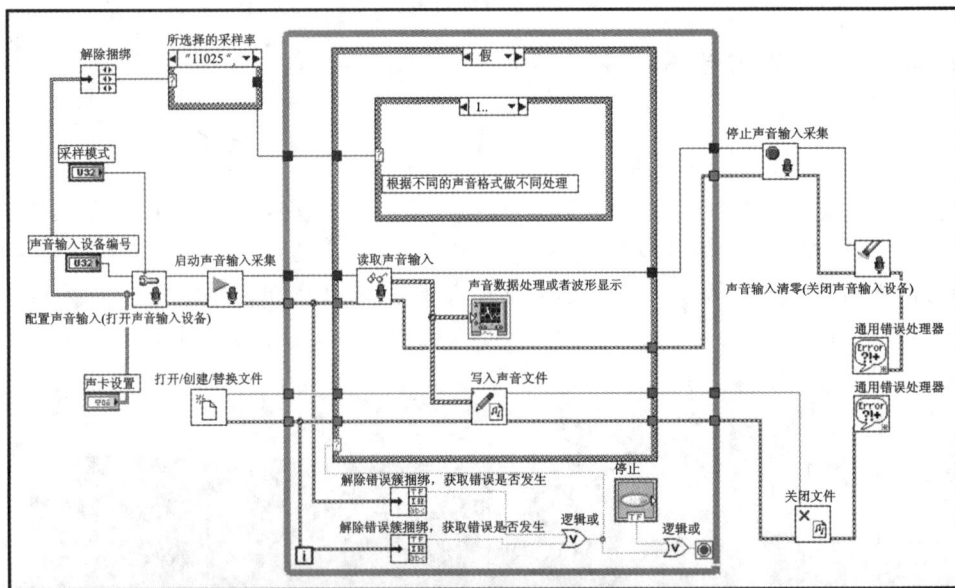

图 4-2-4   基于声卡的虚拟示波器实验程序面板

改变声卡信号采集参数,包括通道数、采样率和样位数,如图 4-2-5 所示。本实验所使用的相关 LabVIEW 子程序可通过函数选板中的信号处理→滤波器、谱分析和变换以及函数选板中的 Express→信号分析调用。

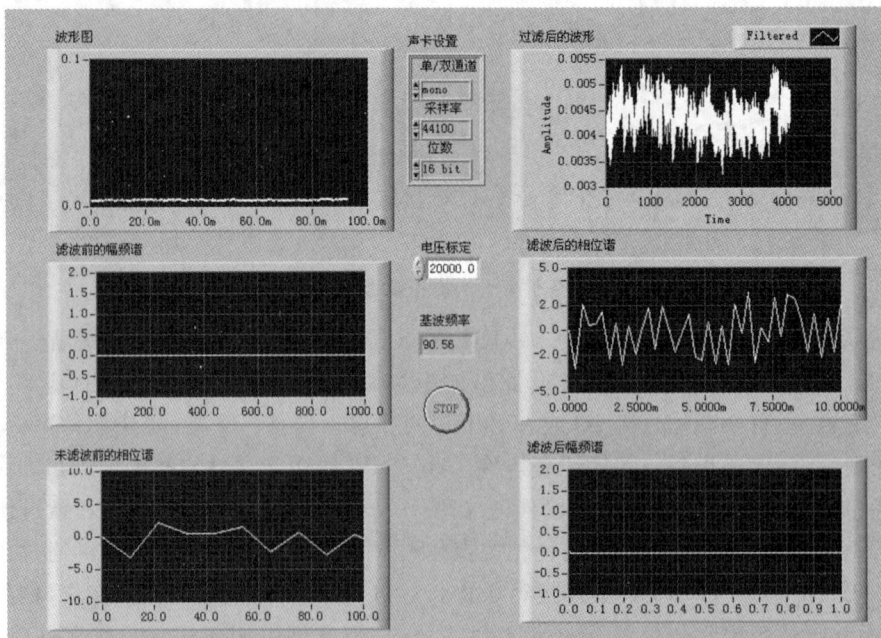

图 4-2-5   声卡示波器实验前面板

3. 声卡数据采集与分析实验

本实验的目的为对采集得来的信号进行滤波前后的快速傅里叶变换幅值相位谱分析、自相关分析、功率谱分析等。实验内容是对声卡信号进行滤波,输出滤波前后的信号波形图,并求取和输出滤波前后信号的快速傅里叶变换幅值相位谱、自相关功率谱,以及滤波前信号的基波频率,亦即提取声卡信号的单频信息。实验的前面板能够显示信号的波形图、幅频谱图、相位谱图和基波频率,并且能够通过前面板改变声卡信号采集参数,包括通道数、采样率和采样位数,如图 4-2-6 所示。本实验所使用的相关 LabVIEW 子程序可通过函数选板中的信号处理→滤波器、谱分析和变换以及函数选板中的 Express→信号分析调用。

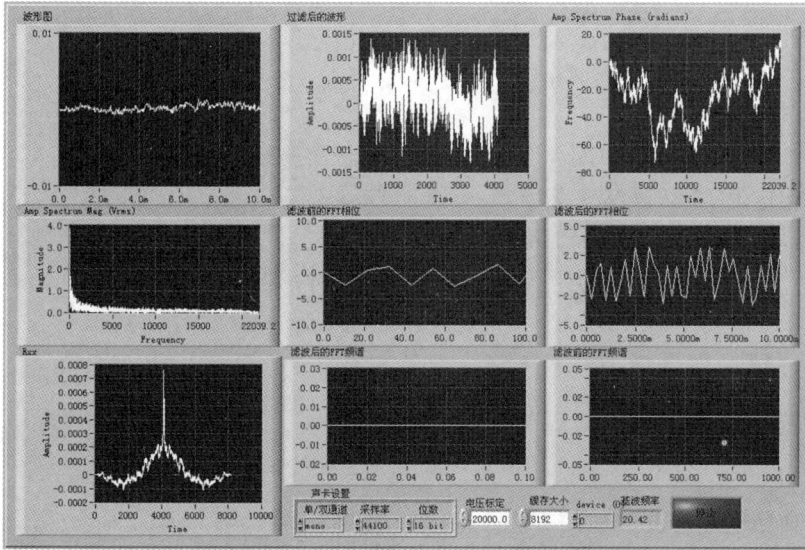

图 4-2-6 声卡数据采集与分析实验前面板

4. 模拟输入输出实验

本实验的实验内容是操作声卡,模拟声音的输入和输出,并利用操作设备过程中可能产生的异常或者错误来控制输入和输出以及程序的运行与退出。同时,通过 LabVIEW 对模拟输出数据进行处理,最后将不同类型的声音数据输出到声音输出设备。本实验要求的声音输出类型包括单通道 8 位输出、单通道 16 位输出、立体声 8 位输出和立体声 16 位输出。同时,实验能够通过前面板动态改变输入输出设备编号、声音格式和声音输入缓冲区。本实验的前面板如图 4-2-7 所示。

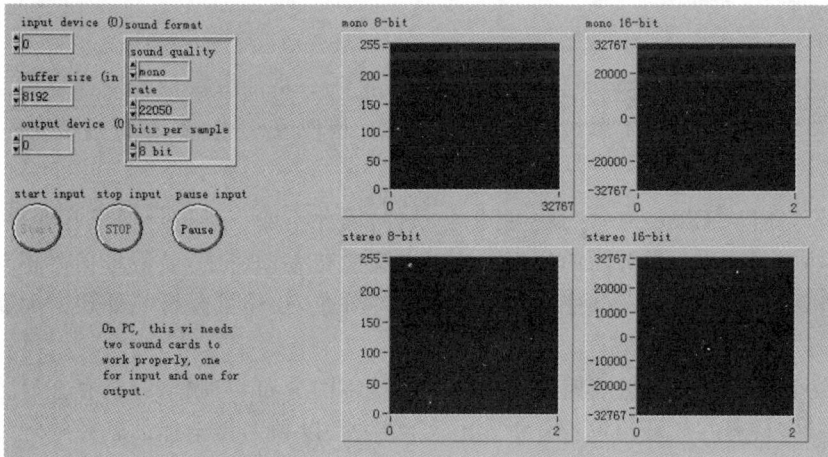

图 4-2-7 模拟输入输出实验前面板

本实验所使用与声卡采集有关的 LabVIEW 子程序可通过函数选板中的编程→图像与声音→声音调用。实验中需要访问硬件设备和文件。在 LabVIEW 中访问硬件的基本步骤和方法是:打开(配置)设备→获取任务 ID 或者引用句柄→启动设备→采集(操作设备)→其他处理(如信号处理等)→停止设备→关闭设备。

■ 五、实验报告要求 ■

(1)按实验原理编制相应 LabVIEW 程序,并分析实验结果;
(2)提交相应的 LabVIEW 程序。

实验三　信号频谱分析实验

■ 一、实验目的 ■

(1)熟悉典型信号的波形和频谱特征;
(2)了解信号频谱分析的基本方法及仪器设备。

■ 二、实验设备 ■

(1)计算机 1 台;
(2)LabVIEW 软件 1 套;
(3)打印机 1 台。

■ 三、实验原理 ■

将信号的时域描述,通过数学处理变换到频域进行分析的方法称为频谱分析。根据信号的性质及变换方法不同可以将频域谱表示为幅值谱、相位谱、功率谱、幅值谱密度等。

1. 信号功率谱原理

随机信号是时域无限信号,不具备可积分条件,因此不能直接进行傅里叶变换,常以具有统计特性的功率谱来作为谱分析的依据。功率谱又称功率谱密度,是信号功率相对于频率的分布。功率谱定义信号或者时间序列功率随频率的分布,在信号分析与处理中起着很重要的作用。

功率谱分析是分析信号或者时间序列功率随频率的分布,与频谱分析存在巨大差别。频谱分析是对动态信号在频域内进行分析,分析的结果是以频率为坐标的各种物理量的谱线和曲线,可得到各种幅值以频率为变量的频谱函数。频谱分析中可求得幅值谱、相位谱、功率谱和各种谱密度等。

功率谱是随机过程的统计平均概念,平稳随机过程的功率谱是一个确定函数。由于功率谱是随机过程的统计,往往需要通过估计功率谱密度函数。

2. 信号功率谱原理

随机信号是时域无限信号,不具备可积分条件,因此不能直接进行傅里叶变换,常以具有统计特性的功率谱来作为谱分析的依据。功率谱又称功率谱密度,是信号功率相对于频率的分布。功率谱定义信号或者时间序列功率随频率的分布,在信号分析与处理中起着很重要的作用。

功率谱密度中功率的具体含义可能是实际物理上的功率,也可能是抽象信号数值的平方,亦即当信号负载为 $1\,\Omega$ 时的实际功率。由于平均值不为零的信号不是平方可积的,因此,信号傅里叶变换在这种情况下不存在。

功率谱分析是分析信号或者时间序列功率随频率的分布,与频谱分析存在巨大差别。频谱分析是对动态信号在频域内进行分析,分析的结果是以频率为坐标的各种物理量的谱线和曲线,可得到各种幅值以频率为变量的频谱函数。频谱分析中可求得幅值谱、相位谱、功率谱和各种谱密度等。频谱分析过程较为复杂,它是以傅里叶级数和傅里叶积分为基础的。

功率谱是针对随机过程中信号功率的统计,平稳随机过程的功率谱是一个确定函数。功率谱是针对功率有限信号的,所表现的是单位频带内信号功率随频率的变化情况,保留了频谱的幅度信息,但是丢掉了相位信息,所以频谱不同的信号其功率谱是可能相同的。功率谱估计是数字信号处理的主要内容之一,主要研究信号在频域中的各种特征,目的是根据有限数据在频域内提取被淹没在噪声中的有用信号。

3. 信号自功率谱与互谱原理

随机信号是时域无限信号,不具备可积分条件,因此不能直接进行傅里叶变换,又因为随机信号的频率、幅值、相位都是随机的,因此从理论上讲,一般不做幅值谱和相位谱分析,而是用具有统计特性的功率谱密度来做谱分析。

根据维纳-辛钦公式,平稳随机过程的功率谱密度 $s_x(f)$ 与自相关函数 $R_x(\tau)$ 是一傅里叶变换对,即

$$s_x(f) = \int_{-\infty}^{+\infty} R_x(\tau)\mathrm{e}^{-\mathrm{j}2\pi ft}\,\mathrm{d}\tau \tag{4-3-1}$$

同理可定义两个随机信号 $x(t)$、$y(t)$ 之间的互谱密度函数:

$$s_{xy}(f) = \int_{-\infty}^{+\infty} R_{xy}(\tau)\mathrm{e}^{-\mathrm{j}2\pi ft}\,\mathrm{d}\tau \tag{4-3-2}$$

互谱表示出了幅值以及两个信号之间的相位关系。互谱不像自功率谱那样具有功率的物理含义,引入互谱是为了能在频域描述两个平稳随机过程的相关性。在实际中,常利用测定线性系统的输出与输入的互谱密度来识别系统的动态特性。

四、实验内容与步骤

1. 典型信号的 FFT 谱分析实验

本实验的内容是在信号发生与分析实验的基础上,对典型信号进行 FFT 谱分析实验,包

括 FFT 功率谱分析、FFT 功率谱密度分析、FFT 幅相频谱和 FFT 实虚频谱分析，并将分析结果通过波形图显示出来。同时，在进行典型信号的 FFT 谱分析实验的时候，通过面板选择对 FFT 频谱是否加窗函数。LabVIEW 提供的窗函数包括三角窗和高斯窗等，各个窗所对应编号如表 4-3-1 所示，默认是矩形窗，其编号是 0。LabVIEW 窗函数子程序可通过函数选板→信号处理→窗调用。本实验所使用的相关 VI 子程序可通过函数选板→信号处理→谱分析和变换调用，利用该程序，通过选择原始信号的类型、参数设置（包括频率、幅值、初始相位、直流偏置、方波占空比、噪声种子、噪声标准差等）、采样信息输入、谱分析方法选择、加窗函数选择等操作，用户可观察不同的原始信号及其对应的实频图和虚频图。图 4-3-1 所示的是典型信号 FFT 谱分析实验前面板。

表 4-3-1　LabVIEW 提供的窗函数及其对应编号

编号	窗函数	编号	窗函数
0	矩形	11	Blackman Nuttall
1	Hanning（默认）	30	三角
2	Hamming	31	Bartlett-Hanning
3	Blackman-Harris	32	Bohman
4	Exact Blackman	33	Parzen
5	Blackman	34	Welch
6	Flat Top	60	Kaiser
7	4 阶 Blackman-Harris	61	Dolph-Chebyshev
8	7 阶 Blackman-Harris	62	高斯
9	Low Sidelobe		

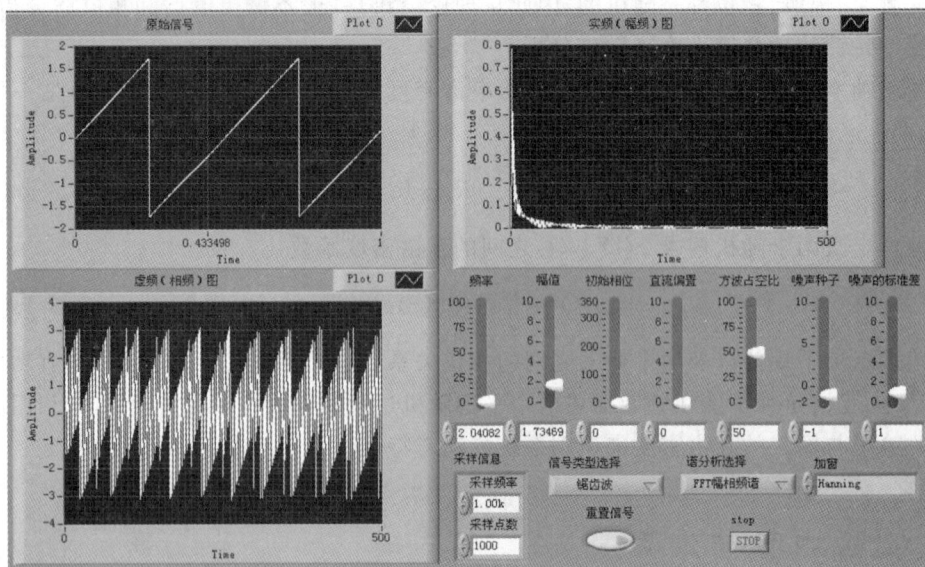

图 4-3-1　典型信号的 FFT 谱分析实验前面板

2. 幅相谱分析实验

如图 4-3-2 所示是典型信号幅相谱分析实验前面板。本实验通过自定义函数发生类型，然后对其进行单边自功率谱、双边自功率谱、幅相谱分析,比较三种不同的谱分析方法所得的结果,让学生对谱分析的原理、图形更为熟悉。

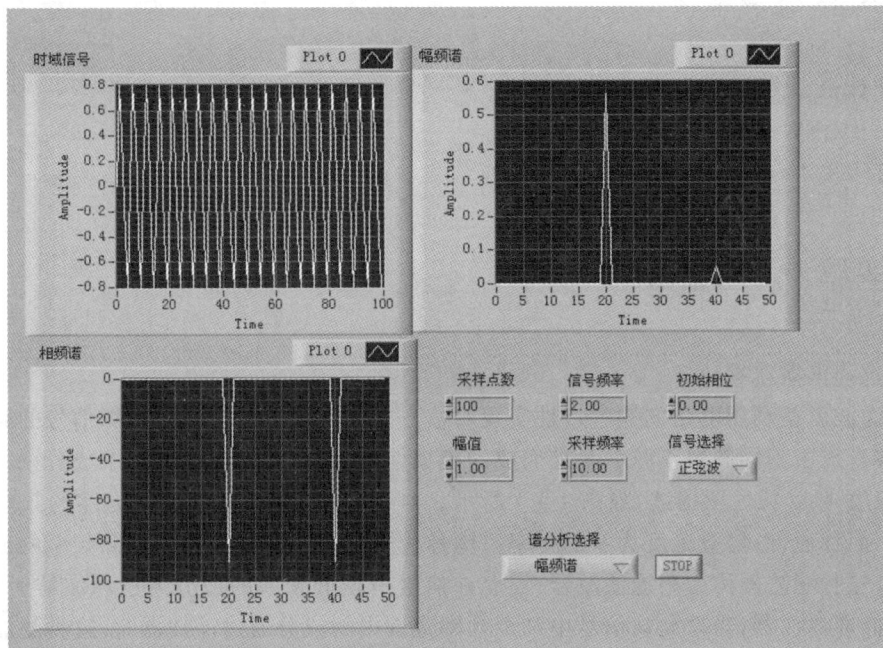

图 4-3-2　典型信号幅相谱分析实验前面板

五、实验报告要求

(1)按实验原理编制相应 LabVIEW 程序并分析实验结果;

(2)提交相应的 LabVIEW 程序。

六、思考题

基于 LabVIEW 软件,编写典型信号谱分析程序。

实验四　信号滤波实验

一、实验目的

(1)掌握数字滤波基本原理;

(2)比较不同滤波器的滤波效果;

(3)学习滤波参数设置和滤波器类型选用的方法。

■二、实验设备■

(1)计算机 1 台；
(2)LabVIEW 软件 1 套；
(3)打印机 1 台。

■三、实验原理■

1.模拟滤波器原理

模拟滤波就是利用电路的频率特性实现对信号中频率成分的选择。根据信号的频率滤波时,信号被看成由不同频率正弦波叠加而成的模拟信号,通过选择不同的频率成分来实现信号滤波,用幅度-频率特性图描述,如图 4-4-1 所示。对于滤波器,增益幅度不为零的频率范围称为通频带,简称通带;增益幅度为零的频率范围称为阻带。当允许信号中较高频率的成分通过滤波器时,这种滤波器称为高通滤波器;当允许信号中较低频率的成分通过滤波器时,这种滤波器称为低通滤波器;当只允许信号中某个频率范围内的成分通过滤波器时,这种滤波器称为带通滤波器;当只允许信号中某个频率范围外的成分通过滤波器时,这种滤波器称为带阻滤波器。图 4-4-1(a)所示是低通滤波器信号,在 $0 \sim f_2$ 频率之间,幅频特性平直,该滤波器可使信号中低于 f_2 的频率成分几乎不受衰减地通过,而高于 f_2 的频率成分受到极大的衰减。图 4-4-1(b)所示为高通滤波器信号。与低通滤波器信号相反,其频率在 $f_1 \sim \infty$ 之间幅频特性平直。该滤波器使信号中高于 f_1 的频率成分几乎不受衰减地通过,而低于 f_1 的频率成分将极大地衰减。图中 4-4-1(c)所示为带通滤波器信号。该滤波器的通频带在 $f_1 \sim f_2$ 之间,它使信号中高于 f_1 而低于 f_2 的频率成分可不受衰减地通过,而其他成分受到衰减。图 4-4-1(d)所示为带阻滤波器信号,该滤波器特性与带通滤波器刚好相反。

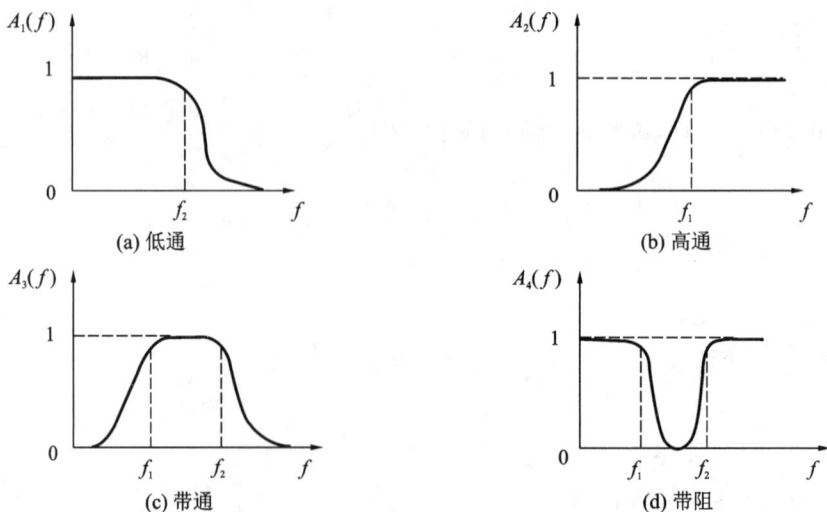

图 4-4-1　滤波器信号

2. 数字滤波原理

数字滤波与模拟滤波相比，具有精度和稳定性高、系统函数容易改变、灵活性高、不存在阻抗匹配问题、便于大规模集成、可实现多维滤波等优点。

数字滤波是由计算机程序来实现的，是具有某种算法的数字处理过程。

如图 4-4-2 所示为滤波器处理过程，若输入信号为 $x(t)$，其频谱为 $X(\omega)$，并且已知其频宽为 $\pm\omega_m$。在满足采样定理的条件下进行 A/D 转换，则采样信号的频谱应为

$$X(e^{j\omega}) = \frac{1}{T} \sum_{k=-\infty}^{\infty} X(\omega - k\omega_s) \tag{4-4-1}$$

其中采样频率 $\omega_s \geqslant 2\omega_m$。显然这是一个以 ω_s 为周期的谱图，通过数字滤波器后，其频谱应为

$$Y(e^{j\omega}) = H(e^{j\omega}) X(e^{j\omega}) \tag{4-4-2}$$

显然，信号经过数字滤波以后，仍然是一个周期谱图。数字滤波器主要分为有限冲击响应(FIR)滤波器和无限冲击响应(IIR)滤波器两种，FIR 滤波器的滤波计算公式为

$$y(k) = a_0 x(k) + a_1 x(k+1) + a_2 x(k+2) + \cdots + a_m x(k+m) \quad k=0,1,\cdots,N-m \tag{4-4-3}$$

式中：N——信号采样长度；

$\quad m$——数字滤波器长度；

$\quad a_0, a_1, a_2, \cdots, a_m$——滤波器系数。

FIR 数字滤波器和 IIR 数字滤波器都有专用的设计软件，给出数字滤波器的频率特性就可以求出滤波器的系数。

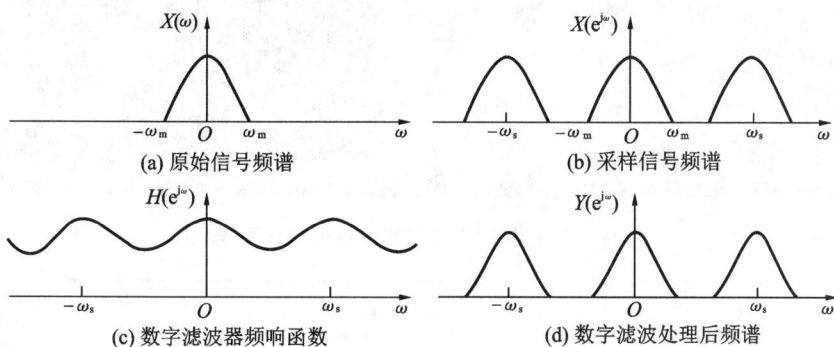

(a) 原始信号频谱　　(b) 采样信号频谱

(c) 数字滤波器频响函数　　(d) 数字滤波处理后频谱

图 4-4-2　滤波器处理过程

滤波器设计之前必须对测试信号有一个正确、全面的认识，这样才能设计出合理的滤波器，使得在保持有用信号的前提下尽可能滤除无用信号。例如：低通滤波器适合有用信号频率低于无用信号频率的情况，高通滤波器则相反；带通滤波器适合有用信号频率较为集中而无用信号频率较为分散的情况，或相对有用信号而言无用信号集中在低频和高频部分的情况；带阻滤波器适合有用信号频率较为分散而无用信号频率较为集中的情况。实际工作中测试信号往往非常复杂，可以通过对滤波器的组合使用来达到更好的滤波效果。

▓ 四、实验内容 ▓

1. 模拟自相关滤波器实验

本实验的前面板如图 4-4-3 所示，实验程序面板如图 4-4-4 所示。实验内容是通过多路模

拟信号的参数设置,生成信号,并对其进行模拟自相关滤波,最后通过 LabVIEW 的波形图控件显示滤波前后信号的波形图。实验所用的信号合成 VI 程序可通过函数选板→信号处理→谱分析调用,所用的模拟信号 VI 程序可通过函数选板→Express→信号分析→信号生成调用,所用的滤波器 VI 程序可通过函数选板→Express→信号分析→滤波器调用,所用的信号合并 VI 程序可通过函数选板→Express→信号操作→信号合并调用,所用的元素同址操作结构 VI 程序可通过函数选板→编程→结构→元素同址操作结构调用,所用的元素同址操作结构 VI 程序可通过函数选板→编程→比较→选择调用,所用的簇捆绑与解捆 VI 程序可通过函数选板→编程→簇、类与变体调用。

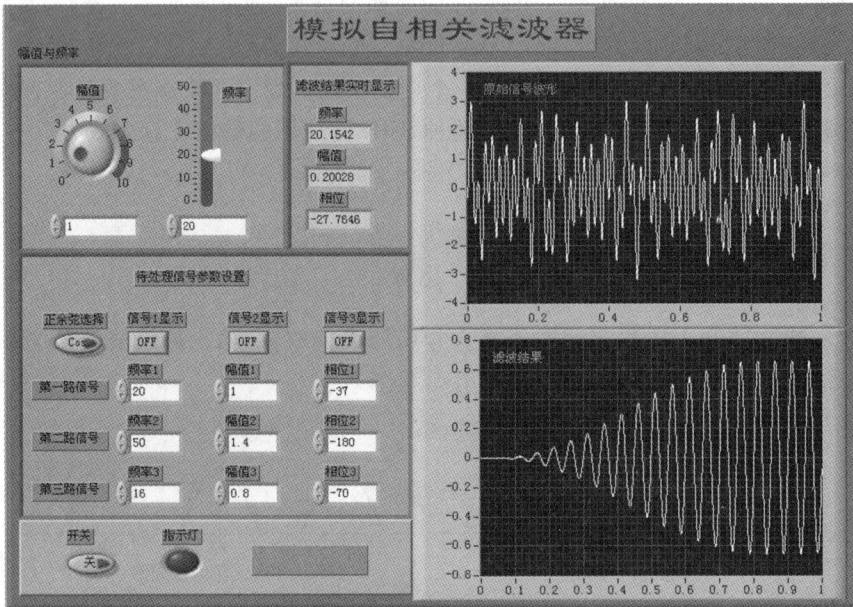

图 4-4-3 模拟自相关滤波器实验前面板

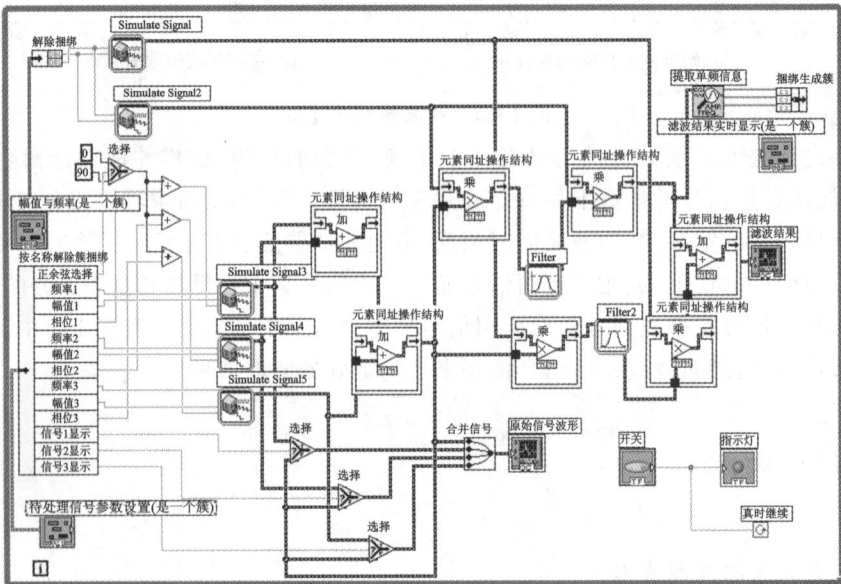

图 4-4-4 模拟自相关滤波器实验程序面板

2.信号发生与滤波处理实验

本实验前面板如图 4-4-5 所示。实验内容是生成多种不同信号并且改变信号的发生频率,通过前面板选择不同类型的滤波器和选择不同窗函数对滤波器进行加窗处理,运用 Lab-VIEW 波形图控件显示滤波前后信号的波形图和功率谱图,并观察滤波前后波形图和功率谱图的变化以及不同类型滤波器输出的波形图和功率谱图的差异。本实验所用的 VI 子程序可通过函数选板→信号处理→滤波器、函数选板→信号处理→信号生成和函数选板→信号处理→波形测量→FFT 频谱(幅度-相位)调用。

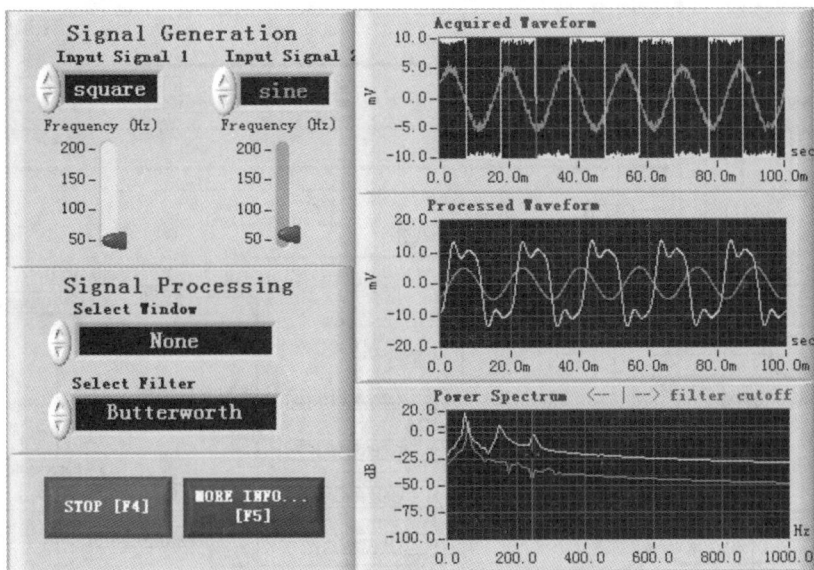

图 4-4-5　信号发生与滤波处理实验前面板

3.输入控制多次滤波实验

本实验前面板如图 4-4-6 所示,实验程序面板如图 4-4-7 所示。实验内容是通过输入控

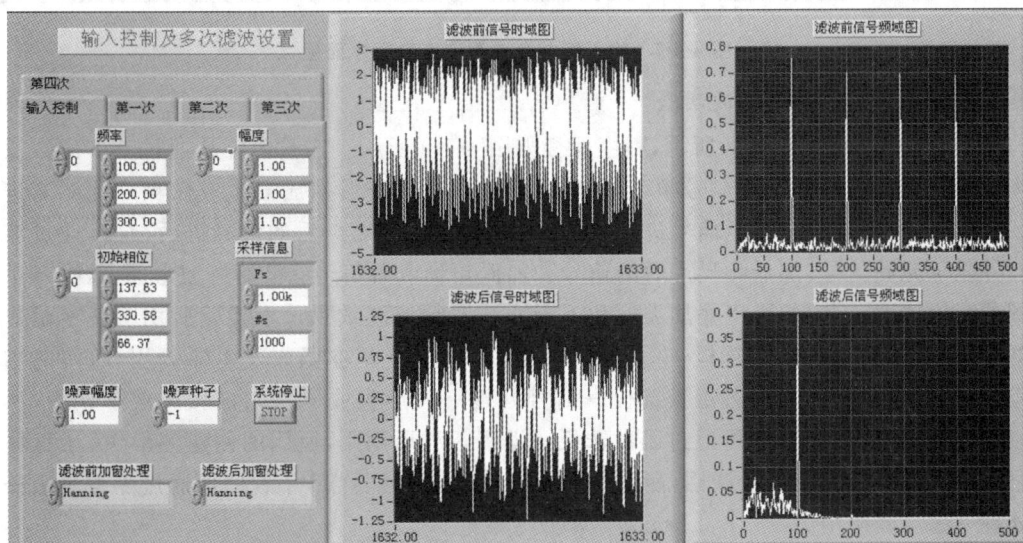

图 4-4-6　输入控制多次滤波实验前面板

制,实现多次滤波,并通过波形图控件显示滤波前后信号的时域波形图和频域波形图。实验所用的 Butterworth 滤波器 VI 子程序可通过函数选板→信号处理→滤波器调用,所用的 FFT 频谱(幅度-相位)VI 子程序可通过函数选板→信号处理→波形测量调用,所用的波形成分提取 VI 子程序可通过函数选板→编程→波形调用,所用的均匀白噪声 VI 子程序可通过函数选板→信号处理→波形生成调用,所用的混合单频信号发生器 VI 子程序可通过函数选板→信号处理→波形生成调用。实验中的波形图数据是根据 Y 坐标数据序列通过构造簇的方法生成的。

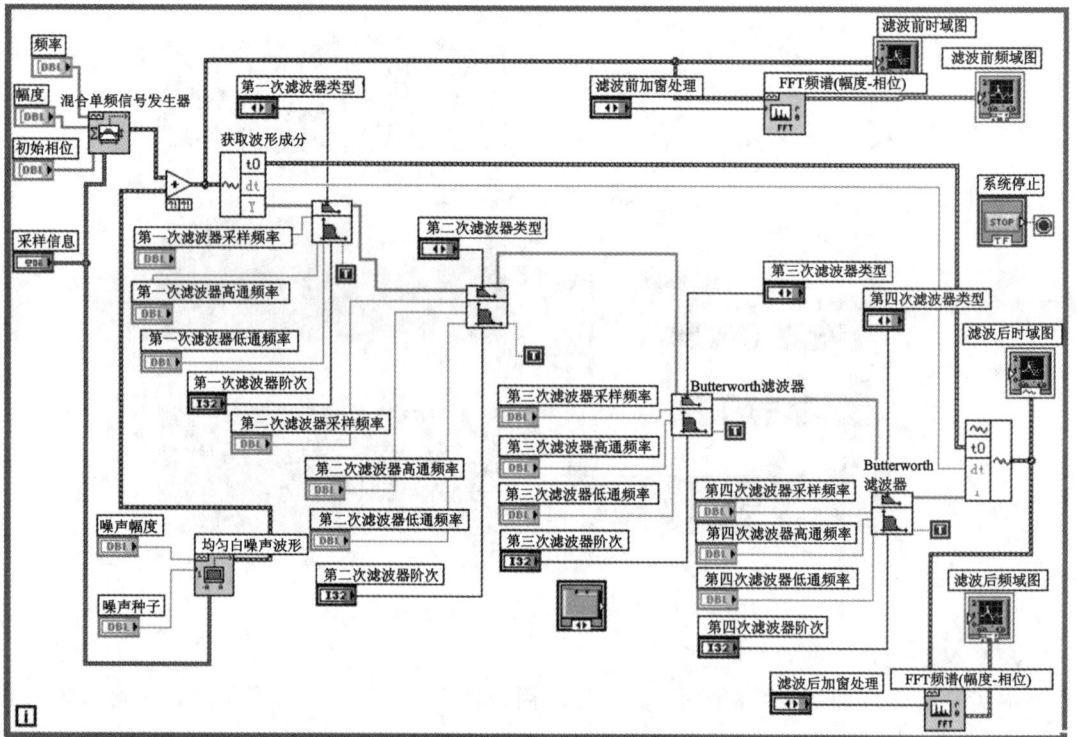

图 4-4-7　输入控制多次滤波实验程序面板

4.叠加噪声信号后的滤波实验

本实验前面板如图 4-4-8 所示,程序面板如图 4-4-9 所示。实验内容是通过基本函数发生器生成不同类型信号并设置信号频率等参数,通过白噪声波形生成器生成白噪声并对其进行滤波,将信号与滤波后白噪声信号进行叠加,最后对叠加白噪声后的信号进行滤波,通过波形图控件显示原始信号、加低频噪声后的信号和加低频噪声后信号滤波后的波形图,观察各个波形图的变化情况、不同的噪声叠加类型和不同滤波器的滤波效果。本实验所用的基本函数发生器 VI 子程序可通过函数选板→信号处理→波形生成→基本函数发生器调用,所用的均匀白噪声波形 VI 子程序可通过函数选板→信号处理→波形生成→均匀白噪声波形调用,所用的波形成分提取 VI 子程序可通过函数选板→编程→波形调用,所用的创建波形 VI 子程序可通过函数选板→编程→波形调用,所用的 Butterworth 滤波器 VI 子程序可通过函数选板→信号处理→滤波器调用。

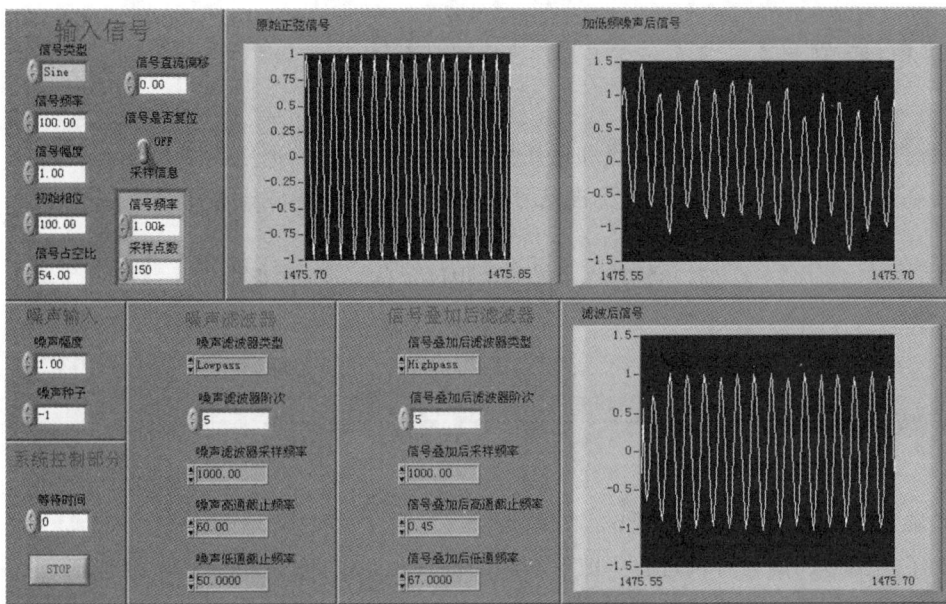

图 4-4-8 叠加噪声信号后的滤波实验前面板

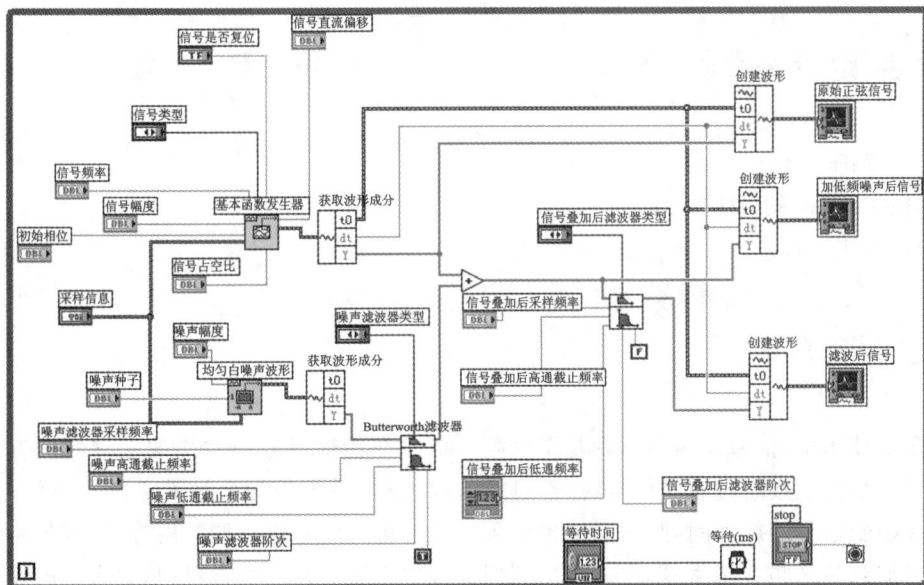

图 4-4-9 叠加噪声信号后的滤波实验程序面板

五、实验报告要求

(1)编制相应 LabVIEW 程序,比较不同滤波器的效果曲线图,并分析实验结果;

(2)提交相应的 LabVIEW 程序。

■六、思考题■

(1)总结不同类型滤波器的特点和适用情况,阐述滤波器的选用原则;

(2)基于 LabVIEW 软件,编写标准信号叠加噪声信号的滤波器选择程序。

实验五　信号调制解调实验

■一、实验目的■

(1)熟悉信号调制与解调原理;

(2)了解信号调制与解调过程中波形和频谱的变化,加深对调制与解调的理解;

(3)掌握信号调制与解调基本方法;

(4)掌握滤波器在信号解调中的作用。

■二、实验设备■

(1)计算机 1 台;

(2)LabVIEW 软件 1 套;

(3)打印机 1 台。

■三、实验原理■

在测试技术中,信号调制与解调是工程测试信号在传输过程中常用的一种调理方法。当漂移信号大小接近或超过被测信号时,经过逐级放大后,被测信号会被零点漂移淹没;为了很好地解决缓变信号的放大问题,信息技术中采用了一种对信号进行调制的方法,即先将微弱的缓变信号加载到高频交流信号中去,然后利用交流放大器进行放大,最后从放大器的输出信号中取出放大了的缓变信号。上述信号传输中的变换过程称为调制与解调。信号调制解调过程示意图如图 4-5-1 所示。

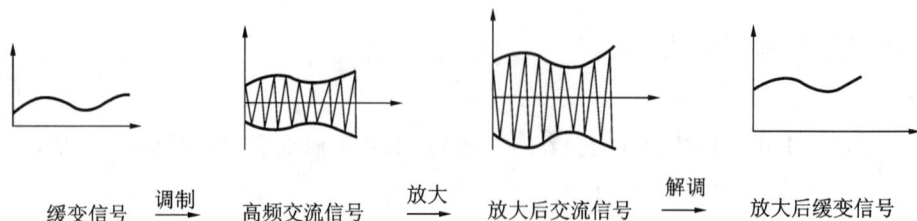

缓变信号　—调制→　高频交流信号　—放大→　放大后交流信号　—解调→　放大后缓变信号

图 4-5-1　信号调制解调过程示意图

信号调制是用信号 $f(t)$ 控制载波的某一个(或几个)参数,使被控参数按照信号 $f(t)$ 的规律变化的过程。载波可以是正弦波或脉冲序列。以正弦波信号作为载波调制称为连续波(CW)调制。调制过程的逆过程称为解调或反调制。调制过程是一个频谱搬移过程,它是将低频信号的频谱搬移到载频位置。如果要在接收端恢复信号,就要从已调制信号的频谱中,将载频信号频谱搬回来。

在信号分析中,信号的截断、窗函数加权等,是一种振幅调制;对于混响信号,由于回声效应引起的信号的叠加、乘积、卷积等也是信号调制,其中乘积即为调幅现象。一般正(余)弦调制可分为幅度调制、频率调制、相位调制三种,分别简称为调幅(AM)、调频(FM)、调相(PM)。

1. 信号调幅与解调基本原理

调幅是将一个高频简谐信号(载波信号)的幅值与被测试的缓变信号(调制信号)相乘,使载波信号的幅值随测试信号的变化而变化。调幅时,载波、调制信号及已调制波的关系如图4-5-2所示。设调制信号为被测信号 $x(t)$,其最高频率成分为 f_m,载波信号为 $\cos(2\pi f_0 t)$,则可得调幅波:

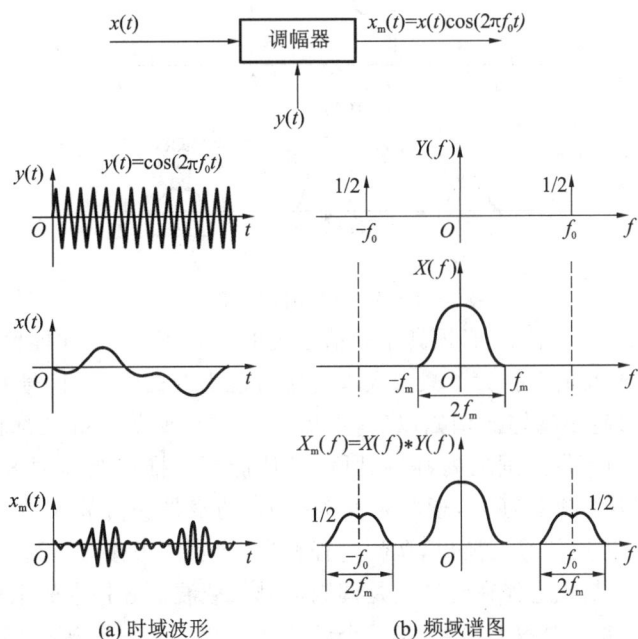

图 4-5-2 调幅过程示意图

$$x(t) \cdot \cos(2\pi f_0 t) = \frac{1}{2}\left[x(t)e^{-j2\pi f_0 t} + x(t)e^{j2\pi f_0 t}\right] \tag{4-5-1}$$

如果已知傅里叶变换对 $x(t) f \leftrightarrow X(f)$,根据傅里叶变换的性质:在时域中两个信号相乘,则对应在频域中为两个信号进行卷积,即

$$x(t) \cdot y(t) \leftrightarrow X(f) * Y(f) \tag{4-5-2}$$

而余弦函数的频域图形是一对脉冲谱线,即

$$\cos(2\pi f_0 t) \leftrightarrow \frac{1}{2}\delta(f-f_0) + \frac{1}{2}\delta(f+f_0) \tag{4-5-3}$$

那么利用傅里叶变换的频移性质,可得

$$x(t) \cdot \cos(2\pi f_0 t) \leftrightarrow \frac{1}{2}[X(f) * \delta(f-f_0) + X(f) * \delta(f+f_0)] \tag{4-5-4}$$

由单位脉冲函数的性质可知,一个函数与单位脉冲函数卷积的结果就是将其频谱图形由坐标原点平移至该脉冲函数频率处。所以,如果以高频余弦信号作载波,把信号 $x(t)$ 与载波信号相乘,其结果就相当于把原信号 $x(t)$ 的频谱图形由原点平移至载波频率 f_0 处,其幅值减半,如图 4-5-3 所示。

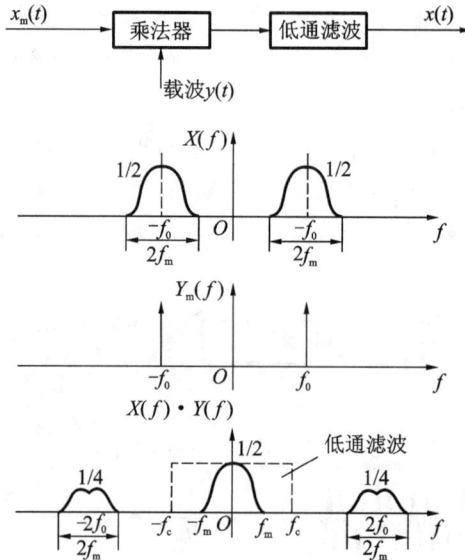

图 4-5-3   同步解调示意图

从调制过程看,载波频率 f_0 必须高于原信号中的最高频率 f_m 才能使已调制波仍能保持原信号的频谱图形,不致重叠。为了减少放大电路可能引起的失真,信号的频宽($2f_m$)相对中心频率(载波频率 f_0)越小越好。调幅以后,原信号 $x(t)$ 中所包含的全部信息均转移到以 f_0 为中心,宽度为 $2f_m$ 的频带范围之内,即将原信号从低频区推移至高频区。因为信号中不包含直流分量,可以用中心频率为 f_0,通频带宽为 $\pm f_m$ 的窄带交流放大器放大,然后通过解调从放大的调制波中取出原信号。所以,调幅过程相当于频谱"搬移"过程。

综上所述:幅值调制的过程在时域上是调制信号与载波信号相乘的运算;在频域上是调制信号频谱与载波信号频谱卷积的运算,是一个频移的过程。这就是幅值调制得到广泛应用的最重要的理论依据。

为了从调幅波中将原测量信号恢复出来,就必须对调制信号进行解调。常用的解调方法有同步解调、整流检波解调和相敏检波解调。同步解调是对已调制波与原载波信号再做一次乘法运算,即

$$x(t) \cdot \cos(2\pi f_0 t) \cdot \cos(2\pi f_0 t) = \frac{1}{2}x(t) + \frac{1}{2}x(t)\cos 4\pi f_0 t$$

$$F[x(t)\cos(2\pi f_0 t)\cos(2\pi f_0 t)] = F\left[\frac{1}{2}x(t) + \frac{1}{2}x(t)\cos(2\pi f_0 t)\right]$$

$$= \frac{1}{2}\left\{X(f) + X(f) * \left[\frac{1}{2}\delta(f-f_0) + \frac{1}{2}\delta(f+f_0)\right]\right\}$$

$$= \frac{1}{2}X(f) + \frac{1}{4}X(f-f_0) + \frac{1}{4}X(f+f_0)$$

　　同步解调信号的频域图形将再一次进行搬移,即将以坐标原点为中心的已调制波频谱搬移到 f_0 处。由于载波频谱与原来调制时的载波频谱相同,第二次搬移后的频谱有一部分搬移到原点处,所以同步解调后的频谱包含两部分,即与原调制信号相同的频谱和附加的高频频谱。与原调制信号相同的频谱是恢复原信号波形所需要的,附加的高频频谱则是不需要的。当用低通滤波器滤去大于 f_m 的成分时,则可以复现原信号的频谱,也就是说在时域恢复原波形。图中高于低通滤波器截止频率 f_0 的频率成分将被滤去。所以,在同步解调时,所乘的信号与调制时的载波信号具有相同的频率和相位。

　　2.信号调频与解调基本原理

　　调频就是利用信号电压的幅值控制一个振荡器产生的信号频率。振荡器输出的是等幅波,其振荡频率变化值和信号电压成正比。所以调频波是随时间变化的疏密不等的等幅波,如图 4-5-4 所示。

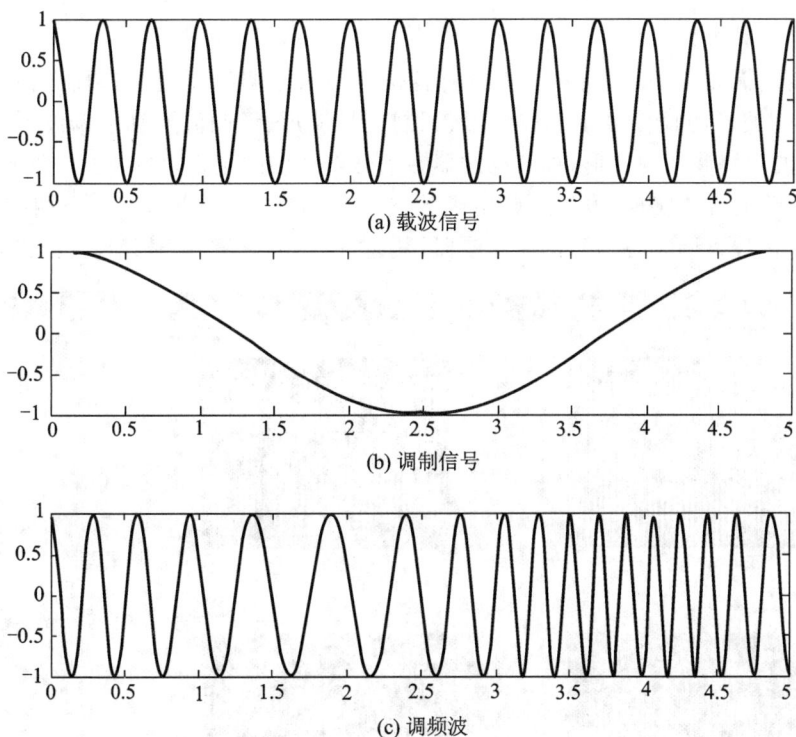

图 4-5-4　调频过程示意图

　　调频波的瞬时频率为

$$f(t) = f_0 \pm \Delta f$$

式中:f_0 为载波频率;Δf 为频率偏移,与调制信号的幅值成正比。

　　设调制信号 $x(t)$ 是幅值为 X_0、频率为 f_m 的正弦波,其初始相位为零,则有

$$x(t) = X_0 \cos(2\pi f_m t)$$

　　载波信号为

$$y(t) = Y_0 \cos(2\pi f_0 t + \varphi_0)$$

　　调频时载波的幅值 Y_0 和初相位 φ_0 不变,瞬时频率 $f(t)$ 围绕着 f_0 随调制信号作线性的变化,因此:

$$f(t)=f_0+K_f X_0\cos(2\pi f_m t)=f_0+\Delta f_f\cos(2\pi f_m t) \tag{4-5-5}$$

式中:Δf_f是由调制信号幅值 X_0 决定的频率偏移,$\Delta f_f=K_f X_0$;K_f 为比例常数,其大小由具体的调频电路决定。

由以上分析可知,频率偏移与调制信号的幅值成正比,而与调制信号的频率无关,这是调频波的基本特征之一。

为了从调频波中将原测量信号恢复出来,就必须对调制信号进行解调。谐振电路调频波的解调一般使用鉴频器。调频波通过正弦波频率的变化来反映被测信号的幅值变化,因此,调频波的解调首先是把调频波变换成调频调幅波,然后进行幅值检波。

▓四、实验内容与步骤▓

1.调幅解调器实验

本实验前面板如图 4-5-5 所示。实验内容是根据信号调幅原理,用调制信号对载波信号进行调幅,通过波形图控件显示载波波形、调制信号波形、调制波形和解调波形,观察各个波形,比较调制波和解调波的波形,理解滤波器在信号解调中的用途。本实验中波形数据需要通过捆绑数据成簇的方法实现,方法是调用函数选板→编程→簇、类与变体→捆绑 VI 子程序。本实验在进行信号解调时会用到低通滤波器,其通过函数选板→信号处理→滤波器调用。

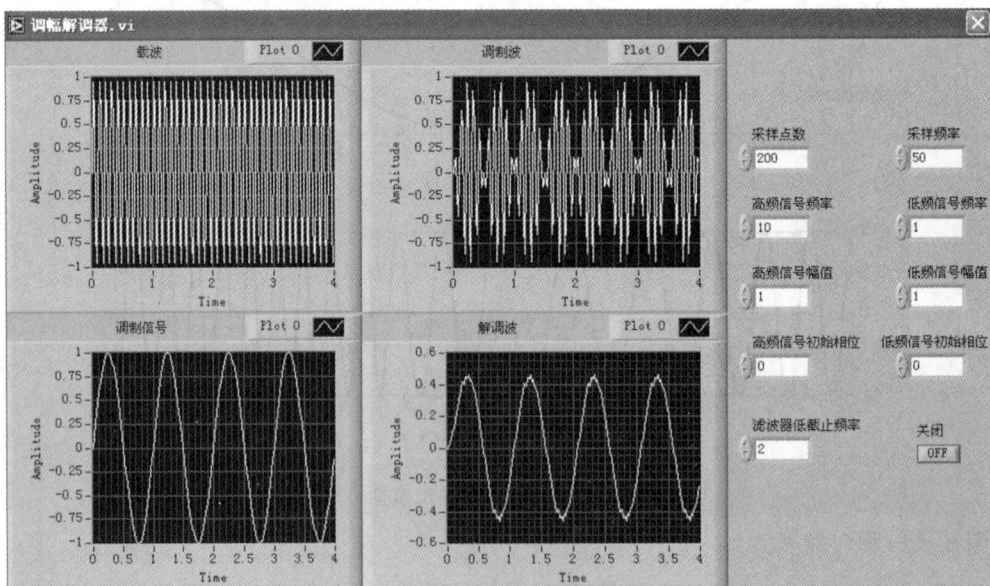

图 4-5-5 调幅解调器实验前面板

2.调频解调器实验

本实验前面板如图 4-5-6 所示。实验内容是根据信号调频原理,用调制信号对载波信号进行调频,通过波形图控件显示载波波形、调制信号波形、调制波形和解调波形,观察各个波形,比较调制波和解调波的波形,理解滤波器在信号解调中的用途。本实验在进行信号解调时也会用到低通滤波器,其可通过函数选板→信号处理→滤波器调用。

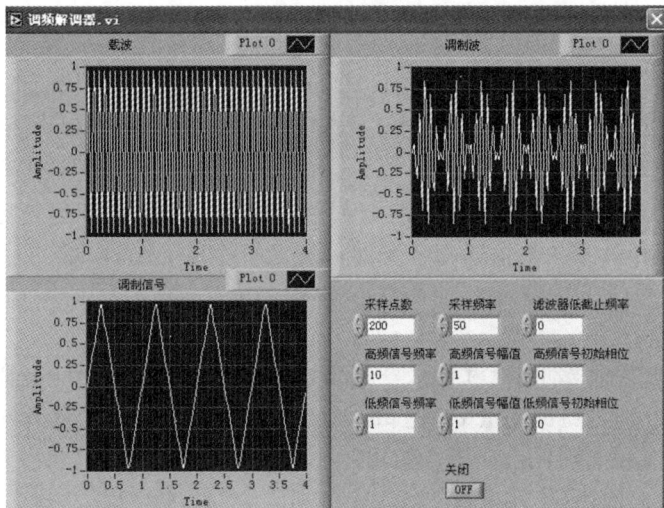

图 4-5-6　调频解调器实验前面板

五、实验报告要求

(1)简述实验目的和原理；

(2)编制相应 LabVIEW 程序并分析实验结果；

(3)提交相应的 LabVIEW 程序。

六、思考题

基于 LabVIEW 软件，编写计算机软件调频程序。

实验六　信号相关分析实验

一、实验目的

(1)在理论学习的基础上，通过本实验加深对信号相关分析概念、性质、作用的理解；

(2)掌握用信号相关分析法测量信号周期成分的方法。

二、实验设备

(1)计算机 1 台；

(2)LabVIEW 软件 1 套；

(3)打印机 1 台。

三、实验原理

在信号处理中经常要研究两个信号的相关性。相关是指客观事物变化量之间的相依关系,在统计学中是用相关系数来描述两个变量 x、y 之间的相关性的,即

$$\rho_{xy} = \frac{c_{xy}}{\sigma_x \sigma_y} = \frac{E[(x-\mu_x)(y-\mu_y)]}{\{E[(x-\mu_x)^2]E[(y-\mu_y)^2]\}^{\frac{1}{2}}} \tag{4-6-1}$$

式中:ρ_{xy} 是两个随机变量波动量之积的数学期望,称为协方差或相关性,表征了 x 和 y 之间的关联程度;σ_x 和 σ_y 分别为随机变量 x 和 y 的均方差,是随机变量波动量平方的数学期望。

若随机变量 x、y 是与时间有关的函数,即 $x(t)$ 与 $y(t)$,这时可以引入一个与时间 τ 有关的量 $\rho_{xy}(\tau)$,称为相关系数,并有

$$\rho_{xy}(\tau) = \frac{\int_{-\infty}^{+\infty} x(t)y(t-\tau)dt}{\left[\int_{-\infty}^{+\infty} x^2(t)dt \int_{-\infty}^{+\infty} y^2(t)dt\right]^{\frac{1}{2}}} \tag{4-6-2}$$

式中:$x(t)$ 和 $y(t)$ 是假定不含直流分量的能量信号,亦即不包含信号均值为零的分量的能量信号。分母部分是一个常量,分子部分是 τ 的函数,反映了两个信号在时移中的相关性,称为相关函数。因此相关函数定义为

$$R_{yx}(\tau) = \int_{-\infty}^{+\infty} y(t)x(t-\tau)dt \quad \text{或} \quad R_{xy}(\tau) = \int_{-\infty}^{+\infty} x(t)y(t-\tau)dt \tag{4-6-3}$$

如果 $x(t)=y(t)$,则称 $R_x(\tau)=R_{xy}(\tau)$ 为自相关函数,即

$$R_x(\tau) = \int_{-\infty}^{+\infty} x(t)x(t-\tau)dt \tag{4-6-4}$$

若 $x(t)$ 与 $y(t)$ 为功率信号,则其相关函数为

$$R_x(\tau) = \lim_{T \to \infty} \frac{1}{T} \int_{-\frac{T}{2}}^{\frac{T}{2}} x(t)x(t-\tau)dt \tag{4-6-5}$$

实际运用时,可令 $x(t)$、$y(t)$ 两个信号之间产生时差 τ,再相乘和积分,就可以得到 τ 时刻两个信号的相关性。连续变化参数 τ,就可以得到 $x(t)$、$y(t)$ 的相关函数曲线。

卷积是信号分析的一个重要概念。它可以求线性系统对任何激励信号的零状态响应,是沟通时-频域关系的一个桥梁。对于连续时间信号的卷积称为卷积积分,定义为

$$f(t) = f_1(t) * f_2(t) = \int_{-\infty}^{\infty} f_1(\tau)f_2(t-\tau)d\tau \tag{4-6-6}$$

离散时间信号的卷积称为卷积和,定义为

$$f(k) = f_1(k) * f_2(k) = \sum_{i=-\infty}^{\infty} f_1(i) * f_2(k-i) \tag{4-6-7}$$

四、实验内容与步骤

1. 典型信号自相关实验

本实验前面板如图 4-6-1 所示,程序面板如图 4-6-2 所示。实验内容是在信号发生与分析

实验的基础上,对典型信号进行自相关分析,并将结果输出到波形图控件中显示。实验中若需要修正相关函数,则可以编写相关函数修正子程序。最后,实验要求通过改变信号类型和一系列参数、幅数,如频率值、初始相位、直流偏置、方波占空比等,观察信号自相关函数的波形曲线。实验所用的主要 VI 子程序可通过函数选板→信号处理→谱分析,函数选板→信号处理→波形生成和函数选板→信号处理→信号运算调用。

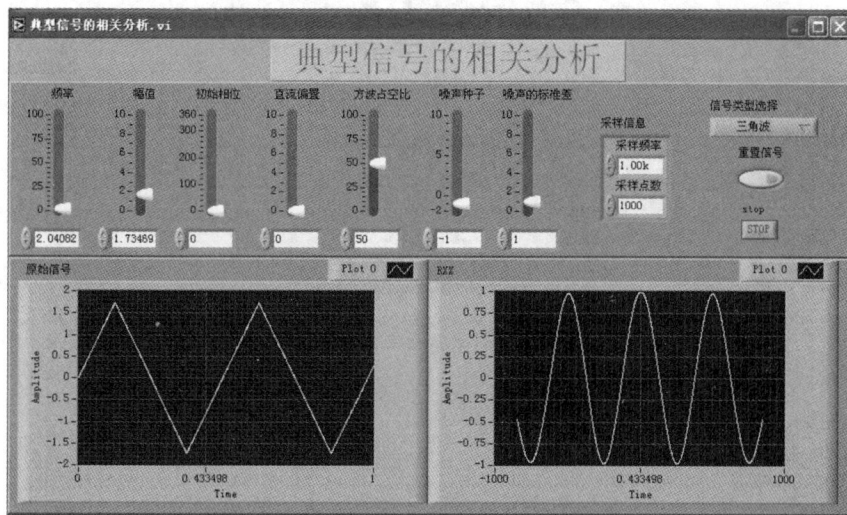

图 4-6-1　典型信号自相关实验前面板

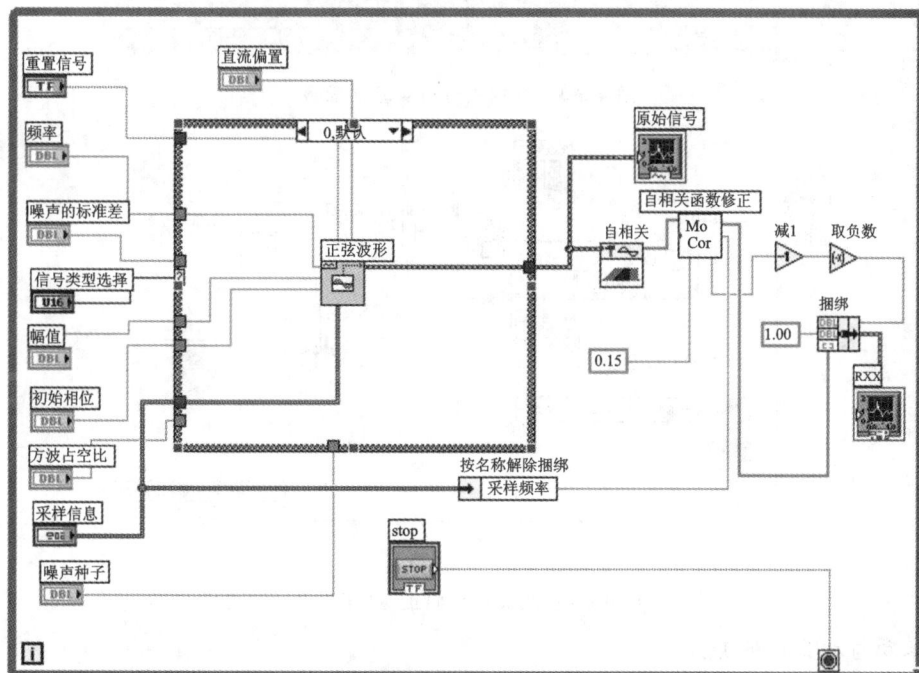

图 4-6-2　典型信号自相关分析实验程序面板

2. 互相关分析实验

本实验前面板如图 4-6-3 所示。实验内容是利用信号生成 VI 子程序从而生成两个信号,然后对这两个信号进行互相关分析,并将结果输出到波形图控件中显示。实验中若需要修正相关函数,则可以编写相关函数修正子程序(见图 4-6-4)。实验所用的主要 VI 子程序可通过函数选板→信号处理→信号生成,函数选板→编程→数组和函数选板→信号处理→信号运算调用。最后,实验要求通过设置双通道中信号的频率和相位,观察其互相关函数的波形曲线。

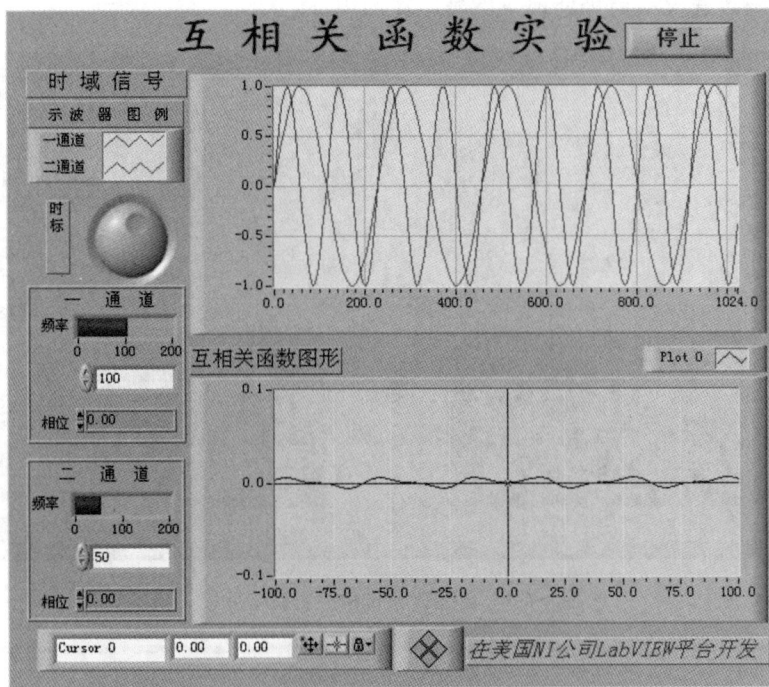

图 4-6-3　互相关分析实验前面板

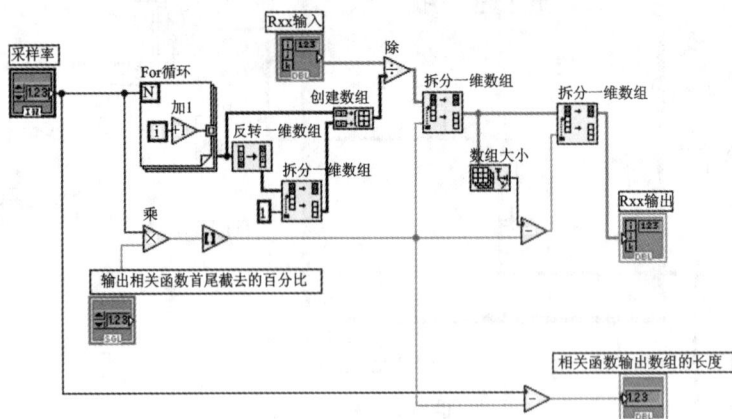

图 4-6-4　相关函数修正 VI 子程序

3. 卷积与相关分析实验

本实验前面板如图 4-6-5 所示。实验内容是利用基本函数发生器生成两个信号,对这两个信号进行卷积、反卷积、互相关分析和单个信号的自相关分析,并将结果输出到波形图控件中显示。实验所用的主要 VI 子程序可通过函数选板→信号处理→波形生成,函数选板→编程→数组和函数选板→信号处理→信号运算调用。

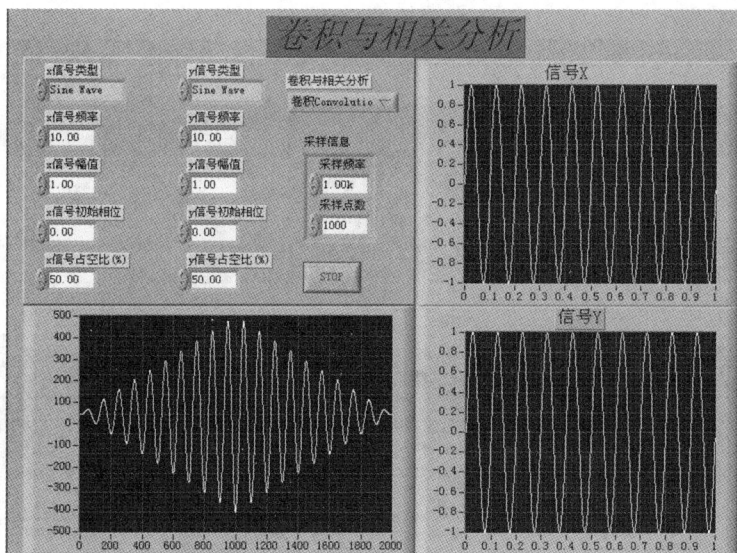

图 4-6-5 卷积与相关分析实验前面板

4.相关法测量信号相位差实验

本实验前面板如图 4-6-6 所示。实验内容是利用相关法测量信号相位差。实验所用的主要 VI 子程序可通过函数选板→信号处理→信号生成,函数选板→编程→数组和函数选板→信号处理→信号运算调用。

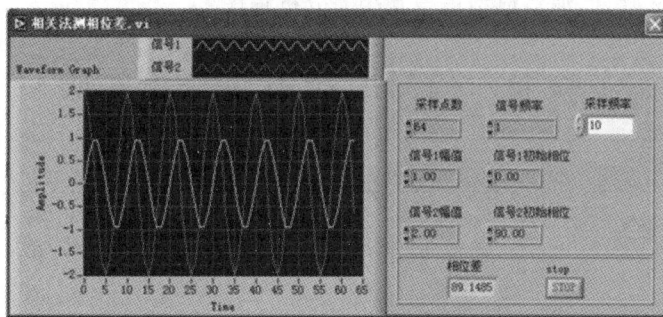

图 4-6-6 相关法测量信号相位差实验前面板

5.相关法测量信号周期差实验

本实验前面板如图 4-6-7 所示。实验内容是利用相关法测量信号周期差。实验所用的主要 VI 子程序可通过函数选板→信号处理→信号生成,函数选板→编程→数组和函数选板→信号处理→信号运算调用。

五、实验报告要求

(1)按实验原理编制相应 LabVIEW 程序并分析实验结果;

(2)提交相应的 LabVIEW 程序。

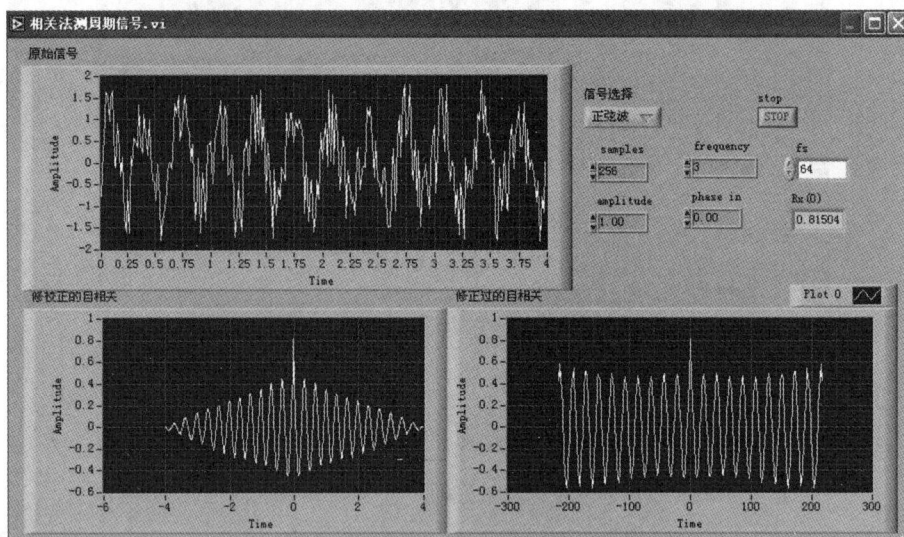

图 4-6-7　相关法测量信号周期差实验前面板

六、思考题

基于 LabVIEW 软件,编写典型信号互相关分析程序。

实验七　信号时域响应分析实验

一、实验目的

(1)掌握一阶系统的时域特性,理解时间常数 T 对系统性能的影响;

(2)掌握二阶系统的时域特性,理解二阶系统的两个重要参数 ξ 和 ω_n 对系统动态特性的影响,并用固高球杆系统进行验证;

(3)理解二阶系统的性能指标,掌握它们与系统特征参数 ξ、ω_n 之间的关系。

二、实验设备

(1)计算机 1 台;

(2)LabVIEW 软件 1 套;

(3)MATLAB 软件 1 套;

(4)打印机 1 台。

三、实验要求

（1）了解典型输入信号，理解时间响应的概念，理解掌握时间响应分析和性能指标的计算。

（2）对于一阶惯性环节 $G(s)=\dfrac{1}{Ts+1}$：

①重点掌握当输入信号为单位阶跃信号时，对应的响应曲线特点；掌握当系统参数 T 改变时，对应的响应曲线变化特点，以及对系统的性能的影响。

②了解当输入信号分别改为单位脉冲信号、单位速度信号时，响应曲线的变化情况及特点。

③通过对实验结果的观察、分析和比较，总结对于同一个系统，不同输入信号对系统性能的影响。

（3）对于二阶系统 $G(s)=\dfrac{\omega_n^2}{s^2+2\xi\omega_n s+\omega_n^2}$：

①了解输入信号为单位阶跃信号时，对应的响应曲线的特点及系统参数 ξ、ω_n 改变时（分别取 $\xi=0$、$\xi=1$、$\xi>1$、$0<\xi<1$），对应的响应曲线的变化特点及对系统性能的影响。

②重点掌握欠阻尼二阶系统的单位阶跃响应曲线，包括系统参数 ξ、ω_n 改变时，系统的性能指标的变化情况；掌握系统性能指标有哪些，各表示系统哪些方面的特性。

③了解当输入信号改为单位脉冲、单位速度信号时，响应曲线的变化情况。

④通过对实验结果的观察、分析和比较，总结对于同一个系统，不同输入信号对系统的性能的影响。

（4）将实验结果与理论分析的结果进行比较，验证理论的正确性。

四、实验原理

1. 一阶系统的时域分析

一阶系统的闭环传递函数为 $\Phi(s)=\dfrac{C(s)}{R(s)}=\dfrac{1}{Ts+1}$，系统的输入信号为 $r(t)$，则零初始条件下一阶系统的时域输出为 $c(t)=\mathrm{L}^{-1}\left[\dfrac{1}{Ts+1}R(s)\right]$。

（1）当 $r(t)=1$ 时，系统的响应过程 $c(t)$ 称为单位阶跃响应，$c(t)=1-\mathrm{e}^{-\frac{t}{T}}$；

（2）当 $r(t)=\delta(t)$ 时，一阶系统的脉冲响应是一单调下降的指数曲线，$c(t)=\dfrac{1}{T}\mathrm{e}^{-\frac{t}{T}}$；

（3）当 $r(t)=t$ 时，一阶系统在跟踪单位斜坡输入时有跟踪误差，且 $t\to\infty$，$e(\infty)\to T$，$c(t)=t-T(1-\mathrm{e}^{-\frac{t}{T}})$。

2. 二阶系统的时域分析

二阶系统的闭环传递函数为 $\dfrac{C(s)}{R(s)}=\dfrac{\omega_n^2}{s^2+2\xi\omega_n s+\omega_n^2}$，$\xi$ 为阻尼比，ω_n 为无阻尼自振频率。

1）二阶系统的单位阶跃响应

当系统的输入信号为 $r(t)=1(t)$，则零初始条件下二阶系统的拉氏变换式为 $C(s)=$

$$\frac{\omega_{\mathrm{n}}^2}{s^2+2\xi\omega_{\mathrm{n}}s+\omega_{\mathrm{n}}^2}\cdot\frac{1}{s}。$$

2）性能指标

延迟时间 t_{d}：输出响应第一次达到稳态值的 50% 所需的时间。

上升时间 t_{r}：输出响应第一次达到稳态值 $y(\infty)$ 所需的时间，$t_{\mathrm{r}}=\dfrac{\pi-\theta}{\omega_{\mathrm{d}}}$。

峰值时间 t_{p}：输出响应超过稳态值，达到第一个峰值 $y_{\max}$ 所需要的时间，$t_{\mathrm{p}}=\dfrac{\pi}{\omega_{\mathrm{d}}}$。

最大超调量（简称超调量）M_{p} 或 $\delta\%$：$M_{\mathrm{p}}=\dfrac{y(t_{\mathrm{p}})-y(\infty)}{y(\infty)}=\mathrm{e}^{-\frac{\xi\pi}{\sqrt{1-\xi^2}}}\times100\%$。

调节时间或过渡过程时间 t_{s}：当 $y(t)$ 和 $y(\infty)$ 之间的误差在规定的范围之内，比如 $0.02\sim$ 0.05，且以后不再超出此范围的最小时间。即当 $t\geqslant t_{\mathrm{s}}$ 时，有 $|y(t)-y(\infty)|\leqslant\Delta\%\times y(\infty)$，$\Delta=2$ 或 3。

振荡次数 N：在调整时间内，响应过程 $y(t)$ 穿越其稳态值 $y(\infty)$ 次数的一半定义为振荡次数 N，$N=\dfrac{t_{\mathrm{s}}}{T_{\mathrm{d}}}$，其中 $T_{\mathrm{d}}=\dfrac{2\pi}{\omega_{\mathrm{d}}}$ 为阻尼振荡周期。

在上述几种性能指标中，t_{p}、t_{r}、t_{s} 表示瞬态过程进行的快慢，是快速性指标；而 M_{p}、N 反映瞬态过程的振荡程度，是振荡性指标。

五、实验内容与步骤

通过 LabVIEW 程序时域分析模块前面板（见图 4-7-1）设定输入参数（包括比例增益、时间常数、固有频率、阻尼比），并把这些参数作为 MATLAB Script 节点的输出端，在 MATLAB Script 节点中调用 MATLAB 程序，来完成本程序的功能（包括求一阶系统的脉冲响应、阶跃响应、斜坡响应，求二阶系统的脉冲响应、阶跃响应、斜坡响应）。

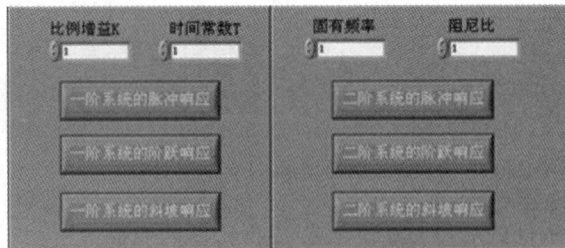

图 4-7-1　时域分析模块前面板

输入比例增益、时间常数、固有频率、阻尼比等参数，观察各阶系统相应的响应曲线并分析实验结果。

六、实验报告要求

（1）按实验原理编制 LabVIEW 程序，运行获取相应的曲线图，并分析实验结果；

（2）提交相应的 LabVIEW 程序。

▮七、思考题▮

基于 MATLAB 软件,任选一种分析方法,编写二阶系统时域响应分析子程序。

实验八　信号频域响应分析实验

▮一、实验目的▮

(1)加深理解频率特性的概念,掌握系统频率特性的测试原理及方法;

(2)掌握频率特性的 Nyquist 图和 Bode 图的组成原理,熟悉典型环节的 Nyquist 图和 Bode 图的特点及其绘制方法,了解一般系统的 Nyquist 图和 Bode 图的特点及其绘制方法。

▮二、实验设备▮

(1)计算机 1 台;

(2)LabVIEW 软件 1 套;

(3)MATLAB 软件 1 套;

(4)打印机 1 台。

▮三、实验要求▮

(1)正确理解频率特性的概念,熟悉典型环节的频率特性。

(2)分析开环系统的频率特性,并绘制其开环 Nyquist 图和 Bode 图,求取剪切频率 ω_c,将实验结果与理论分析计算结果进行比较,验证理论的正确性。

(3)分析单位反馈系统的频率特性,并绘制其 Nyquist 图和 Bode 图,求取谐振频率 ω_r、谐振峰值 M_r,将实验结果与理论分析计算结果进行比较,验证理论的正确性。

(4)了解闭环频率特性与时域性能之间的关系。掌握开环增益 K 变化对频率特性的影响,以及对 Bode 图的幅频、相频的影响。

(5)对系统的频率特性进行实验验证,掌握系统频率特性的测试原理及方法。

(6)实验数据、图形曲线、性能指标打印出来。

▮四、实验原理▮

频率响应:线性控制系统对正弦输入的稳态响应。也就是说对于这种系统所给的参考输入信号,只限于正弦函数,而其输出是考虑稳定状态,即当时间 $t \to \infty$ 时的情况。

(1)频率特性:记为 $G(j\omega) = \dfrac{Y(j\omega)}{R(j\omega)} = |G(j\omega)| e^{j\angle G(j\omega)}$。

(2)幅频特性:正弦输出对正弦输入的幅值比,记为 $|G(j\omega)| = \left|\dfrac{Y(j\omega)}{R(j\omega)}\right|$。

(3)相频特性:正弦输出对正弦输入的相移,记为 $\angle G(j\omega) = \angle\dfrac{Y(j\omega)}{R(j\omega)}$。

(4)对数频率特性:对数坐标图,又称 Bode 图,它由对数幅频特性图和对数相频特性图组成。对数幅频特性图纵坐标标度为 $20\lg|G(j\omega)|$,其中对数以 10 为底均匀分度,采用单位是分贝(dB);横坐标标度为 $\lg\omega$,以对数分度绘制,标以 ω,采用单位是弧度/秒(rad/s)。对数相频特性图纵坐标为角度,均匀分度,采用单位为度(°),横坐标与对数坐标图完全相同。对数相频特性图放在对数坐标图之下,同时使横坐标的 ω 上下一一对应,以便对比分析。

(5)极坐标频率特性曲线(Nyquist 曲线):它是在复平面上用一条曲线表示 ω 由 $0 \rightarrow \infty$ 时的频率特性,即用矢量 $G(j\omega)$ 的端点轨迹形成的图形,ω 是参变量。在曲线上的任意一点可以确定实频、虚频、幅频和相频特性。

░ 五、实验内容与步骤 ░

利用 LabVIEW 编制如图 4-8-1 所示的程序面板,通过设置分子分母多项式模型和零极点增益模型的各项参数,选择分析方法后,实验平台会自动弹出频域分析曲线,观察实验结果与理论分析值的异同。

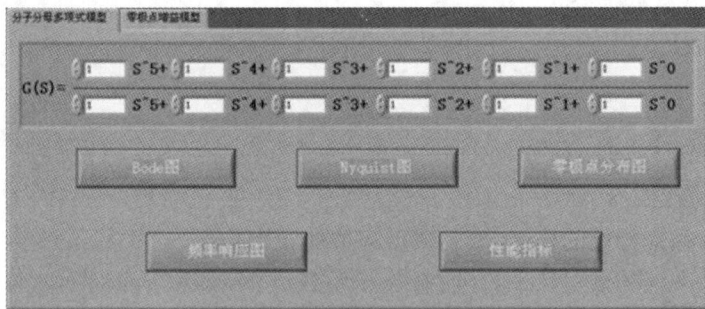

图 4-8-1　频域响应分析模块前面板

░ 六、实验报告要求 ░

(1)按实验原理编制 LabVIEW 程序,运行获取相应的曲线图,并分析实验结果;
(2)记录实验心得。

░ 七、思考题 ░

基于 MATLAB 软件,任选一种分析方法,编写二阶系统频域响应分析子程序。

实验九 串口数据采集实验

■一、实验目的■

(1)掌握运用 VISA 通信的基本方法;

(2)掌握数据采集的基本方法;

(3)掌握使用 LabVIEW 进行串行通信的方法。

■二、实验设备■

(1)计算机 1 台;

(2)LabVIEW 软件 1 套;

(3)MATLAB 软件 1 套;

(4)带温度传感器的单片机实验板 1 张;

(5)打印机 1 台。

■三、实验原理■

本实验中单片机采用串口与计算机通信,使用的是 VISA 子模板中串行端口子模板。LabVIEW 的串口通信 VI 位于 Instrument I/O Platte 的 Serial 中,其分类及其功能如表 4-9-1 所示。

表 4-9-1 VI 的分类及其功能

VI 名称	VI 功能
VISA Configure Serial Port	初始化 VISA resource name 指定的串口通信参数
VISA Write	将输出缓冲区中的数据发送到 VISA resource name 指定的串口
VISA Read	将 VISA resource name 指定的串口接收缓冲区中的数据读取指定字节数的数据到计算机内存中
VISA Serial Break	向 VISA resource name 指定的串口发送一个暂停信号
VISA Bytes at Serial Port	查询 VISA resource name 指定的串口接收缓冲区中的数据字节数
VISA Close	结束与 VISA resource name 指定的串口资源之间的会话
VISA Set I/O Buffer Size	设置 VISA resource name 指定的串口的输入输出缓冲区大小
VISA Flush I/O Buffer	清空 VISA resource name 指定的串口的输入输出缓冲区

■四、实验内容与步骤■

设计一个单片机与 LabVIEW 接口的数据采集系统,LabVIEW 程序通过 RS232 或者

RS485访问并控制单片机实验板对温度传感器进行数据采集,并用 LabVIEW 对采集到的数据进行处理和显示。

实验步骤如下。

(1)在前面板上放置 Waveform Graph,建立类似图 4-9-1 所示串口实验流程框图。

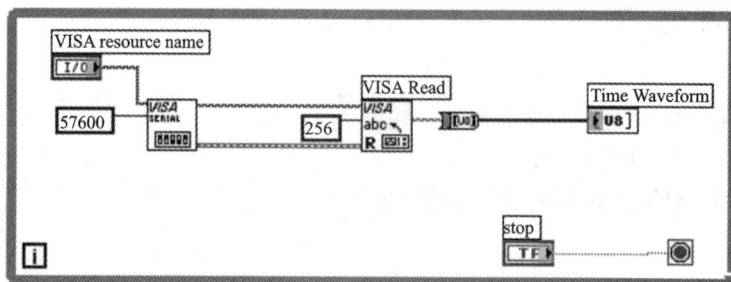

图 4-9-1　串口实验示例程序框图

(2)从 All Functions→Instruments I/O→Serial,选取 VISA Configure Serial Port,VISA Read,拖入框图程序,并根据信号和程序流程连接数据线,串口 I/O 模块所在位置如图 4-9-2 所示。

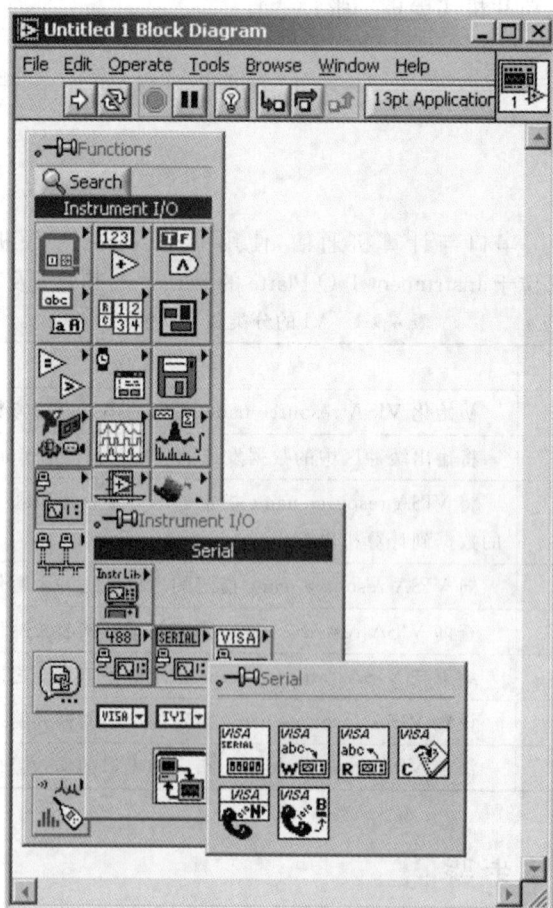

图 4-9-2　LabVIEW 的串口通信 VI 模块位置示例

（3）将已编译好的数据采集代码下载入单片机实验板，这一步亦可以根据需要自行编写数据采集代码。

（4）运行程序，结果如图 4-9-3 所示。

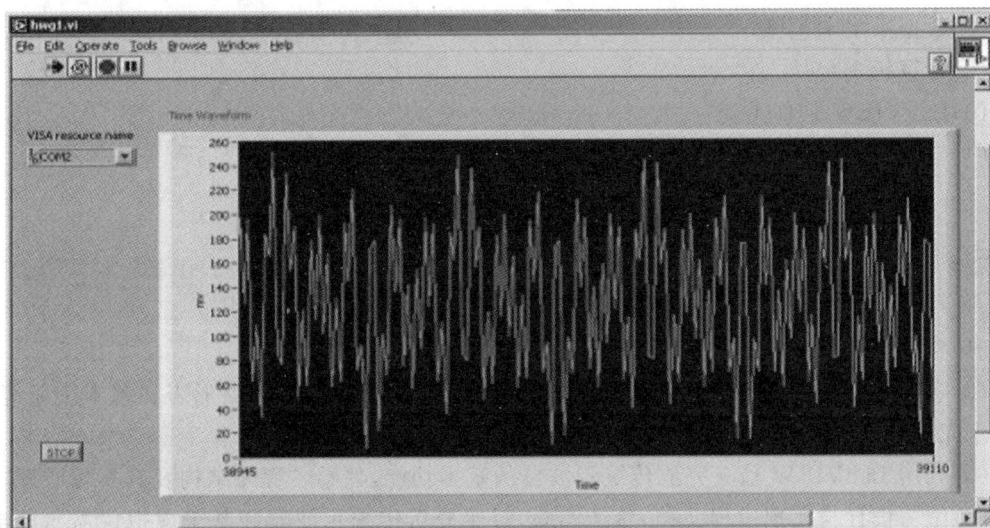

图 4-9-3　运行结果

五、实验报告要求

（1）记录实验步骤、流程图、运行结果的前面板图；
（2）记录实验感想、实验心得体会。

六、思考题

LabVIEW 的串口通信 VI 中还有许多函数，试把它们中的一部分加入流程框图中，并对比实验结果。

实验十　多通道虚拟示波器设计实验

一、实验目的

（1）理解 A/D 转换原理；
（2）掌握示波器原理及其构成；
（3）掌握虚拟仪器在实际信号检测中的基本应用方法。

▮ 二、实验设备 ▮

(1)数据采集卡 1 张;

(2)计算机 1 台;

(3)LabVIEW 软件 1 套;

(4)导线、电阻、电容若干。

▮ 三、实验要求 ▮

(1)熟悉传统示波器的基本原理、操作界面的各个按钮的作用。

(2)熟练掌握虚拟仪器软件 LabVIEW 的基本界面,包括波形图、波形表和基本按钮等,以及各个元件的属性及作用。

(3)利用 LabVIEW 独立完成传统示波器的基本功能,熟悉各程序结构及其实现原理。

(4)编写设计与实现过程文档,总结实验,对比分析传统示波器和基于虚拟仪器示波器的优缺点,写出心得体会,并现场演示和答辩。

▮ 四、实验原理 ▮

1. 示波器原理

示波器的工作原理是利用显示在示波器上的波形幅度的相对大小来反映加在示波器 Y 轴偏转极板上的电压最大值的相对大小,从而反映出电磁感应中所产生的交变电动势的最大值的大小。因此借助示波器可以研究感应电动势与其产生条件的关系。

在电子实践技术过程中,常常需要同时观察两种(或两种以上)信号随时间变化的过程。并对这些不同信号进行电量的测试和比较。为了达到这个目的,人们采用在单线示波器的基础上,增设一个专用电子开关,用它来实现两个(或多个)波形的分别显示。这种示波器称为双踪(或多踪)示波器。

2. 虚拟示波器原理

虚拟仪器技术就是利用高性能的模块化硬件,结合高效灵活的软件来完成各种测试、测量和自动化的应用。灵活高效的软件能帮助用户创建完全自定义的用户界面,模块化的硬件能方便地提供全方位的系统集成,标准的软硬件平台能满足对同步和定时应用的需求。

每台虚拟示波器的最大采样速率是一个定值。采样速率 $f_s = N/T$,其中 N 为每格采样点,T 为采样周期。当采样点数 N 为一定值时,f_s 与 N 成反比,扫速越大,采样速率越低。使用虚拟示波器时,为了避免混叠,扫速挡最好置于较快的位置。如果想要捕捉到瞬息即逝的毛刺,扫速挡则最好置于主扫速较慢的位置。

五、实验内容与步骤

在 LabVIEW 中,利用条件结构 case 来进行设计实现单双通道的选择,实现 A 通道示波、B 通道示波和 A 和 B 通道双踪示波。通过 LabVIEW 程序面板,改变增益以及通道选择,实现与传统示波器类似功能。

实验步骤如下。

(1)将被测信号接入采集卡的 AI 接口,例如 AI_0 接口和 AI_1 接口。

(2)用顺序结构依次建立打开设备帧、初始化帧、开辟数据缓冲区(一维数组)帧、循环读取数据帧、清理资源帧和关闭设备帧。

(3)用条件结构作为示波通道选择结构,包含通道 A、通道 B 和通道 AB 双踪示波。

(4)采集卡采集上来的数据可能会有干扰信号,因此必须在波形显示等处理之前进行滤波处理,滤波器可以使用 LabVIEW 的滤波函数并加以配置实现。需要注意的是由于从采集卡采集上来的数据只有幅值数据,没有时间信息,因此需要加入时间信息才能比较准确地将信号表示为时域信号图。采集卡的转换率为 500 kS/s,亦即采样一个点需要 2 μs,因此滤波器、频谱测量和波形图 X 轴的 $\Delta t = 0.000002$ s,同时在用波形图显示时,为了能够更好地描述信号图,还需要将采样点数、Δt 和波形图、X 轴表示范围关联起来。

(5)波形图显示。本实验波形图显示需要用捆绑簇来实现,捆绑簇函数的第一个引脚为 0,表示 X 坐标从 0 开始,捆绑簇函数的第二个引脚为 Δt,表示 X 坐标两点之间的时间间隔,捆绑簇函数的第三个接滤波器输出的幅值数据,表示 Y 坐标的值。

六、实验报告要求

(1)提交实验相关程序和设计与实现过程文档;

(2)记录实验心得。

七、思考题

如果实际应用中需要比对多个信号(大于等于 3 个信号)时,那么如何用虚拟仪器方法实现?

实验十一　虚拟频谱分析仪设计实验

一、实验目的

(1)理解 A/D 转换原理;

(2)理解频谱分析仪构成及原理;

(3)掌握虚拟频谱分析仪在实际信号检测中的基本应用方法。

■ 二、实验设备 ■

(1)数据采集卡 1 张;

(2)计算机 1 台;

(3)LabVIEW 软件 1 套;

(4)导线、电阻、电容若干。

■ 三、实验要求 ■

(1)熟悉频谱分析仪基本原理、操作界面的各个按钮的作用;

(2)熟练掌握虚拟仪器软件 LabVIEW 的基本界面,包括波形图、波形表和基本按钮等,以及各个元件的属性及作用;

(3)在熟悉各程序结构及其频谱分析仪原理基础上,独立设计和完成虚拟频谱分析仪;

(4)编写设计与实现过程文档,总结实验,对比分析传统频谱分析仪和基于虚拟仪器频谱分析仪的优缺点,写出心得体会,并现场演示和答辩。

■ 四、实验原理 ■

频谱分析仪是对信号进行测量的重要工具。传统的频谱分析仪只能测量频率的幅度,缺少相位信息,因此属于标量仪器,而且体积庞大。利用 LabVIEW 强大的虚拟仪器开发功能,可实现基于快速傅里叶变换快速傅里叶变换的现代频谱分析仪功能,采用数字方法直接由模拟/数字转换器(ADC)对输入信号取样,再经快速傅里叶变换处理后获得频谱图,可以解决传统频谱分析仪价格昂贵,携带不便等缺点。

虚拟频谱分析仪利用数据采集卡的模拟输入和模拟输出两个功能,用模拟输出功能产生所需的激励信号,并将其加到被测网络上,再用两个模拟输入通道将激励信号和网络输出端的响应信号同时采集到计算机中,经处理后,构成幅频和相频特性曲线,并显示在计算机屏幕上,最后对模拟生成的信号进行分析,在计算机屏幕上输出模拟信号的幅频/相频特性。

虚拟频谱分析仪由滤波器、幅频/相频特性、频谱分析结果等模块组成。频谱分析和滤波器模块可以利用 LabVIEW 强大的数字信号处理功能,对采集的数据进行滤波、加窗、FFT 运算处理,得到信号的实部谱和虚部谱,最重要的是得到信号的幅频特性曲线和相频特性曲线;在频谱分析结果模块中,对生成信号的频谱进行分析,并将均方根值、一个周期内的信号均值等参数在系统退出时保存到文本设计件中。

虚拟频谱分析仪前面板分为 3 部分,包括信号滤波选项、幅频/相频特性和信号频谱分析结果。在 LabVIEW 程序面板中,界面上要能够改变滤波类型以及滤波参数、数据卡采样率等信息。

▌五、实验内容与步骤 ▌

实验内容及主要步骤如下：

(1)搭建和连接信号检测电路；

(2)构建被测信号读取、抽取与量程转换模块；

(3)由被测信号幅值构建波形数据；

(4)构建波形显示模块；

(5)构建滤波模块；

(6)调试。

对于滤波部分，LabVIEW 提供了丰富的滤波函数。各种滤波函数位于后面板函数→Express→信号分析中，它的设置分为 4 个区域，分别为滤波器参数设置（FilteringType）、两个预览窗口和预览模式设定区域（VIewMode）。滤波器种类有四种，分别为高通、低通、带通以及平滑滤波。前三种都容易理解，而平滑滤波主要用于对信号进行局部平均，消除周期性噪声或白噪声。

对频谱分析部分，LabVIEW 提供了丰富的波形频谱分析工具，最典型的就是幅值和电平测量模块，位于后面板函数→Express→信号分析中，该模块参数对话框分为 4 个区域，如图 4-11-1 所示，分别是要求进行的幅值特征值求取的项目（AmplitudeMeasurements）、当前信号幅值求取的结果（Results）、输入信号预览窗口（InputSignal）和加窗后信号预览窗口（ResultSignal），其中最重要的是幅值特征值求取项目，在这个项目中需要求取哪个特征值，就在它前面划勾，幅值电平测量模块自动在其图标中添加这一输出端口，幅值和电平测量模块功能引脚如图 4-11-2 所示。

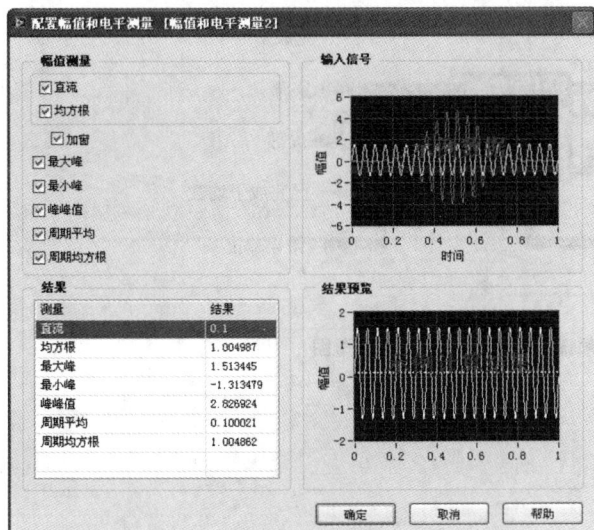

图 4-11-1　幅值和电平测量模块配置对话框　　图 4-11-2　幅值和电平测量模块功能引脚图

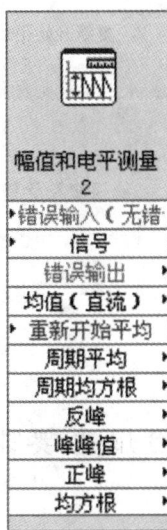

该模块有 3 个输入引脚和 8 个输出引脚。3 个输入引脚分别是：重新开始平均（Restar-

tAveraging)引脚,标识是否重启选定的平均处理过程,缺省为 False;信号(Signals)引脚是输入要分析的信号;错误输入(errorin(noerror))引脚,指在执行到这个 VI 之前发生错误条件描述。8 个输出引脚分别是:均方根(RMS)引脚,指信号均方根值;正峰(PositivePeak)引脚,指正向峰值;错误输出(errorout)引脚,指子 VI 执行错误时的输出信息;周期平均(CycleAverage)引脚,指一个周期的平均值;周期均方根(CycleRMS)引脚,指一个周期的均方根值;重新开始平均(Mean DC)引脚,指信号均值;反峰(NegativePeak)引脚,指负向峰值;峰峰值(Peak to Peak)引脚,指输入信号波形的正向和负向的最大振幅值。本设计把函数信号发生器生成并经采集卡输入到 LabVIEW 后的 2 路信号,作为此 VI 的该模块的输入信号,就可以对生成的信号进行分析,从而输出该信号的一些参数信息,如信号均值、峰值和一个周期的均方根值等。

另外一个比较典型的信号分析 VI 就是 FFTSpectrum(Real-Im). VI,亦即 FFT 频谱(实部-虚部),位于后面板函数→信号处理→波形测量中。该 VI 可以对输入的时域信号计算出快速傅里叶变换频谱,并分别返回波形的实部谱和虚部谱,在实际应用中进行实部谱和虚部谱的分析也很有意义,FFTSpectrum(Real-Im). VI 功能引脚如图 4-11-3 所示。该模块共有 10 个引脚,分别是:重新开始平均(RestartAveraging)引脚,标识是否重启选定的平均处理过程,缺省值为 False;时间信号(TimeSignals)引脚,标识输入的时域信号;窗(Window)引脚,指加窗设置,加窗方式包括可以有多种不同的方式,如 Uniform、Hanning、Hamming 以及 Blackman等;错误输入(errorin(noerror))引脚,指在执行到这个 VI 之前发生错误条件描述;错误输出(errorout)引脚,指子 VI 执行错误时的输出信息;平均参数(AveragingParameters)引脚,指输入波形信号的平均参数;实部(RealParts)引脚,标识波形的实部谱,输出可以是用 graph 图像直观描述的方式也可以是一堆参数的描述形式;虚部(ImaginaryParts)引脚,指输入波形的虚部谱,描述方式同实部谱;其余两个引脚完成平均(AveragingDone)引脚和已完成平均数(AveragesCompleted)引脚是对输入波形一些不常用参数的描述,一般不用。

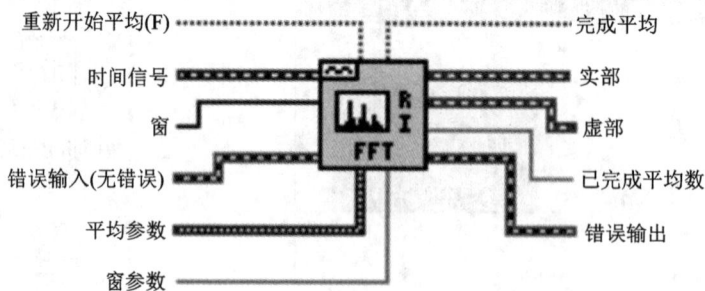

图 4-11-3　FFT 频谱(实部-虚部)功能引脚图

▌六、实验报告要求▌

提交实验相关程序和设计与实现过程文档。

实验十二 网络化远程振动分析实验

▌一、实验目的▌

(1)理解加速度计的工作原理;
(2)掌握用加速度计测量振动的方法;
(3)掌握振动分析方法。

▌二、实验设备▌

(1)PXI 机箱 1 个;
(2)PXI－4461 板卡 1 张;
(3)BNC 线缆若干;
(4)LabVIEW 软件 1 套;
(5)信号转接板 1 块。

▌三、实验要求▌

(1)了解振动的机理、种类以及危害,了解振动的主要评价指标;
(2)了解振动的测试方法,了解不同测试方法的优劣;
(3)理解振动传感器的工作原理、种类,理解不同传感器的优劣;
(4)掌握振动测试过程,包括传感器放置、测试仪器选择、测试和分析软件的使用;
(5)掌握通过时频分析方法对振动进行动态分析。

▌四、实验内容与步骤▌

1.信号连接

振动测试使用 PXI-4461 进行实验,PXI-4461 为两输入两输出的动态信号采集板卡,可以用于振动和噪声测试,如图 4-12-1 所示。当进行振动测试时,PXI-4461 与加速度计通过 BNC 线缆进行连接。对于远程仿真实验,已经默认连接了一个 PCB 加速度计到 CH0。

2.加速度计的放置

根据需要,加速度计与被测点可通过螺钉、磁铁等进行连接。在本实验中,测试对象为电机工作引起的振动,

图 4-12-1 PXI-4461

与电机的机械部件相连。

对于远程仿真实验,加速度计被粘贴到电机外壳上。

3.登录应变测试实验界面

如果是第一次运行,首先安装远程仿真实验室客户端,按照提示进行安装即可。运行虚拟仿真客户端,进入登录界面。

4.登录实验选择界面

输入学号和姓名,点击"登录",登录到实验选择界面。在实验选择界面,用户可以查看远程仿真实验室提供的实验列表,了解各个实验的排队情况,以及设备的占用情况,选择振动测试实验。

5.振动测试

点击"开始实验"之后,进入振动测试的实验界面。用户可在此界面下进行振动实验,并且可以在远程图像窗口实时查看到实验设备的运行情况。打开远程仿真实验室客户端,选择振动测试实验,进入振动测试实验界面。

6.参数设置

振动测试参数设置如图 4-12-2 所示。

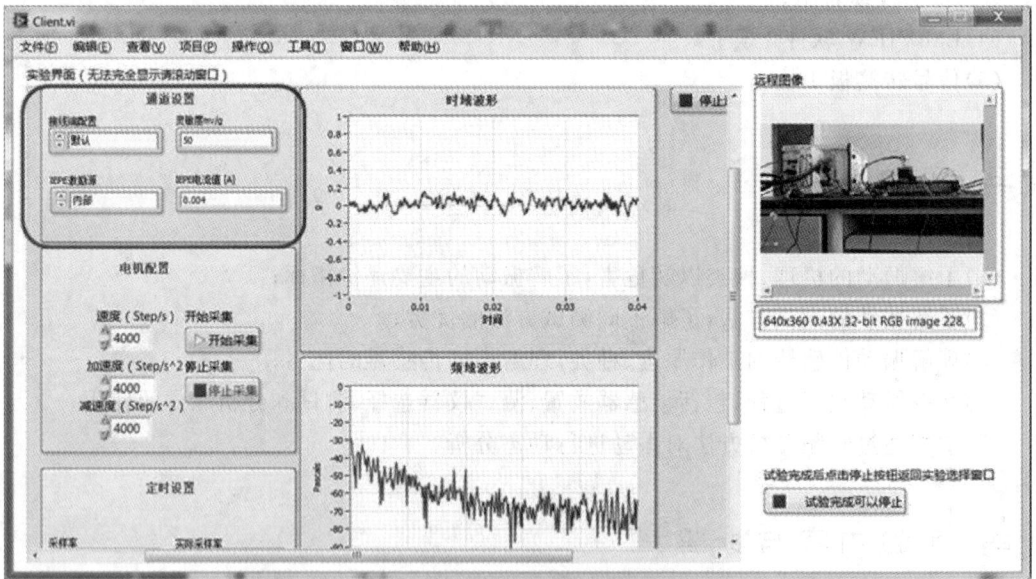

图 4-12-2 振动测试参数设置

1)接线端配置

一般来说加速度计的信号都是差分信号,接线端可选择差分或者默认。

2)灵敏度配置

由加速度计生产厂家提供,可通过加速度计的数据手册查到。

3)IEPE 配置

PXI-4461 可以提供内部 IEPE 激励,当需要 IEPE 激励时,IEPE 激励源选择内部,并在 IEPE 电流源输入控件内填写电流值,最大为 4 mA。

4)定时设置

定时设置用于设置采样率、每次循环采样点数。可根据待测振动的频率进行设置。

5）电机配置

本实验测试的振动是电机工作时的振动，因此在测试前需要启动电机。此实验中，可以配置电机的速度、启动的加速度、制动的减速度，如图 4-12-3 所示。

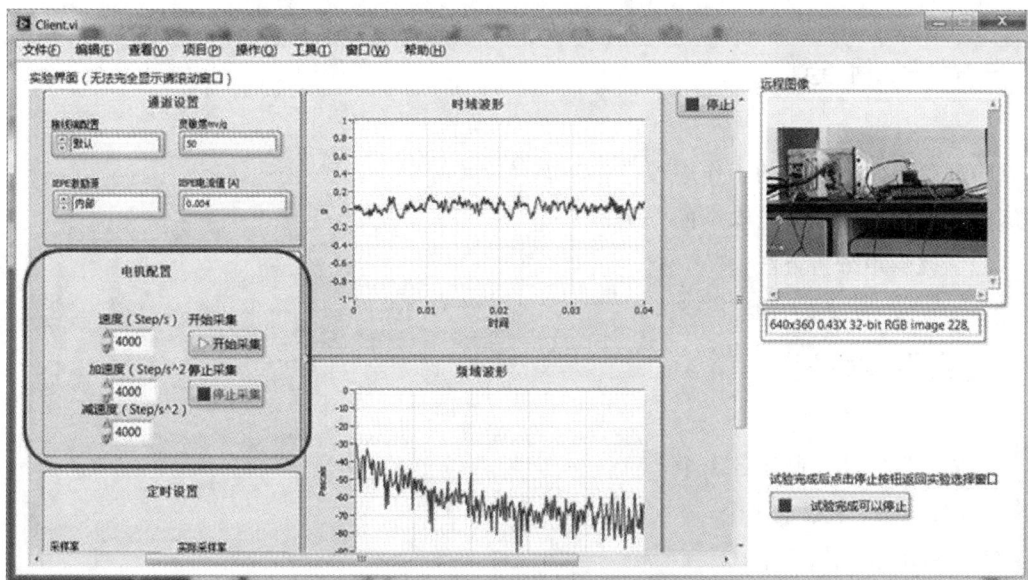

图 4-12-3　振动测试电机配置

7．开始采集记录波形

采集卡和电机的参数配置完毕之后，点击"开始采集"，获取电机工作时的振动波形。

8．改变速度

观察并记录振动波形的变化，分析振动与电机速度之间的关系。

9．退出

实验完成后，点击"停止采集"以及"实验完成"按钮，退出实验界面。

五、实验报告要求

（1）打印振动的时域曲线和频域曲线，给出至少五组不同电机转速下的曲线；

（2）分析振动与电机转速之间的关系；

（3）结合实验遇到的问题谈谈对实验的看法。

六、思考题

（1）分析加速度计的安装位置对于测试结果的影响，如何确定最佳的安装位置？

（2）如何确定合适的采样频率？

（3）改变采样频率，观察输出波形的变化，确定不同的振动条件下的最佳采样频率。

实验十三　网络远程噪声测试实验

▌一、实验目的▌

(1)理解声学传感器的工作原理;

(2)掌握用麦克风测量噪声的方法;

(3)掌握噪声分析方法。

▌二、实验设备▌

(1)PXI 机箱和控制器各 1 个;

(2)PXI-4461 采集卡 1 个;

(3)GRAS 麦克风 1 个;

(4)BNC 线缆若干;

(5)打印机 1 台。

▌三、实验要求▌

(1)了解噪声的来源和种类;

(2)了解噪声的采集原理;

(3)理解声学传感器的原理和主要技术指标;

(4)掌握噪声采集系统的设置方法,掌握噪声采集方法;

(5)掌握噪声分析的主要指标和方法。

▌四、实验原理▌

1. 声音以及 IEPE 传感器

声音与振动是通过不同的介质传播的。如同振动可以发出声音,声波在空气中传播时也会引起固体物质的振动。因为在理论层面上,两者之间是相互联系的,所以测量声音与振动从本质来看也是相似的。

可认为声音与振动都是振荡,最简单的振荡波形就是正弦波形,其表达式是以时间作为参数的公式 $F(t)=A\sin(\omega t+\varphi)$,其中角频率 ω 和相位差 φ 为固定值。角频率 ω 的单位是弧度每秒(rad/s),与频率 f(Hz 或者 s^{-1})相关,两者关系式为 $\omega=2\pi f$。角频率通常和相位差 φ 一同提起。相位差 φ 是对应起始时间 t_0 的波形位移,常用度(°)或者弧度(rad)表示。

2.声音信号处理

对声音信号进行处理时,主要是对其频域信号进行分析和处理。以下是在声音信号测试中分析的几个常用参数和分析对象,也包含如何在 LabVIEW 中实现信号处理的方法。

(1)声音强度测量。

声音强度定义为声压的动态变化。此测量一般参考人耳听力的阈值(一般为 $20~\mu Pa$),并以振幅的对数表示,以 dB 为单位。进行声音强度测量时,往往需要配合使用加权滤波器和平均滤波器。声音和振动工具包能够轻松执行各类声音强度测量。根据采集到的数据使用声音和振动工具包中的 Sound Level Express VI 进行多种声压测量。也可以在一段较长的时间内,执行多次测量来计算回响次数或等效噪声强度。

(2)倍频分析。

分数倍频分析是一种广泛使用的、用于分析音频和声音信号的技术。分析过程包括:在带通滤波器的频段发送时域信号,计算信号平方的平均值,将结果值显示在条状图中。倍频分析的规范由美国标准学会(ANSI)和国际电工委员会(IEC)定义。滤波器和图表的属性由所需频率带宽和倍频分数定义。使用声音和振动工具包搭配 NI DSA 板卡可创建完全符合国际标准的分数倍频分析器。声音和振动工具包中包含符合 ANSI 和 IEC 标准的 VI,它们能以全倍频到 1/24 倍频进行分析。

(3)频率响应。

进行频率响应分析一般是为了描述测量系统的频率响应函数(FRF)的特性。FRF 为频域下输出与输入的比值。FRF 曲线是音频设备的常用参数规范,目前有多种获得 FRF 的方式。双通道频率分析可能是最快的方法;互谱法根据两个输入生成频率曲线,频率曲线一般为被测元件(UUT)的激励信号和响应信号。

频率响应分析的常见设定需要将宽带激励信号作用到 UUT(通常为噪声或多频信号)。UUT 的激励信号与响应信号被同步采集。双通道频率分析可获取 UUT 的频率响应和相位响应以及信号的相关性。为提高 FRF 测量性能,可对响应信号求平均,FRF 的平均长度越长,响应曲线的精度就越高。该方法能够有效克服噪声、失真及非相关效应。此外,该技术的计算速度极快,因为它能够同时测量所有感兴趣的频率。该方法的唯一缺点是,其信噪比低于相对应的扫频测量的信噪比。

▌ 五、实验内容与步骤 ▌

1.信号连接

噪声测试使用 PXI-4461 采集卡进行实验,PXI-4461 为两输入两输出的动态信号采集卡,可以用于振动和噪声的测试。当进行噪声测试时,PXI-4461 与麦克风通过 BNC 线缆进行连接。

对于远程仿真实验,已经默认连接了一个 GRAS 麦克风到 CH1。

2.加速度计的放置

麦克风需要安装在接近声源的位置,必要时需要使用一隔离设施,以隔离环境噪声。在远程仿真实验中,加速度计被安装在电机旁边,以采集电机工作时的噪声。

3.登录应变测试实验界面

打开远程仿真实验室客户端,选择噪声测试实验,进入噪声测试实验界面。

4.参数设置

1)接线端配置

一般来说麦克风的信号是差分信号,接线端可选择差分或者默认,或者根据实际情况选择。

2)灵敏度配置

灵敏度参数由麦克风生产厂家提供,可通过麦克风的数据手册查到。

3)IEPE 配置

PXI-4461 采集卡可以提供内部 IEPE 激励,当需要 IEPE 激励时,IEPE 激励源选择"内部",并在 IEPE 电流源输入控件内填写电流值,最大为 4 mA。

4)定时设置

定时设置用于设置采样率、每次循环采样点数。可根据待测噪声的主频进行设置。

5)电机配置

本实验测试的噪声是电机工作时的噪声,因此在测试前需要启动电机。此实验中,可以配置电机的速度、启动的加速度、制动的减速度。

5.开始采集记录波形以及带内功率

数据采集卡和电机的参数配置完毕之后,点击"开始采集",获取电机工作时的噪声的时域波形、倍频分析结果以及带内功率。

6.改变速度

改变电机速度,观察并记录噪声波形的变化,分析噪声波形与电机速度之间的关系。

7.退出

实验完成后,点击"停止采集"以及"实验完成"按钮,退出实验界面。

▓▓六、实验报告要求▓▓

(1)打印出至少 5 组不同电机速度下的噪声波形、倍频分析波形以及带内频率。

(2)分析噪声与转速之间的关系。

(3)结合实验遇到的问题谈谈对实验的看法。

▓▓七、思考题▓▓

(1)麦克风放置的位置是否会对噪声测试的结果产生影响? 如何放置才能得到最佳的测

量效果?

(2)如何进一步提高测试的精确性,减少环境噪声的影响?

实验十四　　网络化远程车辆行驶仿真监控实验

■一、实验目的■

通过远程实验自主学习车辆行驶仿真监控方法,输入不同加速踏板开度、变速箱挡位和制动开启/关闭信号来模拟车辆加速、匀速和减速等行驶工况,验证发动机控制器(ECU)控制发动机在车辆正常行驶情况下运转的控制算法。

■二、实验设备■

(1)汽车硬件在环测试实验台 1 个;

(2)VeriStand 软件 1 套;

(3)LabVIEW 软件 1 套;

(4)PXI 机箱 1 个;

(5)FPGA 板卡 1 个;

(6)DAQ 板卡 2 个;

(7)信号转接板 1 块。

■三、实验原理■

硬件在环(hardware in the loop,HiL)测试系统是由上位机、发动机模型、HiL 硬件、ECU 等四部分组成,如图 4-14-1 所示。

(1)上位机:采用 NI VeriStand 实验管理软件,监测测试过程中的数据,并为 ECU 测试提供激励信号。

(2)发动机模型:采用四缸气道喷射汽油机,发动机模型运行在 PXI 嵌入式实时控制器中,发动机模型参数通过 NI VeriStand 软件进行在线修改和监测。

(3)HiL 硬件:采用 NI FPGA 板卡、DAQ 板卡和 CAN 通信板卡,结合信号调理模块和故障注入模块,进行各种传感器的模拟运行,采集 ECU 信号。

(4)ECU:发动机控制器。

上位机通过网络与实时处理器进行交互。在实时系统中,PXI 平台的板卡 I/O 接口接收 ECU 信号,并将信号传输给发动机模型,在发动机模型运算后再由 PXI 板卡的 I/O 接口输出各种传感器信号,信号经过调整和故障仿真后传输给 ECU,从而形成一个闭环的实时系统。该 HiL 测试系统实验平台具有三部分功能,即车辆行驶仿真监控、硬件故障注入、软件故障注入,如图 4-14-2 所示。

图 4-14-1　HiL 测试系统

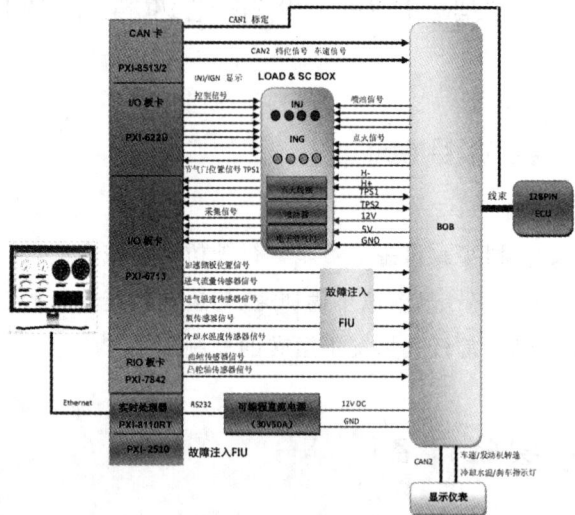

图 4-14-2　HiL 测试系统实验平台

▌四、实验内容与步骤▐

(1)从客户端登录实验。如果是第一次运行,首先安装虚拟仿真客户端,按照提示进行安装即可。运行虚拟仿真客户端,进入登录界面。

(2)输入学号和姓名,点击"登录"按钮,登录到实验选择界面。在实验选择界面,用户可以查看远程仿真实验室提供的实验列表、各个实验的排队情况,以及设备的占用情况。

(3)在左下角的实验编号输入框内输入"11",选择硬件在环车辆行驶控制实验,点击"开始排队",如果该实验没有被其他用户占用,则系统弹出排队成功提示,询问是否开始实验。这时候,如点击"开始实验",则进入相应的实验界面;如点击"放弃",则重新进入实验选择窗口。如果 120 s 不进行选择,则系统视为放弃,重新回到实验选择窗口。

(4)点击"开始实验"之后,进入行驶测试的实验界面。用户可在此界面下进行车辆行驶实验,并且可以在远程图像窗口实时查看到实验设备的运行情况。可通过拖动滚动条,查看未显示界面。

(5)开始行驶实验。

①暖机启动完成后挂 1 挡;

②加速踏板增加至 10%,发动机转速增加至 2000 r/min 时,挂 2 挡;

③加速踏板增加至 20%,发动机转速增加至 3000 r/min 时,挂 3 挡;

④加速踏板增加至 30%,发动机转速增加至 4000 r/min 时,挂 4 挡;

⑤踩刹车,发动机转速降低至怠速转速 800 r/min 时,关闭发动机。

可通过观察进气温度和冷却水温度传感器是否到达 100 ℃，进气流量是否超过量程，以及车速在加速和制动工况下能否分别上升和下降来验证 ECU 功能以及发动机模型的正确性。

也可将自己编写的发动机模型部署到该 HiL 测试系统实验平台，根据自己的换挡策略进行上述操作来验证模型的正确性。

■ 五、实验报告要求 ■

（1）输入不同加速踏板开度、变速箱挡位和制动开启/关闭信号时，分析车辆加速、匀速和减速等行驶工况，验证 ECU 控制发动机在车辆正常行驶情况下运转的控制算法；

（2）结合实验遇到的问题谈谈对实验的看法。

■ 六、思考题 ■

（1）如何将编写的发动机模型部署到该 HiL 测试系统实验平台？

（2）根据自己的换挡策略进行仿真模拟操作来验证模型的正确性。

面向工程应用测控实验系列

实验十五　间歇式煮糖过程自动控制系统设计

■ 一、实验目的 ■

（1）综合运用所学的测控知识对煮糖结晶过程的几个关键参数实施控制；

（2）将理论知识与工程实践相结合，掌握测控知识在实际控制系统中的实施方法；

（3）培养自主编写控制器的能力和自主设计测控系统的能力。

■ 二、实验设备 ■

（1）计算机 1 台；

（2）LabVIEW 软件与 Visual Studio 2022 各 1 套；

（3）工业控制精灵软件 1 套；

（4）间歇式煮糖实验设备 1 套；

（5）锤度传感器、液位传感器与 Mudbus 通信模组等若干。

▰ 三、实验原理 ▰

煮糖是制糖的最后一个生产环节,也是极为关键的环节。经过多个工段处理后的糖浆,最终在煮糖罐内完成液固转换。传统煮糖方法依赖人工拉取样棒抽取物料,在玻璃片上观察判断晶种大小,并据此判断决定下一步的操作。因传统方法基于工人经验来判断糖液饱和度、控制进料阀门开度与进水阀门开度,导致实际煮糖过程控制精度存在较大误差,不可避免引起伪晶,直接影响成品糖质量,甚至造成能源浪费。因此,煮糖过程实现自动控制具有非常重要意义。如图 4-15-1 所示为间歇式煮糖设备,煮糖控制系统常以糖膏锤度控制为核心,调节煮糖过程温度、真空度与煮糖入料量等参数,利用控制算法实现间歇式煮糖自动控制。煮糖过程的控制方案如图 4-15-2 至图 4-15-4 所示。

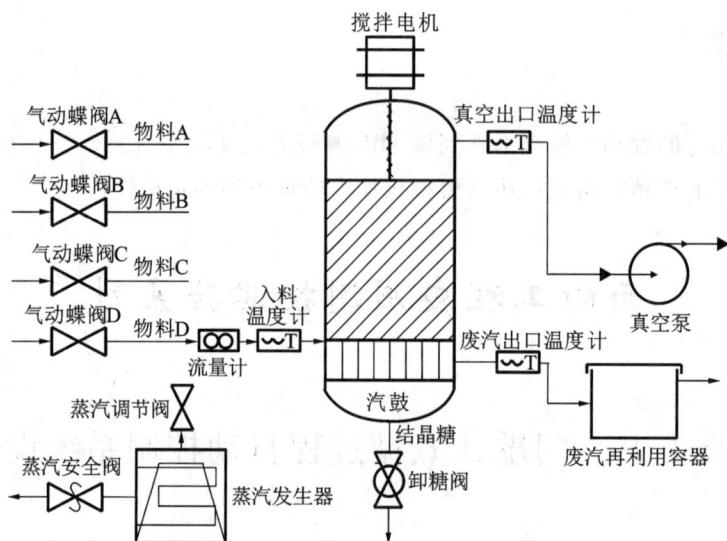

图 4-15-1　间歇式煮糖设备连接示意图

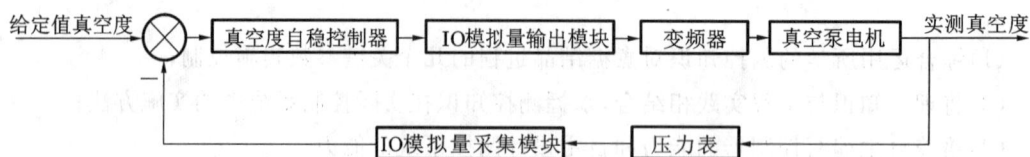

图 4-15-2　煮糖过程真空度自适应控制方案

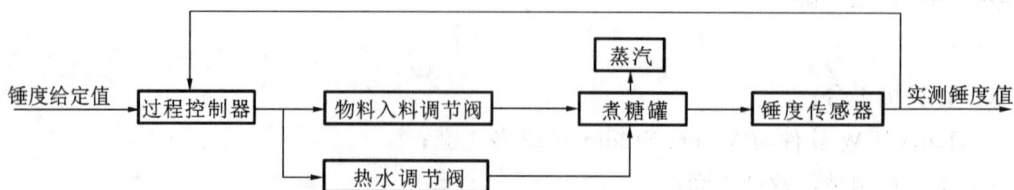

图 4-15-3　煮糖过程锤度自适应控制方案

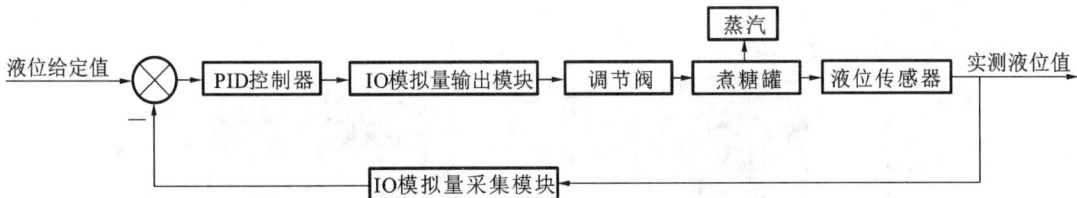

图 4-15-4 煮糖过程液位平衡控制方案

四、实验内容

本实验属于开放式实验，对具体控制方法不做要求。实验需要完成煮糖过程真空度自适应控制、温度自适应控制与糖膏锤度自适应跟踪控制等。煮糖过程真空度主要基于真空泵进行，实验过程可利用控制程序与辅助设备自适应调整真空泵转速。实验结果评价参考如下。

①煮糖罐内真空度稳定在 $-200\ \text{kPa}$；

②锤度跟踪误差不大于 $0.5°\text{Bx}$；

③煮糖罐内温度控制误差不大于 $0.5℃$。

因间歇式煮糖过程需要很多设备参与，为了方便开发煮糖自动控制程序，实验过程可直接利用工业控制精灵软件（SmartControl V 2.0）编写相应控制程序，也可根据实际需要自行编制外部接口程序后接入工业控制精灵软件。对编制测控程序进行仔细检查，检查无误后方可将程序运行于煮糖结晶过程的工控机上。实验过程中不要触碰蒸汽发生器的安全阀，真空泵是高压驱动，检查电路时请务必注意变频器输出端的线路。蒸汽温度高，系统工作过程不要用扳手操作蒸汽管路，以免烫伤。联合调试时切记安全注意事项，发现异常可将实验设备总开关拉下。

工业控制精灵软件（SmartControl V2.0）内部提供工厂实际应用的范例程序，实验之前可参考相应控制方法。工业控制精灵软件系统操作方法分别如图 4-15-5 至图 4-15-9 所示。

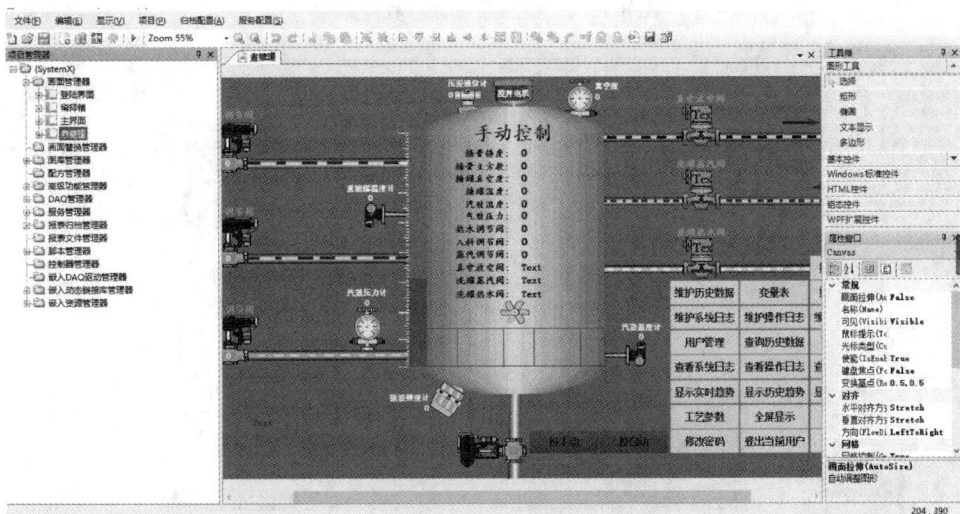

图 4-15-5 煮糖结晶控制系统画面组态过程

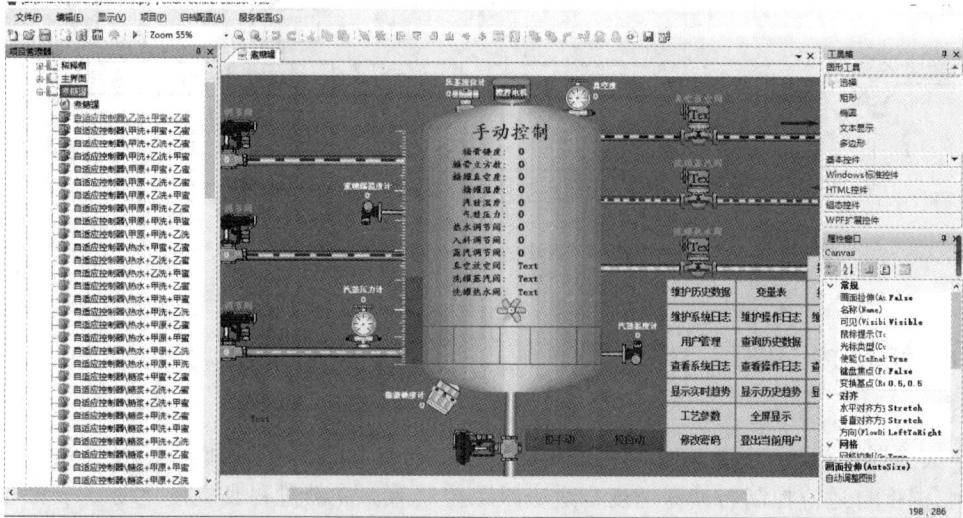

图 4-15-6 煮糖结晶测控实验平台内置的自适应控制器

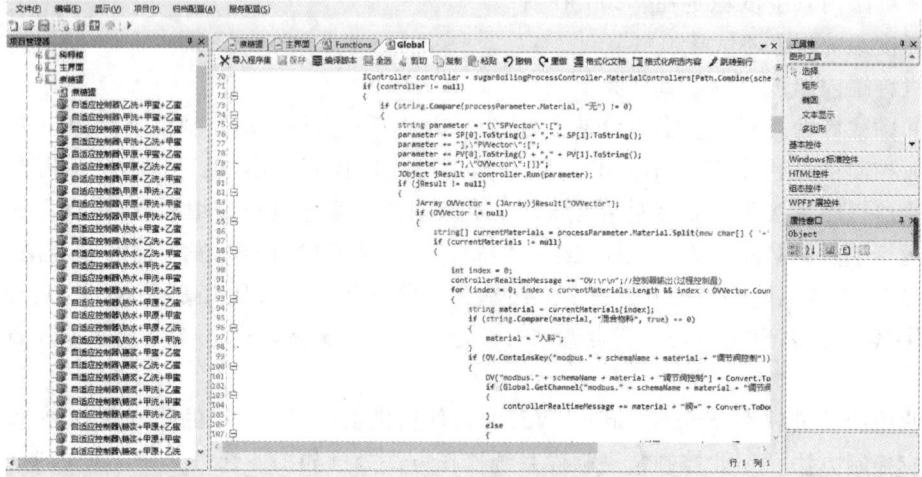

图 4-15-7 控制器设计与程序编制

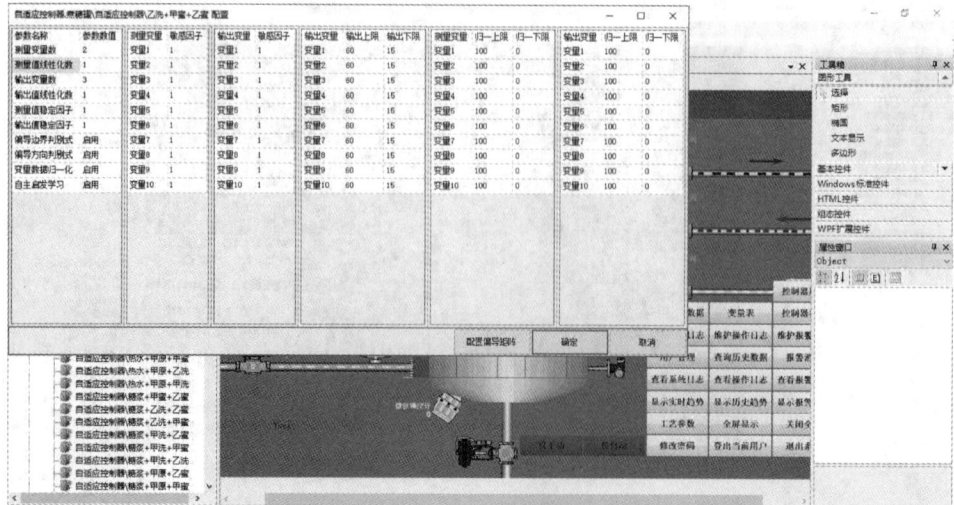

图 4-15-8 控制器组态过程

图 4-15-9　传感器数据采集配置

五、实验报告要求

(1)提交实验实现思路与所用控制原理；

(2)提交运行后结果图；

(3)记录实验数据，并进行分析；

(4)说明控制方法原理与实现流程，并附上关键程序。

六、思考题

基于 LabVIEW 软件，自行设计虚拟数字信号发生器。

附　录

测试技术一直被学生视为难学的课程之一。"难"的原因是多方面的：涉及的知识面广，数学推导多，概念难以理解等是客观存在的。因此，增设丰富的实验课程，让学生有更多机会参与到理实践中来，有助于培养学生的学习热情，加深对信号分析内容的理解。计算机软件工具是测控实验的一个重要环节，该测控试验指导书涉及 MATLAB、LabVIEW 及力控组态软件的许多重要知识体系，为了更好地掌握测控实验软件工具，充分发挥实验课的作用，向读者推荐以下书籍：

附表 1　MATLAB 相关书籍

书　　名	作　　者	出　版　社
MATLAB 与大学数学实验	丁恒飞，王丙参，田俊红	科学出版社
MATLAB 应用与实验教程	贺超英	电子工业出版社
MATLAB 2016 数学计算与 工程分析从入门到精通	黄少罗，甘勤涛，胡仁喜，等	机械工业出版社
MATLAB GUI 设计入门与实战	余胜威，吴婷，罗建桥	清华大学出版社
MATLAB 向量化编程基础精讲	马良，祁彬彬	北京航空航天大学出版社
MATLAB 在电类专业课程中 的应用：教程及实训	曹弋	机械工业出版社

附表 2　LabVIEW 相关书籍

书　　名	作　　者	出　版　社
LabVIEW 虚拟仪器设计与应用	胡乾苗	清华大学出版社
LabVIEW 大学实用教程	（美）Jeffrey Travis，Jim Kring	电子工业出版社
LabVIEW 2015 虚拟仪器程序设计	王超，王敏，等	机械工业出版社
LabVIEW 数据采集与仪器控制	龙华伟	清华大学出版社
LabVIEW 实用工具详解	陈树学	电子工业出版社

附表 3　力控组态软件相关书籍

书　　名	作　　者	出　版　社
力控组态软件应用一本通	吴永贵	化学工业出版社
工业组态软件实用技术	龚运新，马国华	清华大学出版社
组态软件应用技术	张力展	机械工业出版

参考文献

[1] 史天录,刘经燕.测试技术及应用[M].广州:华南理工大学出版社,2009.

[2] 曲云霞,邱瑛.机械工程测试技术基础[M].北京:化学工业出版社,2015.

[3] 吕泉.现代传感器原理及应用[M].北京:清华大学出版社,2006.

[4] 刘迎春,叶湘滨.传感器原理、设计与应用[M].北京:国防工业出版社,2015.

[5] 郑阿奇.MATLAB 实用教程[M].3 版.北京:电子工业出版社,2012.

[6] 沙占友.智能传感器系统设计与应用[M].北京:电子工业出版社,2004.

[7] 周继明,江世明.传感技术与应用[M].长沙:中南大学出版社,2009.

[8] 刘丁.自动控制理论[M].北京:机械工业出版社,2006.

[9] 左为恒,周林.自动控制理论基础[M].北京:机械工业出版社,2007.

[10] 胡寿松.自动控制原理[M].北京:科学出版社,2013.

[11] 李行善,左毅,孙杰.自动测试系统集成技术[M].北京:电子工业出版社,2004.

[12] 范云霄,刘桦.测试技术与信号处理[M].北京:中国计量出版社,2002.

[13] 方彦军,程继红.检测技术与系统设计[M].北京:中国水利水电出版社,2007.

[14] 刘小波.自动检测技术[M].北京:清华大学出版社,2012.

[15] 董景新,赵长德.控制工程基础[M].北京:清华大学出版社,2008.

[16] OGATA K. Modern control engineering[M].4th ed. New York:Pearson Education. Inc. ,2002.

[17] DORF R C,BISHOP R H. Modern control systems[M].9th ed. New York:Pearson Education. Inc. ,2001.

[18] M MOKHTARI. MATLAB 与 SIMULINK 工程应用[M].赵彦玲,吴淑红,译.北京:电子工业出版社,2002.

[19] CHAPMAN S J. MATLAB 编程[M].北京:科学出版社,2003.

[20] 刘超,高双.自动控制原理的 MATLAB 仿真与实践[M].北京:机械工业出版社,2015.

[21] 贺超英,王少喻.MATLAB 应用与实验教程[M].2 版.北京:电子工业出版社,2013.

[22] 黄忠霖.新编控制系统 MATLAB 仿真实训[M].北京:机械工业出版社,2013.

[23] 曹弋.MATLAB 在电类专业课程中的应用:教程及实训[M].北京:机械工业出版社,2016.

[24] 黄少罗,甘勤涛,胡仁喜,等.MATLAB 2016 数学计算与工程分析从入门到精通[M].北京:机械工业出版社,2017.

[25] 杨叔子,杨克冲,吴波,等.机械工程控制基础[M].8 版.武汉:华中科技大学出版社,2023.

[26] 施文康,余晓芬.检测技术[M].3 版.北京:机械工业出版社,2010.

[27] 陈尚松,郭庆,黄新.电子测量与仪器[M].北京:电子工业出版社,2012.

[28] 何道清,邸春芳,张禾.电气测量技术[M].北京:化学工业出版社,2015.

[29] 龚运新.工业组态软件实用技术[M].北京:清华大学出版社,2005.

[30] 孙立坤.组态软件应用技术[M].北京:电子工业出版社,2014.

[31] 张力展,鲁韶华.组态软件应用技术[M].北京:机械工业出版社,2016.

[32] 吴永贵.力控组态软件应用一本通[M].北京:化学工业出版社,2015.

[33] TRAVIS J, KRING J.LabVIEW 大学实用教程[M].3 版.乔瑞萍,等译.北京:电子工业出版社,2008.

[34] 陈树学.LabVIEW 实用工具详解[M].北京:电子工业出版社,2014.

[35] 胡乾苗.LabVIEW 虚拟仪器设计与应用[M].北京:清华大学出版社,2016.

[36] 王超,王敏.LabVIEW 2015 虚拟仪器程序设计[M].北京:机械工业出版社,2016.

[37] 龙华伟,伍俊,顾永刚.LabVIEW 数据采集与仪器控制[M].北京:清华大学出版社,2016.